环保公益性行业科研专项经费项目系列丛书

废旧电容器拆解区农田土壤污染与修复研究

骆永明　滕　应等　著

U0316374

科学出版社

北　京

内 容 简 介

本书系统反映我国典型废旧电容器拆解区农田土壤污染与修复科学技术前沿研究的成果。全书共 8 章，突出废旧电容器拆解区农田土壤复合污染与联合修复的主题，综合介绍废旧电容器拆解区农田土壤污染特征、生物富集及健康风险、生物生态毒性评价、物化修复、植物修复、微生物修复、植物-微生物联合修复以及土壤环境质量管理等方面的新认识、新方法和新技术，提出我国典型废旧电容器拆解区农田土壤环境的关键科学问题与修复技术，具有重要的学术价值和现实指导意义。

本书可作为土壤学、环境科学、生物学、生态学、农学、植物营养学等领域科研工作者、研究生以及技术人员的参考书，也可作为高等院校、研究所相关专业研究生课程的参考教材。

图书在版编目（CIP）数据

废旧电容器拆解区农田土壤污染与修复研究/骆永明等著. —北京：科学出版社，2015.3

（环保公益性行业科研专项经费项目系列丛书）

ISBN 978-7-03-043680-1

Ⅰ. ①废… Ⅱ. ①骆… Ⅲ. ①电子产品-废物处理-影响-农田-土壤环境-研究②农田污染-土壤污染-生态恢复-研究 Ⅳ. ①X760.5②X53

中国版本图书馆 CIP 数据核字（2015）第 048217 号

责任编辑：周 丹/责任校对：桂伟利
责任印制：徐晓晨/封面设计：许 瑞

科 学 出 版 社出版
北京东黄城根北街 16 号
邮政编码：100717
http://www.sciencep.com

北京凌诚则铭印刷科技有限公司 印刷
科学出版社发行 各地新华书店经销

*

2015 年 6 月第 一 版 开本：787×1092 1/16
2016 年 3 月第二次印刷 印张：15
字数：355 000

定价：78.00 元

（如有印装质量问题，我社负责调换）

环保公益性行业科研专项经费项目系列丛书
编委会名单

顾　问：吴晓青

组　长：熊跃辉

副组长：刘志全

成　员：禹　军　陈　胜　刘海波

环保公益性行业科研专项经费项目系列丛书
序言

我国作为一个发展中的人口大国，资源环境问题是长期制约经济社会可持续发展的重大问题。党中央、国务院高度重视环境保护工作，提出了建设生态文明、建设资源节约型与环境友好型社会、推进环境保护历史性转变、让江河湖泊休养生息、节能减排是转方式调结构的重要抓手、环境保护是重大民生问题、探索中国环保新道路等一系列新理念新举措。在科学发展观的指导下，环境保护工作成效显著，在经济增长超过预期的情况下，主要污染物减排任务超额完成，环境质量持续改善。

随着当前经济的高速增长，资源环境约束进一步强化，环境保护正处于负重爬坡的艰难阶段。治污减排的压力有增无减，环境质量改善的压力不断加大，防范环境风险的压力持续增加，确保核与辐射安全的压力继续加大，应对全球环境问题的压力急剧加大。要破解发展经济与保护环境的难点，解决影响可持续发展和群众健康的突出环境问题，确保环保工作不断上台阶出亮点，必须充分依靠科技创新和科技进步，构建强大坚实的科技支撑体系。

2006年，我国发布了《国家中长期科学和技术发展规划纲要（2006－2020年）》（以下简称《规划纲要》），提出了建设创新型国家战略，科技事业进入了发展的快车道，环保科技也迎来了蓬勃发展的春天。为适应环境保护历史性转变和创新型国家建设的要求，原国家环境保护总局于2006年召开了第一次全国环保科技大会，出台了《关于增强环境科技创新能力的若干意见》，确立了科技兴环保战略；2012年，环境保护部召开第二次全国环保科技大会，出台了《关于加快完善环保科技标准体系的意见》，全面实施科技兴环保战略，建设满足环境优化经济发展需要、符合我国基本国情和世界环保事业发展趋势的环境科技创新体系、环保标准体系、环境技术管理体系、环保产业培育体系和科技支撑保障体系。几年来，在广大环境科技工作者的努力下，水体污染控制与治理科技重大专项实施顺利，科技投入持续增加，科技创新能力显著增强；现行国家标准达1300余项，环境标准体系建设实现了跨越式发展；完成了100余项环保技术文件的制修订工作，确立了技术指导、评估和示范为主要内容的管理框架。环境科技为全面完成环保规划的各项任务起到了重要的引领和支撑作用。

为优化中央财政科技投入结构，支持市场机制不能有效配置资源的社会公益研究活动，"十一五"期间国家设立了公益性行业科研专项经费。根据财政部、科技部的总体部署，环保公益性行业科研专项紧密围绕《规划纲要》和《国家环境保护科技发展规划》确定的重点领域和优先主题，立足环境管理中的科技需求，积极开展应急性、培育性、基础性科学研究。"十一五"以来，环境保护部组织实施了公益性行业科研专项项目439项，涉及大气、水、生态、土壤、固废、核与辐射等领域，共有包括中央级科研院所、高等院校、地方环保科研单位和企业等几百家单位参与，逐步形成了优势互补、团结协作、良性竞争、共同发展的环保科技"统一战线"。目前，专项取得了重要研究成果，提出了一系列控制污染和改善环境质量技术方案，形成一批环境监测预警和监督管理技术体系，研发出一批与生态环境保护、国际履约、核与辐射安全相关的关键技术，提出了一系列环境标准、指南和技术规范建议，为解决我国环境保护和环境管理中急需的成套技术和政策制定提供了重要的科技支撑。

为广泛共享"十一五"以来环保公益性行业科研专项项目研究成果，及时总结项目组织管理经验，环境保护部科技标准司组织出版环保公益性行业科研专项经费系列丛书。该丛书汇集了一批专项研究的代表性成果，具有较强的学术性和实用性，可以说是环境领域不可多得的资料文献。丛书的组织出版，在科技管理上也是一次很好的尝试，我们希望通过这一尝试，能够进一步活跃环保科技的学术氛围，促进科技成果的转化与应用，为探索中国环保新道路提供有力的科技支撑。

中华人民共和国环境保护部副部长

2011 年 10 月

序

　　随着信息技术的飞速发展与电子产品更新换代的速度加快，废旧电容器已成为世界上增长速度最快的固体废弃物。它一方面是可再生利用的重要资源，另一方面又含有多种有害物质。如果废旧电容器处理不当，将会严重污染环境并危害人体健康。废旧电容器拆解回收业已成为我国特别是某些沿海地区的支柱产业，但这些地区大部分企业拆解方式落后，缺乏环保措施，造成周边农田土壤的大面积污染，严重影响到农产品安全和人体健康。亟须系统开展废旧电容器拆解区农田土壤的污染状况调查、生态风险评估与修复技术研究，为污染环境治理，保障农产品安全和人体健康，促进生态文明建设提供科学依据和技术支撑。

　　《废旧电容器拆解区农田土壤污染与修复研究》一书认为，废旧电容器拆解区农田土壤呈现有机无机复合污染的典型特征，具有明显的复杂性；充分认识废旧电容器拆解区农田土壤污染特征、风险评估及修复技术，是我国土壤环境学和土壤修复学研究的重点。全书突出废旧电容器拆解区农田土壤污染特征—风险评估—修复技术的主题，综合介绍废旧电容器拆解区农田土壤的复合污染特征、生物富集及健康风险、生物生态毒性评价、物化修复、植物修复、微生物修复、植物-微生物联合修复及土壤环境质量管理策略等方面的最新研究成果，具有重要的科学理论和实践意义。

　　该书是项目组成员多年学术研究成果的系统总结。该书内容系统、结构完整、图文并茂，具有系统性、前瞻性和指导性，是我国废旧电容器拆解区农田土壤污染修复研究领域的首都著作。我相信，该书的出版，将有益于土壤学、环境科学、生物学、生态学、农学、植物营养学等研究领域的广大科技工作者和研究生，将进一步推动我国土壤环境科学和土壤修复技术的发展。

中国科学院院士

赵其国

前　言

随着电子电器产品不断的更新换代，废旧电容器的处理处置问题与资源化回收利用需求日益凸显。人们曾习惯性地称这些废旧电子电容产品为"电子垃圾"，称来自国外的为"洋垃圾"。事实上，这些废旧产品中含有诸多可再生利用的资源，有的还是贵重的金属资源。所以，我们应该以绿色可持续利用的观念将这些废旧电子电容产品作为可再生利用的资源来处理处置。遗憾的是，在过去的粗放式回收利用过程中，包括露天堆放或拆解泄漏、露天焚烧产生的颗粒沉降、酸洗废水排放等不当活动，造成了场地和周边农田土壤的严重污染，产生了农业、生态与环境、人体健康的风险，甚至危害问题，受到国内外的广泛关注。同时，废旧电子电容产品造成的土壤污染与修复成为土壤环境科学与技术研究领域的新课题。早在"十五"期间，在国家 973 计划项目（2002CB410800）的资助下，中国科学院南京土壤研究所骆永明研究员项目组就开展了土壤-水-作物系统的污染状况调查与研究。在"十一五"、"十二五"期间，在环保公益性行业科研专项（No. 201009016）、中国科学院知识创新团队及创新工程重要方向项目（No. CXTD-Z2005-4，KZCX2-YW-404）、国家 863 计划项目课题（No. 2007AA061101）和国家自然科学基金项目（No. 40432005，No. 40701080）等的资助下，项目组在浙江台州地区典型废旧电容器拆解区继续开展了多年的土壤环境地理、土壤环境化学、土壤生态毒理学和土壤修复学等学科的综合交叉研究，并进行了田间试验示范。多年的研究表明，废旧电子电容产品造成的土壤污染具有复合性或混合性、毒害性或高风险性。在土壤中多氯联苯污染的同时，有的农田出现高含量的二噁英，有的农田出现高含量的镉、铜等重金属，甚至还存在土壤的严重酸化。有的地方作物及蔬菜中污染物的吸收积累已构成食物链风险，有的地方空气中高浓度的毒害污染物已构成健康风险，有的地方污染农田已存在生物生态风险。针对这种复杂的土壤污染背景下，项目组试验研究了多种联合修复技术方法，提出了植物-微生物联合修复技术方案，形成了系统性和创新性的研究成果。本书是项目组对废旧电容器拆解区农田土壤污染与修复十多年研究工作的总结。围绕废旧电容器拆解区农田土壤复合污染特征、风险评估与修复技术的主题，本书综合介绍了主要废旧电容器拆解区农田土壤的污染特征、生物富集及健康风险、生物毒性和生态毒理学评价、物化修复、植物修复、微生物修复、植物微生物联合修复及土壤环境质量管理策略等研究方面的新进展。全书共分八章。第一章废旧电容器拆解区农田土壤的复合污染特征，在系统分析我国典型废旧电容器拆解区农田土壤的污染现状的基础上，重点介绍典型废旧电容器拆解区农田土壤重金属和持久性有机污染物复合污染的特征；第二章废旧电容器污染区持久性毒害物的生物富集及健康风险，主要介绍典型废旧电容器拆解区生物（水稻、蔬菜、蚯蚓及家禽等）系统中多氯联苯、多氯代二苯并二噁英（PCDDs）/呋喃（PCDFs）、以及重金属等的富集特征及潜在健康风险；第三章废旧电容器污染农田土壤的生物毒性和生态毒理学评价，包括废旧电容器污染农田土壤的生物生态毒性、生物遗传毒性、的生态毒性效应评价等；第四章废旧电容器污染农田土壤的物理-化学修复，包括多氯联苯污染土壤的低温等离子体氧化修复、重金属污染土壤的络合蒸发修复、多氯联苯-重金属复合污染土壤的络合蒸发修复等；第五章废旧电容器污染农田土壤的植物修复，包括多氯联苯污染农田土壤的植物修复、紫花苜蓿对多氯联苯污染土壤的田间原位修复、多氯联苯-重金属复合污染农田土壤的植物修复等；第六章废旧电容器污染农田土壤的微生物修复，包括游离态苜蓿根瘤菌对多氯联苯的降解效应及机理、根瘤菌制剂对多氯联苯污染土壤生物修复的作用、多氯联苯污染农田土壤的微生物强化修复等；第七章废旧电容器污染农田土壤的植物-微生物联合修复，包括紫花苜蓿-根瘤菌共生体对多氯联苯的降解效应、紫花苜蓿-根瘤菌共生体对多氯联苯的降解机理、多氯联苯污染土壤的植物-微生物联合田间原位修复、多氯联苯污染农田土壤原位修复的生态调控作用等；第八章废旧电容器拆解区农田土壤环境质量的管理策略，包括驱动力-压力-状态-指示-响应（DPSIR）系统及其在土壤环境质量管理中的应用、基于 DPSIR 系统的区域土壤环境质量管理框架、废旧电容器拆解区土壤环境质量变化的 DPSIR 分析等。本书内容框架是在骆永明研究员主持下拟定和完成的。全书 8 章，具体的撰写分工如下：前言：骆永明；第一章：骆永明，滕应，张雪莲，徐莉，马文亭；第二章：滕应，卜元卿，高军，任文杰，骆永明；第三章：卜元卿，滕应，任改弟，骆永明；第四章：骆永明，李秀华，陈海红，刘增俊，潘澄，滕应，任文杰，涂晨；第五章：滕应，张雪莲，孙向辉，涂晨，王学娟，骆永明；第六章：涂晨，李秀华，滕应，高军，陈婷，骆永明；第七章：滕应，涂晨，孙向辉，徐莉，朱灵佳，骆永明；第八章：郑茂坤，滕应，汪军，骆永明。全书由骆永明和滕应研究员统稿、定稿。在本书出版过程中，得到了赵其国院士的悉心指导和李振高研究员、过园高级工程师和马文亭同志的校稿和大力帮助，在此一并表示诚挚的谢意！由于作者水平有限，书中难免存在疏漏之处，敬请各位同仁批评指正。

目　录

第一章　废旧电容器拆解区农田土壤复合污染

废旧电容器（e-waste）是指不能再使用或被废弃的电子电器产品，如废旧手机、电脑、电冰箱、电视机、电动机、变压器等。随着全球电子技术的发展，电器产品更新换代速度不断加快，每年有 2000 万～5000 万吨废旧电容器产生，并以约 4% 的年增长速度不断增加，是目前全球增长速度最快的固体废弃物（UNEP，2005；UNEP，2006；Robinson，2009）。废旧电容器所含化学成分复杂，除了含具有回收价值的基础工业材料和贵重金属外，还含有大量持久性有毒物。废旧电容器安全回收处置过程复杂，回收自动化程度低，其安全处置成为一个全球性的难题，而不规范的拆解及回收也给环境和人类健康带来了一定的负面影响，因此废旧电容器不规范处置过程导致的环境污染问题已成为环境科学研究热点之一。

UNEP 2005 年的一份报告指出，全世界的废旧电容器有 80% 流入亚洲，其中输入到中国的废旧电容器占 90%（UNEP，2005）。另一方面，我国居民对各种电子产品的内在需求也在逐年增加（Robinson，2009），自 2003 年以来，我国废旧电容器自身产量达到每年 110 万吨，并且增长速度在 5% 以上（彭平安，2009）。目前，废旧电容器拆解业主要分布在我国的沿海区域，其中广东贵屿和浙江台州已经成为国际上重要的电子电器垃圾拆解基地。

在中国，废旧电容器主要是在民间作坊集散地进行大规模处理。这些作坊的拆解工艺非常原始，没有任何安全措施，因而在对这些废旧电容器进行拆解、回收、烘烤、酸洗和焚烧等处理过程中，会产生大量有害物质包括多氯联苯、二噁英和重金属等，严重污染了当地的空气、土壤、水和生物体，对当地居民的健康状况也构成了一定威胁（UNEP，2005；UNEP，2006；Robinson，2009；Ogunseitan，2009）。

第一节　废旧电容器拆解区农田土壤有机化合物污染

一、废旧电容器拆解区农田土壤多氯联苯污染

多氯联苯（polychlorinated biphenyls，PCBs）是一类多氯代芳烃族化合物，存在 209 种异构体，被列为《斯德哥尔摩国际公约》首批关注的持久性有机污染物（POPs）之一。我国在 20 世纪七八十年代生产的 PCBs 绝大部分用于生产变压器和电容器等电力设备，目前这些设备已经进入淘汰期，但仍有部分在使用（Fu et al.，2003）。对这些废旧电力设备的不规范拆卸和使用，以及对含氯塑料的焚烧等都会在环境中形成多氯联苯污染。多氯联苯在环境中的最主要归宿是土壤，尤其是表层土壤。Meijer 等（2003）认为全球环境中存在的 PCBs 保守估计有 21 000 吨存在于表层土壤中。而土壤

是万物之源，土壤中的 PCBs 可以通过植物进入食物链，逐级富集放大，最终威胁人体健康。同时土壤中高浓度的 PCBs 可以通过土-气交换、土-水交换进入大气、水体，从而对整个环境造成污染（Valle et al.，2005）。人体暴露于 PCBs 的主要途径是饮食摄入，如与农田土壤相联系的我国居民的最基本食品——蔬菜。此外，PCBs 是典型的亲脂类污染物，容易在动物体内富集，因此人们日常食用的鱼和肉也是饮食摄入 PCBs 的重要途径（Kannan et al.，1994；Juan et al.，2002；Borgå et al.，2005）。因此对污染区农田土壤中 PCBs 的污染状况以及污染区蔬菜、粮食和动物体内 PCBs 含量的关注显得尤为必要。

1. 土壤中多氯联苯的含量

以浙江台州为例，2006 年 11 月在该地区峰江镇为主的废旧电容器拆解区布点取样，结果表明在所采集的 38 个土壤样品中 Σ17 PCBs 的检出率为 65.8%，浓度范围为 ND（未检出，下同）～152.8μg/kg，远远高于西藏（0.625～3.501μg/kg）（孙维湘等，1986）和南极未污染土壤残留（0.36～0.59ng/g）（Borghini et al.，2005），中值为 3.3μg/kg，平均含量是（19.9±32.5）μg/kg，接近瑞典土壤中 PCBs 的指导值 20μg/kg（周启星和宋玉芳，2005），高于青岛市所辖 10 个区市的表层土壤中 7 种指示性 PCBs 总量的平均值（8.04ng/g）（耿存珍等，2006）。但是，不同样点的土壤 PCBs 残留存在很大差异，PCBs 各浓度范围样点数见图 1-1。可以看出，65.8%（25 个）的供试土壤中 PCBs 的残留量都低于瑞典土壤中 PCBs 的指导值 20μg/kg；仅 34.2%（13 个）的土壤 PCBs 含量超过该值，受到污染，其中 3 个点含量超过 60μg/kg，分别为 83.0μg/kg、107μg/kg 和 153μg/kg，受到严重污染；以上结果说明该地区土壤 PCBs 仍然是以点源污染为主，但已有了一定范围的扩散。各样点土壤 PCBs 含量空间分布如图 1-2 所示，该研究区存在高残留点，并有向周围浓度逐渐降低之势。调查发现，在高残留点附近有一较大的废旧电容器拆卸焚烧场。有研究表明，废物堆放、填埋或焚烧是产生 PCBs 的重要途径（Meijer et al.，2003；Hippelein et al.，1998）。因此，高残留点的 PCBs 可能主要由含 PCBs 的废旧电容器拆解焚烧所致，并在当地风向（东南和西北风）和地形特征（西北高山）影响下随大气飘移一定的距离而沉降积累于表层土壤中，但也

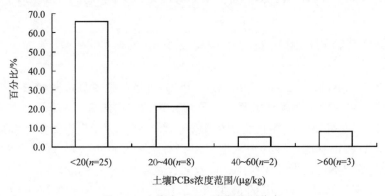

图 1-1　土壤中 PCBs 浓度范围分布

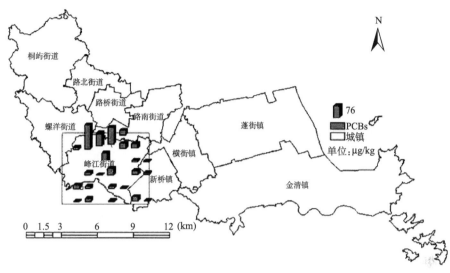

图 1-2　土壤中 PCBs 含量的空间分布

不排除其他途径带来的污染。该污染途径有待进一步深入研究。

2. 土壤中多氯联苯组成特征

土壤 PCBs 的组成与其来源和同系物性质有关。由表 1-1 可以看出：该地区土壤中 PCBs 以 3～5 氯为主，三者占 PCBs 总量的 90.8%，这与前期报道该地区土壤中 PCBs 以低氯为主相一致，也与该地区拆卸的电容器原油中主要含 3～5 氯 PCBs 吻合（储少岗等，1995）。这些低氯 PCBs 具有较强的挥发性，较容易挥发到空气中并随着大气的流动漂移一定距离而沉降到土壤，这在一定程度上可以证明该区土壤中 PCBs 的主要来源是不合理的废旧电容器拆解、焚烧及大气运输沉降。从 17 种同系物组成来看，除了 PCB128 和 PCB209 含量低于检测限外，其他各物质均有不同程度的检出，检出率最高的是 PCB28（其平均值为 4.43μg/kg），其量占 PCBs 总量的 22.2%，PCB77 和 PCB118 次之（其平均值分别为 5.29μg/kg 和 2.1μg/kg），分别占总量的 26.6% 和 10.1%，而 PCB128、PCB170、PCB180、PCB200、PCB206、PCB209 等高氯代化合物检出率和检出量都很低，且主要位于离污染源较近的高残留样点，周边土壤中几乎没有相应物质的检出，说明可能有少量新的高氯代 PCBs 输入，而且这些物质水溶性很低，挥发性较弱，吸附性更强，较容易在土壤中长期积累，难以土-气交换及运输迁移，也难以自然降解，因而主要在污染源附近检出。值得注意的是，PCB28 是七种指示性 PCBs 之一，PCB77 和 PCB118 属于共平面 PCBs，三者都具有较高的毒性，这类 PCBs 潜在的生物毒性和生态风险应当予以重视。

表 1-1　研究区域供试土壤的 PCBs 同系物组成特征

含氯数及百分比	同系物(PCBs)	检出率/%	平均含量/(μg/kg)	最大值/(μg/kg)	百分比/%
3 氯	18	26.3	1.59	32.9	7.95
(30.1%)	28	55.3	4.43	44.0	22.2
4 氯	44	15.8	0.46	9.09	2.29
	52	23.7	0.97	14.0	4.86
(39.8%)	66	26.3	1.22	9.00	6.10
	77	36.8	5.29	31.3	26.6
5 氯	101	36.8	1.17	6.73	5.85
(20.9%)	118	36.8	2.01	12.6	10.1
	126	29.0	0.98	7.17	4.91
6 氯	128	0.00	0.00	0.00	0.00
(7.7%)	138	21.1	0.83	7.10	4.15
	153	26.3	0.70	5.82	3.53
7 氯及以上	180	2.63	0.05	2.05	0.27
	170	2.63	0.08	3.05	0.40
(1.5%)	200	5.26	0.06	1.32	0.31
	206	10.5	0.11	1.47	0.55
	209	0.00	0.00	0.00	0.00

3. 不同土地利用方式下土壤多氯联苯污染状况

由表 1-2 可以看出,五种土地利用方式下土壤中 PCBs 检出率均高于 60%,残留比较普遍,检出率顺序为菜地＞果园＞林灌＝荒地＞水田,残留量顺序为果园＞水田＞荒地＞林灌＞菜地,均远远高于苏南某非污染地区农田土壤中 PCBs 的残留水平(安琼等,2006),说明当地的拆解业已经对不同土地利用方式的土壤带来了 PCBs 污染,尤其是直接与农产品安全相关的水田和果园等农业土壤,平均检出量高于其他土地利用方式土壤,分别为 23.9μg/kg 和 33.2μg/kg,但是两者的标准偏差也较大,分别是 40.58μg/kg 和 35.39μg/kg,说明这两种土地利用方式土壤样点间残留差异较大。个别样点靠近污染源,残留较高(最高值分别为 152.80μg/kg 和 82.90μg/kg)导致平均值也较高。此外,污水灌溉、化肥农药施用也可能是影响因素。林灌和荒地一方面受高污染点影响较小,另一方面受人类活动干扰也比较小,此外林冠层对大气 PCBs 有一定的截留效应,所以林灌和荒地的含量相对小于园地和水田,分别为 ND～23.7μg/kg 和 ND～30.5μg/kg,而莫斯科森林草地和北美天然牧场土壤中 6 种 PCBs 的含量分别为 2.0～34ng/g 和 5.2～77ng/g(Wilcke et al.,2000；Wilcke et al.,2006)。菜地土壤 PCBs 平均含量为 9.20μg/kg,低于其他几种土地利用方式土壤含量,但已然达到苏南某市非污染区菜地土壤的数十倍,其可能来源为大气沉降、化肥、农药、塑料薄膜及污水灌溉等。

表 1-2　不同土地利用方式土壤 PCBs 含量　　　（单位：μg/kg）

指标	土地利用方式				
	水田 (n＝20)	林灌 (n＝6)	菜地 (n＝5)	荒地 (n＝3)	果园 (n＝4)
检出率/%	60.00	66.70	80.00	66.70	75.00
平均含量	23.90	9.40	9.20	15.00	33.20
最大含量	152.80	23.70	34.30	30.50	82.90
标准偏差	40.58	10.27	14.13	15.26	35.39

由图 1-3 可以看出，不同土地利用方式下土壤 PCBs 都以 3～5 氯取代为主，具有相似的残留特征，可见它们可能具有共同的污染来源；6 氯和 7 氯及其以上化合物主要在水田和果园中有少量检出，可能是因为这两种土地利用方式的个别样点在污染源附近，有少量高氯 PCBs 输入所致；但是受人类活动影响较大的水田、园地和菜地的 3～5 氯分配与林灌地和荒地略有不同，可能有以下两个方面的原因：一是本书的研究采用随机采样，各土地利用方式下的土壤样点数不同，而且各样点离污染源的距离不同，而有研究指出，不同取代数 PCBs 随着迁移能力不同及复杂环境的影响在污染源周边地区的分布会偏离原来的组成特征（郑晓燕等，2007），所以，同系物分布规律可能会略有不同；二是不同土地利用方式下植物对大气 PCBs 截留能力不同，不同性质的土壤对 PCBs 吸附及微生物降解也不同，所以 PCBs 的输入与损失不同因而最终同系物组成也不同。

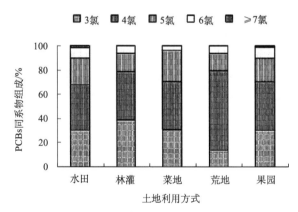

图 1-3　不同土地利用方式下土壤中 PCBs 同系物分布

二、废旧电容器拆解区农田土壤二噁英污染

二噁英/呋喃（polychlorinated dibenzo-p-dioxins and dibenzofurans，PCDD/Fs）是目前全球最为关注的《斯德哥尔摩国际公约》中的首批持久性有机污染物（POPs），它

们具有很高的亲脂性、持久性及明显的生物浓缩与生物蓄积性，可在植物、动物及人体内高度富集。有研究表明，人体吸收的 PCDD/Fs 有 90％以上来源于食物，食物链是 PCDD/Fs 健康风险暴露的主要途径（Tomoaki et al.，2001）。"万物土中生，食以土为本"，农田土壤-生物系统成为有害污染物生物毒性得以传递、放大的重要生态载体。因此，研究农田土壤-生物系统中 PCDD/Fs 的污染现状是正确评价农田生态系统健康风险的重要内容。

近年来，在我国经济快速发展的长江三角洲地区发现有较长历史的露天拆卸废旧变压器、电子洋垃圾及焚烧废弃电缆电线的某高风险污染区，并检测到农田土壤中有 PCDD/Fs 的存在，其含量高达 2726 pg/gdw 和 21.3 pgTEQ/gdw（TEQ 为北约现代科学委员会规定的毒性当量因子）（骆永明等，2004）。基于农田中 PCDD/Fs 很可能通过农作物和农产品进入食物链，并富集放大，最终威胁人体健康的考虑，本书将进一步对该典型污染区农田土壤-生物（水稻、蔬菜及家禽等）系统中多氯代二苯并二噁英/呋喃（PCDDs/Fs）的污染特征、生物富集及潜在健康风险展开深入调查研究，了解高风险区农田中 PCDD/Fs 的生物转移及其潜在风险，为该地区农田生态系统的健康风险评价提供科学依据。

1. 典型污染区农田土壤中 PCDD/Fs 的含量

典型污染区农田土壤中 PCDD/Fs 含量和毒性当量分析结果如表 1-3 所示。从表 1-3 可知，供试土壤中 PCDD/Fs 的总含量和毒性当量范围为 425～588pg/gdw 和 15.0～29.4pgTEQ/gdw，其平均值为 556pg/gdw 和 20.2 pgTEQ/gdw。污染水平不仅高于一些国家和地区土壤中 PCDD/Fs 的平均水平［德国（Fiedler et al.，2002）：1～3 pg TEQ/gdw，2500 个土壤样本；西班牙（Eljarrat et al.，2001）：0.27～2.24 pgTEQ/gdw；加拿大和美国中西部各州（Brendan et al.，1990）：0.16～0.26 pgTEQ/gdw；日本：平均值 6.9 pgTEQ/gdw，3000 个土壤样本］，而且远远超过一些国家农业土壤二噁英的参考值（德国：＜5pgTEQ/gdw；荷兰：1pgTEQ/gdw；瑞典和新西兰：10pgTEQ/gdw）。同时还发现，土壤中 PCDD/Fs 总的毒性当量与骆永明等（2005）的研究相近（21.1pgTEQ/gdw），进一步证实了该污染区农田土壤存在二噁英类的潜在风险。

表 1-3　供试农田土壤中四氯至八氯代 PCDD/Fs 的 17 种单体含量

（单位：pg/gdw）

PCDD/Fs 单体	样品编号		
	SEBC1	SEBC2	SEBC3
2，3，7，8-四氯代二苯并二噁英（TCDD）（1）	0.68	0.39	1.00
1，2，3，7，8-五氯代二苯并二噁英（PeCDD）（2）	2.13	1.54	2.65
1，2，3，4，7，8-六氯代二苯并二噁英（HxCDD）（3）	1.85	1.50	1.88
1，2，3，6，7，8-六氯代二苯并二噁英（HxCDD）（4）	3.68	3.76	3.93
1，2，3，7，8，9-六氯代二苯并二噁英（HxCDD）（5）	2.99	3.46	3.06
1，2，3，4，6，7，8-七氯代二苯并二噁英（HpCDD）（6）	29.1	53.4	42.4

续表

PCDD/Fs 单体	样品编号		
	SEBC1	SEBC2	SEBC3
八氯代二苯并二噁英（OCDD）（7）	127	461	415
2，3，7，8-四氯代二苯并呋喃（TCDF）（8）	47.5	17.8	25.9
1，2，3，7，8-五氯代二苯并呋喃（PeCDF）（9）	21.4	10.5	10.9
2，3，4，7，8-五氯代二苯并呋喃（PeCDF）（10）	26.8	11.9	12.1
1，2，3，4，7，8-六氯代二苯并呋喃（HxCDF）（11）	28.0	13.4	10.2
1，2，3，6，7，8-六氯代二苯并呋喃（HxCDF）（12）	15.2	9.58	8.13
1，2，3，7，8，9-六氯代二苯并呋喃（HxCDF）（13）	18.7	11.5	8.52
2，3，4，6，7，8-六氯代二苯并呋喃（HxCDF）（14）	2.75	0.82	0.80
1，2，3，4，6，7，8-七氯代二苯并呋喃（HpCDF）（15）	57.7	38.2	25.3
1，2，3，4，7，8，9-七氯代二苯并呋喃（HpCDF）（16）	6.29	3.33	2.36
八氯代二苯并呋喃（OCDF）（17）	33.3	13.1	9.13
总多氯代二苯并二噁英/呋喃（Sum PCDD/Fs）	425	655	588
I-TEQ（NATO/CCMS，北约现代科学委员会）	29.4	15.0	16.3
WHO（世界卫生组织）-TEQ（mammal，哺乳动物）	29.4	14.5	16.6

注：（1）2，3，7，8-Tetrachlorodibenzo-p-dioxin；（2）1，2，3，7，8-Pentachlorodibenzo-p-dioxin；（3）1，2，3，4，7，8-Hexachlorodibenzo-p-dioxin；（4）1，2，3，6，7，8-Hexachlorodibenzo-p-dioxin；（5）1，2，3，7，8，9-Hexachlorodibenzo-p-dioxin；（6）1，2，3，4，6，7，8-Heptachlorodibenzo-p-dioxin；（7）Octachlorodioxin；（8）2，3，7，8-Tetrachlorinated dibenzofurans；（9）1，2，3，7，8-Pentachlorinated dibenzofurans；（10）2，3，4，7，8-Pentachlorinated dibenzofurans；（11）1，2，3，4，7，8-Hexachlorinated dibenzofurans；（12）1，2，3，6，7，8-Hexachlorinated dibenzofurans；（13）1，2，3，7，8，9-Hexachlorinated dibenzofurans；（14）2，3，4，6，7，8-Hexachlorinated dibenzofurans；（15）1，2，3，4，6，7，8-Heptachlorinated dibenzofurans；（16）1，2，3，4，7，8，9-Heptachlorinated dibenzofurans；（17）Octachlorodibenzofuran。

2. 典型污染区农田土壤中 PCDD/Fs 的污染特征

供试土壤中二噁英类（PCDD/Fs）的污染指纹如图 1-4 所示。从图 1-4 可以看出，三个供试土壤中 PCDD/Fs 的污染指纹总体上表现出以八氯代二苯并二噁英（OCDD）为主（其百分含量分别为：29.9%、70.4%、71.4%），其次是 1，2，3，4，6，7，8-七氯代二苯并二噁英（HpCDD，分别为 6.85%、8.15%、7.21%）和 1，2，3，4，6，7，8-七氯代二苯并呋喃（HpCDF，分别为 13.6%、5.83%、4.30%）。但含量大小却存在一定差异，如供试土壤 SEBC2 和 SEBC3 的 OCDD 百分含量高出供试土壤 SEBC1 的 2.36 倍和 2.39 倍，这可能与土壤 PCDD/Fs 污染来源有关。现场调查结果显示，供试土壤 SEBC1 附近存在多家电缆电线焚烧场，电缆电线的燃烧可能是 SEBC1 中 PCDD/Fs 的主要来源；而供试土壤 SEBC2 和 SEBC3 却存在多源特征，其附近除了有电缆电线燃烧外，还存在露天拆卸废旧变压器和电子洋垃圾等活动，这可能就是导致 SEBC2 和 SEBC3 中八氯代二苯并二噁英（OCDD）含量偏高的主要原因。英国的一项研究结果表明：因燃烧排放，大气中 PCDD/Fs 污染指纹通常是以 OCDD（≈30%～40%）、1，2，3，4，6，7，8-HpCDD（≈15%～19%）和 1，2，3，4，6，7，8-HpCDF（≈14%～19%）为主（Alcock et al.，2001）。也有研究表明，城市固体废弃物焚化装置和铜冶炼厂附近土壤中 PCDD/Fs 同系物主要以 OCDD、1，2，3，4，6，7，8-HpCDD 和 2，3，4，7，8-PeCDF 为主，其次是 2，3，7，8-TeCDF 和 1，2，3，4，7，8-HxCDF，而供试土壤 SEBC1 的污染指纹与此相似（Nadal et al.，2002；Buekens et al.，2000）。事实上，要明确一个研究区域环境介质中 PCDD/Fs 的污染指纹是十分复杂的过程，尤其是土壤介质，土壤中 PCDD/Fs 的污染指纹不仅与二噁英类物质的来源、形成途径有关，还与它们在土壤环境中的物理化学行为密切相关。

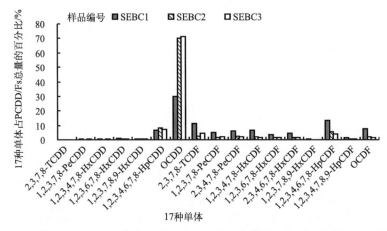

图 1-4　供试土壤中二噁英类（PCDD/Fs）的污染指纹（各同系物的百分比例）

三、废旧电容器拆解区农田土壤多环芳烃污染

多环芳烃是指具有两个或两个以上苯环的碳氢化合物，包括萘、蒽、菲、芘等 150 余种化合物，有些还含有氮、硫和环戊烷等（Sims et al.，1990）。五环以上的多环芳烃大都为无色或淡黄色的结晶，个别颜色较深。其性质稳定，溶点及沸点较高，蒸汽压很小，不易溶于水，辛醇-水分配系数比较高，易溶于苯类芳香性溶剂，极易附着在固体颗粒上，在环境中很难降解。多环芳烃大多具有大的共轭体系，其溶液具有一定荧光（Reilley et al.，1996；Sims and Overcash，1983）。

多环芳烃来源很多，可分为自然源和人为源。自然源产生的多环芳烃含量极微，主要来源于森林火灾和火山爆发。环境中的多环芳烃主要来源于人类活动，如石油、煤等化石燃料，以及木材、天然气、汽油、重油、高分子有机化合物、纸张、作物秸秆、烟草等含碳氢化合物的物质经不完全燃烧或在还原性气氛中经热分解等。原油泄露、石油裂解等均可造成环境中多环芳烃的污染（Sims and Overcash，1983）；炼焦、石油化工、橡胶、制造炭黑等工业企业排出的废气，热电站、工业锅炉及生活炉灶的烟尘，汽车、飞机等交通运输工具排放的废气和街道尘土，还有吸烟的烟气都可使室内空气受到苯并

[a] 芘的污染；在食品的加工过程中，特别在烟熏、火烤或烘焦过程中滴加的油脂也能通过热聚反应产生苯并 [a] 芘。多环芳烃以微细的结晶状态被吸附于飘尘的颗粒而存在于大气之中，空气中的颗粒可以在空气中悬浮几天到几周，从而形成远距离转移。

多环芳烃具有致畸、致癌、致突变和生物难降解的特性，是目前国际上关注的一类持久性有机污染物。多环芳烃是发现最早而且数量最多的一类有机致癌物，美国环保署（EPA）公布的 129 种优先监测的污染物中，多环芳烃就有 16 种。具有致癌作用的多环芳烃多为四到六环的稠环化合物。四环以下相对分子质量较小的多环芳烃多以蒸气态存在，分子量较大的则被吸附在颗粒物表面，尤其是在小于 5μm 的颗粒上，可以进入肺的深部。环境中很少遇到单一的多环芳烃，而多环芳烃混合物可能发生很多种相互作用，其中有不少非直接致癌物，必须经细胞微粒中的混合功能氧化酶激活后才具有致癌性。城市气溶胶和烟尘中还含有硝基和羟基硝基多环芳烃，具有直接的突变作用，不需要代谢活化作用，其致突变性比无硝基的多环芳烃更强。

多环芳烃可以使生物体产生遗传毒性而对人体具有潜在的危害性。动物实验证实的有较强致癌性的多环芳烃有：苯并 [a] 芘、苯并 [a] 蒽、苯并 [b] 荧蒽、二苯并 [a，h] 芘、二苯并 [a，h] 蒽等，其中以苯并 [a] 芘的致癌作用最强。

1. 土壤中多环芳烃的含量

6 个土壤样品中的 15 种多环芳烃含量和总量如表 1-4，分析结果显示供试土壤中多环芳烃总量较为接近，组分构成相似，在检测的多环芳烃中，3 环、4 环的含量之和约占总量 85%～100%（图 1-5）。Maliszewska-Kordybach（1996）根据欧洲农业土壤多环芳烃含量分布情况，提出土壤多环芳烃污染程度分类，指出临界浓度为 200μg/kg、600μg/kg 和 1000μg/kg，并以此将土壤污染程度分成 4 个水平：无污染（<200μg/kg）、轻微污染（200～600μg/kg）、中等污染（600～1000μg/kg）和严重污染（>1000μg/kg）。根据这一分类标准，可认为供试土壤的多环芳烃总体上无污染。

表 1-4　污染土壤中多环芳烃的含量　　　　　（单位：μg/kg）

多环芳烃	样品编号					
	FJS-01	FJS-02	FJS-03	FJS-04	FJS-05	FJS-06
萘	ND	ND	ND	ND	ND	ND
苊	ND	ND	ND	ND	ND	ND
芴	1.20	ND	ND	ND	ND	ND
菲	20.22	10.76	9.51	12.24	30.15	61.87
蒽	8.40	5.06	6.08	7.01	7.35	12.45
荧蒽	25.88	15.95	18.59	19.15	11.23	52.84
芘	3.37	2.77	2.42	5.54	1.92	11.53
苯并 [a] 蒽	21.36	16.18	17.82	19.26	5.56	ND
䓛	32.76	23.27	31.70	42.04	5.08	90.38
苯并 [b] 荧蒽	7.08	ND	ND	11.89	7.82	17.47

续表

多环芳烃	样品编号					
	FJS-01	FJS-02	FJS-03	FJS-04	FJS-05	FJS-06
苯并［k］荧蒽	8.35	12.78	10.45	23.59	ND	23.11
苯并［a］芘	1.58	ND	ND	ND	ND	ND
二苯并［a，h］荧蒽	5.58	2.26	ND	3.56	ND	ND
苯并［g，h，i］芘	ND	0.23	ND	ND	2.56	4.62
茚并［1，2，3-cd］芘	ND	ND	ND	ND	ND	ND
∑PAHs	136.05	89.26	96.57	144.29	71.68	274.28
菲/蒽	2.41	2.13	1.56	1.75	4.10	4.97
荧蒽/芘	7.69	5.76	7.69	3.45	5.85	4.58
芘/苯并［a］芘	2.13	—	—	—	—	—

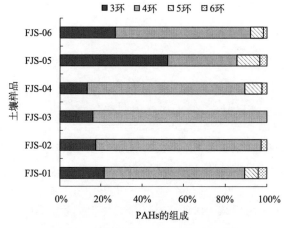

图 1-5　污染土壤多环芳烃的组成特征

石油化工、居民采暖、秸秆焚烧和交通运输等人类活动是多环芳烃的主要来源，多环芳烃可以通过挥发、迁移等过程进入其他环境介质（如土壤、大气和水环境等），土壤作为一种重要的环境介质，承担 90％以上的多环芳烃环境负荷（Wild and Jones，1995）。供试土样中多环芳烃和苯并［a］芘含量均低于这些标准，特别是从多环芳烃代表物质苯并［a］芘残留量分析，除土壤样品 FJS-01 含有 $1.58\mu g/kg$ 外，其他样品中未检测到苯并［a］芘，该典型区土壤中多环芳烃污染水平较低。当地的石油化工企业极少，居民采暖和秸秆焚烧现象在当地也并不突出，而该地区的工业生产较为发达，交通运输可能是土壤中多环芳烃的主要来源。

2. 土壤中多环芳烃组成特征

Adami 等（2000）研究认为沉积物中菲/蒽＞10 指示石油源，菲/蒽＜10 指示化石燃料等燃烧源。其他学者在土壤多环芳烃来源分析研究中也认为，可以利用同分异构体的比值，如菲/蒽、荧蒽/芘和芘/苯并 [a] 芘等推测其来源。Rogge 等（1993）研究认为荧蒽/芘>1 时，指示汽车尾气排放等燃烧源，荧蒽/芘<1 指示石油源；芘/苯并 [a] 芘<1 指示燃煤释放源，芘/苯并 [a] 芘>1 为混合来源的特征（朱先磊等，2001）。典型区 6 个土样菲/蒽在 1.56～4.97；荧蒽/芘在 3.45～7.69；只有样品 FJS-01 中检测到苯并 [a] 芘，芘/苯并 [a] 芘为 2.13。分析结果显示，该典型区土壤中多环芳烃可能主要来自尾气排放。值得注意的是上述相关比值仅有相对意义，只能从宏观上说明土壤表层中多环芳烃的主要来源。

3. 稻田上覆水中多环芳烃的含量

表 1-5 是典型区污染稻田上覆水中多环芳烃的含量。在样品 FJW-01 和 FJW-05 中有检测出 2 种多环芳烃，为菲和荧蒽，未检出强致癌性的高环数多环芳烃，未超出我国城市供水行业 2000 年技术进步发展规划水质目标限定的多环芳烃总量（包括苯并 [a] 芘）最高允许浓度 0.2μg/L（汪光焘，1993）。

表 1-5　稻田上覆水中多环芳烃含量　　　　（单位：ng/L）

项目	FSW-01	FJW-02	FJW-03	FJW-04	FJW-05
菲	14.46	ND	ND	ND	16.48
荧蒽	19.28	ND	ND	ND	ND
ΣPAHs	33.74	—	—	—	16.48

四、废旧电容器拆解区农田土壤中有机氯农药污染

我国是一个农业大国，在 20 世纪 60～80 年代曾大量生产和使用 DDT、HCH 等有机氯农药。据统计，我国在 1970 年共使用 DDT、HCH 等有机氯杀虫剂近 19.17 万吨（余刚和黄骏编，2007）。

由于有机氯农药具有毒性大、难降解、易于在生物体内富集等特性，其环境行为一直是环境化学的研究热点，也是世界各国重点控制的污染物。尽管我国已于 1980 年禁用了这类农药，但其在土壤中的残留仍有较高的检出率（李国刚等，2004；赵娜娜等，2007；易爱华，2007），已超出了人体健康风险可接受水平（罗飞等，2012；赵毅等，2012）。因此了解农田土壤的有机氯农药污染现状很有现实意义。

1. 土壤中有机氯农药的含量和组成

该典型区土壤样品的 DDT 和 HCH 的测定结果如表 1-6。8 种有机氯单体中，除了 p, p'-DDD 的检出率较低，为 55% 外，其他组分的检出率均为 95%～100%。供试土壤中 HCH 的残留水平为 10.61～33.11μg/kg，DDT 的残留水平为 11.36～33.28μg/kg，两者均低于我国的《土壤环境质量标准》（GB 15618—1995）中 HCH 和 DDT 的一级标准值 50μg/kg。与 1980 年和 1985 年对于全国农田耕层土壤中 HCH 和 DDT 的残留总量

相比（Cai et al.，2000），该区农田土壤中 HCH 和 DDT 大部分已经降解，残留水平很低。但与荷兰土壤标准的目标值比较，可以看出，β-HCH、γ-HCH、ΣHCH 和 ΣDDT 的平均含量都要高于该基准值，而荷兰土壤标准的目标值主要是基于生态风险评估的方法，因此超过该值，可能意味着有机氯农药对生态系统有危害作用。

表 1-6　典型污染区农田土壤中有机氯农药（OCPs）的组成及含量

化合物	最大值/(μg/kg)	最小值/(μg/kg)	平均值/(μg/kg)	检出率/%	荷兰土壤目标值/(μg/kg)
α-HCH	1.47	0.32	0.91	100	2.5
β-HCH	2.84	1.69	2.03	95	1
γ-HCH	8.31	ND	4.93	95	0.05
δ-HCH	21.28	5.23	11.55	100	—
ΣHCH	33.11	10.61	19.42	—	10
p, p'-DDE	12.54	2.87	6.10	100	—
o, p'-DDT	15.39	3.55	7.48	100	—
p, p'-DDD	5.50	ND	1.04	55	—
p, p'-DDT	14.81	2.25	4.24	100	—
ΣDDT	33.28	11.36	18.86	—	2.5

注：ΣHCH 为 α-HCH、β-HCH、γ-HCH 和 δ-HCH 的含量之和；ΣDDT 为 p, p'-DDE、o, p'-DDT、p, p'-DDD 和 p, p'-DDT 的含量之和，ND 代表低于检测限，—代表无相应数值。

在 HCH 的四个异构体中，其平均含量以 δ-HCH 最大，α-HCH 最小，这与 α-HCH 具有较强的挥发性有关。DDT 的四个同系物中，o, p'-DDT 的平均含量最高，并且大于 p, p'-DDT 及其代谢产物。在 p, p'-DDT 的代谢产物中，以 p, p'-DDE 为主，表明 p, p'-DDT 在土壤中以有氧代谢为主。

2. 土壤中 DDT 和 HCH 的来源分析

环境中的 HCH 主要来自杀虫剂的使用，包括工业级 HCH 和林丹。工业 HCH 是由多个异构体组成的混合物，主要由 α-HCH（67%）、β-HCH（8%）、δ-HCH（7.5%）和 γ-HCH（15%）组成；林丹的主要成分为 γ-HCH（99%）。其中 α-HCH 在环境中最不稳定，降解速率最快，四种异构体在环境中的降解速度分别为 α-HCH＞γ-HCH＞δ-HCH＞β-HCH（Huckins et al.，1993；Willett et al.，1998），因此推断最终在土壤中占优势的是 β-HCH。而该区土壤中 HCH 的含量顺位为 δ-HCH＞γ-HCH＞β-HCH＞α-HCH，δ-HCH 残留最多，推测可能与 δ-HCH 的高水溶性（Prakash，2004）以及典型区水稻田的污水回灌有关，但具体原因还需要进一步分析。

根据 HCH 各异构体之间的物理化学性质的差异，以及各异构体之间可能存在的相互转化过程，可将环境中残留的 HCH 各异构体组成作为一种环境指示指标。研究者常用 α-HCH/γ-HCH 的比值来判断 HCH 的来源，一般认为比值在 0.13～2.6 的范围内，为大气长距离传输的结果（Fu et al.，2001）。表 1-7 显示，该区的 α-HCH/γ-HCH 的比值正好在此范围内，说明该地区的 HCH 主要来自大气的沉降。此外，β-HCH/γ-HCH的残留量比值范围为 0.27~0.64，平均值为 0.42，低于安琼等（2004）的报道，与我国早期报道 β-HCH/γ-HCH 在水稻田中的比值 8.49 有明显不同，说明土壤中 HCH 残留已经降解到很低的水平，并且各异构体趋于均匀分布。

农田用 DDT 农药的原药组成主要为 p，p'-DDT（约占 75%）和 o，p'-DDT（约占 25%），以及微量的 p，p'-DDE 和 p，p'-DDD。通过计算 o，p'-DDT 与 p，p'-DDT 及其代谢产物 p，p'-DDE 和 p，p'-DDD 之和的比值，发现土壤中的 DDT 的组成与原始 DDT 的组成有很大差别，o，p'-DDT 与 Σp，p'-DDT 的比值接近 1.0∶1.25，这可能与 p，p'-DDT 较大的活性有关（章海波等，2006）。

DDT 进入土壤后，在微生物的作用下 o，p'-DDT 降解为 o，p'-DDE 和 o，p'-DDD，p，p'-DDT 降解为 p，p'-DDE 和 p，p'-DDD，其中转化成 DDD 为厌氧过程，转化成 DDE 为好氧过程（Hitch and Day，1992；Mohn and Tiedje，1992），此外还存在 DDE 到 DDD 的转化途径（Babu et al.，2003）。该区土壤中 p，p'-DDE 的平均含量占到了 Σp，p'-DDT 的 53.6%，说明 p，p'-DDT 在土壤中的转化途径以有氧过程为主，说明土壤处于氧化状态，这与所采土样是水稻田落干后的表层土有关。此外，通过 DDE 和 DDD 与 DDT 以及 DDD/DDE 的比值也可以推测 DDT 在土壤中的主要降解途径。DDD/DDE 和 DDD/DDT 的值均明显小于 DDE/DDT 的值（表1-7），说明 DDT 到 DDD 的直接转化和间接转化虽然可能存在，但不是主要途径。另外，代谢产物 DDE 为主说明土壤中的 DDT 属于残留 DDT，并非新的输入。DDT/DDE+DDD 的比值可以用来判断 DDT 的降解情况，如果大于 1，说明有外源 DDT 污染的输入，而该地区 DDT/DDE+DDD 的比值大部分都小于 1，仅有 3 个点位比值大于 1，并且超过幅度很小，证明目前土壤中检测到的主要是农药使用后的残留物。

表 1-7　典型污染区农田土壤中 DDT 和 HCH 的组成情况

	化合物比值		
	最大值	最小值	平均值
o，p'-DDT/Σp，p'-DDT	1.91	0.20	0.75
DDT/DDE+DDD	1.28	0.18	0.66
DDD/DDE	1.07	0.11	0.43
DDD/DDT	1.06	0.16	0.40
DDE/DDT	5.57	0.50	1.70
α-HCH/γ-HCH	0.36	0.05	0.18
β-HCH/γ-HCH	0.64	0.27	0.42

注：DDT、DDE 和 DDD 分别表示 p，p'-DDT、p，p'-DDE 和 p，p'-DDD；Σp，p'-DDT 为 p，p'-DDT、p，p'-DDE 和 p，p'-DDD 之和。

五、废旧电容器拆解区农田土壤酞酸酯污染

酞酸酯已成为全球最普遍的一类有机污染物，被称做"第二个全球性的 PCB 污染

物"。国外对于城市和农田土壤的酞酸酯污染报道较少。研究表明捷克共和国的摩拉维亚施用有机肥较多的农田检测到的 DnBP 约为 1.59mg/kg，DEHP 约为 0.73mg/kg（Zorníková et al.，2011）。在我国，酞酸酯的土壤污染问题从 20 世纪 80 年代便开始受到关注（赵振华，1986；胡晓宇等，2003）。研究证实，农业土壤中的酞酸酯，除了极少数来源于天然途径以外，主要来源于大气污染物（涂料喷涂、塑料垃圾焚烧和农用薄膜增塑剂挥发等的产物以及工业烟尘）的沉降、污水和污泥农用、化肥、粪肥和农药的施用，以及堆积的农田塑料薄膜和塑料废品等长期受雨水浸淋对土壤生成的污染（李存雄等，2010）。研究区域由于处在废旧电容器拆解区，长期受到不当拆解方式的影响，周围环境可能存在着严重的酞酸酯污染，如铜线外皮酸浸和燃烧等产生的气态酞酸酯。废旧电容器中包含铅、镉、水银、铬、聚氯乙烯等，聚氯乙烯塑料也就是 PVC，其中含有大量的酞酸酯组分，在这种条件下也会逐渐释放到环境中。

土壤中酞酸酯含量和组成

调查区域四种土壤利用类型的土壤中酞酸酯的含量分析结果见图 1-6。由图可知，四种不同土地利用方式土壤中残留的六种目标酞酸酯总含量介于（310.25±192.10）～（2389.53±218.70）µg/kg 干重，且总含量排序从大到小依次是 CK＞PR-I＞PR-DW＞GP-D＞GP-B＞VP，数值依次为（2.39±0.22）、（2.24±0.08）、（1.68±0.14）、（0.54±0.33）、（0.47±0.36）和（0.31±0.19）mg/kg 干重。各种酞酸酯组分的含量范围为：ND～（2150.25±54.37）µg/kg，各种组分在不同采样点的总含量排序为 DEHP＞DnBP＞DMP＞DnOP＞DEP＞BBP。除了长期淹水的空地之外，所有土壤的酞酸酯含量都显著低于不种植物的对照，其中含量最高的可占对照的 70％左右，含量最低的只占对照的 15％左右。本地区土壤中主要含有的酞酸酯组分为 DEHP 和 DnBP，但是种植植物之后，这两种组分在土壤中的含量得到了明显的降低。

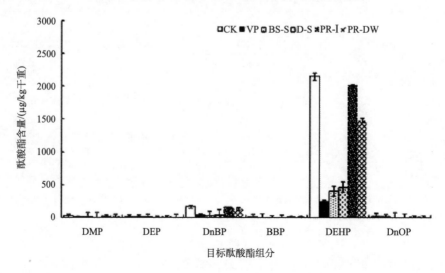

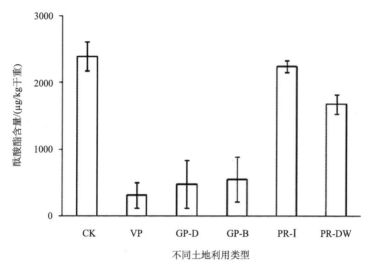

图 1-6　不同利用方式下土壤中的酞酸酯组分及含量

CK 为不种植物土壤；VP 为菜地土壤；PR-I 为长期淹水空地土；PR-DW 为
干湿交替空地土；GP-D 为条播绿肥地块土壤；GP-B 为撒播绿肥地块土壤

从不同利用方式土壤中酞酸酯的含量差别来看，种植了植物后土壤中酞酸酯的含量明显减少，尤其是种植绿肥紫花苜蓿（不论撒播和条播）和种植各种蔬菜的土地，几乎去除了对照土壤中四分之三的酞酸酯。干湿交替的土壤与长期淹水的土壤中由微生物作用的酞酸酯去除率的差别可以达到五倍之多，尤其是高分子量的组分。种植各种蔬菜的土壤，这部分土壤中的酞酸酯去除率与对照组相比接近 90%。

第二节　废旧电容器拆解区农田土壤重金属污染

目前，我国废旧电容器废旧家电回收处理大部分是在经济利益的驱动下自发进行的，废旧电容器经营者或将收购的废品维修拼装后重新销售，或拆解后作再生材料销售。由于个体经营者拆解工艺落后，一般采用两种工艺措施：一是焚烧，用煤气炉烧掉线路板上"没用"的东西，留下一些金、银、铜之类的贵金属；另一种是酸洗，用强酸或王水腐蚀掉电器元件"没用"的东西，收集残渣中的贵金属。在酸洗过程中有大量重金属元素被溶解出来，直接排入河流、渗入地下，污染农田土壤（严谷芬等，2007）。

Liu 等（2006）对贵屿当地河岸沉积物的抽样检验显示，对生物体有严重危害的重金属钡的浓度达到美国环保局规定的土壤污染危险临界值的 10 倍，锡为 152 倍，铬为 1338 倍，铅为 212 倍，而水中的污染物超过饮用水标准数千倍，同时该区儿童血铅水平已处于有损健康的危险阶段（彭琳，2005）。广东省汕头大学医学院对贵屿外来人口体检后发现，88% 的人患有皮肤、神经系统、呼吸系统或消化系统等方面的疾病（中国环境生态网，2005）。

潘虹梅等（2007）对台州某电子拆解区土壤调查得出，土壤中 Cu、Pb 的含量均有不同程度的超标，Zn、As、Cr、Mn、Ni 的含量处于国家标准范围内，除了 As、Cr 以外，其余元素的含量均高于浙江省土壤背景值，土壤中重金属的含量呈明显增加的趋势。王世纪等（2006）的研究也显示电子拆解业能够引起土壤重金属的污染，同样，重金属污染也给人体健康带来重要的影响，该地区妇女儿童血液、尿液临床生化检验和健康体检均有不同程度的异常（韩关根等，2006）。

一、废旧电容器拆解区农田土壤的酸化特征

表 1-8 显示该典型区农田土壤的 pH 变化范围为 3.8～4.4，平均值为 4.1，低于该区全国土壤第二次普查结果（pH＝6.0），而远离该酸洗拆解污染源的土壤 pH 为 5.3（卜元卿，2007）。根据 pH＜5.0 即为强酸性土壤的标准（黄昌勇，1999），可见，该区存在着严重的酸化现象，这可能与周边废旧电子产品拆解的重金属回收工艺流程有关。该工艺主要是将含贵金属的废旧电子产品以浓硫酸处理，取得贵金属的剥离沉淀物，

表 1-8　供试土壤的基本理化性质

土壤编号	pH (H$_2$O)	总有机碳 /(g/kg)	全氮 /(g/kg)	全磷 /(g/kg)	全钾 /(g/kg)	水解氮 /(mg/kg)	有效磷 /(mg/kg)	速效钾 /(mg/kg)
YLY-1	4.21	31.0	3.28	0.45	18.4	208	6.74	170
YLY-2	4.08	30.2	2.99	0.39	20.6	171	4.81	190
YLY-3	4.14	28.1	2.77	0.48	20.7	200	13.9	126
YLY-4	3.94	28.3	2.58	0.43	20.9	92.7	13.4	136
YLY-5	4.14	23.0	2.2	0.37	19.8	177	8.08	123
YLY-6	3.83	22.7	2.64	0.47	20.9	180	13.5	130
YLY-7	3.97	26.8	2.25	0.54	20.7	154	22.8	134
YLY-8	4.04	22.3	2.17	0.47	19.9	136	17.1	115
YLY-9	4.25	20.1	2.34	0.35	19.6	129	7.33	187
YLY-10	4.38	21.1	2.03	0.40	19.8	123	7.64	117
YLY-11	4.21	31.3	2.18	0.67	19.5	192	30.5	131
YLY-12	4.10	29.4	3.18	0.68	20.5	184	39.7	164
YLY-13	4.05	28.4	2.72	0.72	19.9	194	43.4	126
YLY-14	4.09	32.2	3.07	0.72	18.6	215	37.2	131
YLY-15	4.30	30.5	3.16	0.42	18.7	211	5.03	139
YLY-16	4.14	35.9	3.65	0.50	19.0	343	18.6	187
YLY-17	3.97	29.6	3.14	0.48	20.0	267	18.5	117
YLY-18	4.02	25.6	2.78	0.46	19.2	192	12.1	130
YLY-19	4.13	18.3	1.74	0.42	19.8	111	20.7	196
YLY-20	3.97	25.9	2.54	0.52	20.9	186	24.1	143

再分别将其还原成金、银、钯等金属产品。同时在该典型区，多半企业采用传统的手工作坊式生产，很少集中处理剩余的大量残留酸液，而是直接排于周边沟渠、农田等场地，大量酸性废水的灌溉破坏了土壤的缓冲能力从而造成土壤的酸化。

同时，测定该典型区基本农田保护区水稻土耕作层的有机碳、全氮、全磷、全钾、水解氮、有效磷、速效钾的平均含量，与全国第二次土壤普查中该地区水稻土养分含量平均值相比（有机碳：24.5g/kg；全氮：2.45g/kg；全磷：0.41g/kg；水解氮：174mg/kg；有效磷：6mg/kg；速效钾：88mg/kg）（黄岩土壤志，1986），土壤养分含量均有所增加。可见，该区废旧电子产品拆解活动并未降低其周边农田土壤的肥力质量，却显著影响了土壤的 pH。而土壤的酸化一方面会破坏土壤结构，使得土壤板结，抗逆能力下降，更为重要的是土壤的酸化有利于土壤中重金属向水溶态、交换态的转化（Harter，1983；Clemente et al.，2003；杜彩艳等，2005；于群英等，2006），增加重金属在生物环境介质中的移动性及其污染风险，从而降低土壤的环境功能，因此，这一农田土壤环境问题应该引起高度重视。

二、废旧电容器拆解区农田土壤的重金属污染特征

1. 土壤的重金属全量和有效态含量

典型区农田土壤的 Cu、Cd、Pb、Zn 全量和有效态的分析结果如表1-9所示。该地区表层土壤 Cu、Cd、Pb、Zn 全量的平均值均明显高于浙江省该地区土壤背景值，即Cu：19.8mg/kg，Cd：0.20mg/kg，Pb：24.5mg/kg，Zn：84.8mg/kg（姜理英等，2002）。与我国土壤环境质量二级标准相比（马成玲等，2006），供试土壤 Cu、Cd 全量平均值均超过我国土壤环境质量二级标准，而 Pb、Zn 均未超过我国土壤环境质量二级标准。同时，与远离该酸洗拆解污染源的上游农田土壤中 Cu、Cd、Pb、Zn 的全量，即 Cu：114.0mg/kg，Cd：0.5mg/kg，Pb：76.6mg/kg，Zn：154.0mg/kg（卜元卿，2007）相比，该区域土壤中 Cu、Cd 全量明显偏高，Pb、Zn 全量相差不大，可见河流污灌对重金属污染物的扩散可能存在一定的影响。

表 1-9　土壤中重金属全量和有效态含量　　　　　　（单位：mg/kg）

土壤编号	重金属全量				重金属有效态			
	Cu	Cd	Pb	Zn	Cu	Cd	Pb	Zn
YLY-1	431±4	11.1±0.1	65.7±0.9	184±0	214±1	7.07±0.06	19.3±0.5	44.5±0.6
YLY-2	367±2	13.4±1.8	58.5±2.6	174±2	197±6	7.50±0.04	18.0±2.2	41.1±0.5
YLY-3	463±1	11.2±1.0	61.2±0.4	186±1	233±2	6.47±0.05	18.4±0.2	41.5±0.3
YLY-4	565±5	8.62±0.04	51.7±2.7	191±1	277±1	5.95±1.61	20.1±0.2	48.4±0.5
YLY-5	361±3	9.44±0.60	47.9±0.1	168±5	182±0	7.28±0.00	17.9±0.0	38.4±0.7
YLY-6	419±6	10.1±0.5	44.9±2.2	170±1	213±1	7.57±0.01	17.9±0.1	39.8±0.5
YLY-7	451±2	7.37±0.1	49.4±2.0	170±6	232±0	6.32±0.05	19.2±0.3	37.0±0.3

续表

土壤编号	重金属全量				重金属有效态			
	Cu	Cd	Pb	Zn	Cu	Cd	Pb	Zn
YLY-8	362±9	7.73±0.2	47.3±3.0	167±6	184±0	6.28±0.03	18.5±0.3	32.7±0.1
YLY-9	377±4	12.0±0.0	38.7±2.3	179±1	173±6	8.46±0.00	17.8±0.1	39.0±1.2
YLY-10	311±3	9.18±0.39	39.5±2.4	178±1	150±0	6.73±0.03	17.9±0.0	34.3±0.1
YLY-11	512±4	8.01±0.52	50.0±1.9	169±2	260±1	5.95±0.02	21.1±0.6	40.5±0.3
YLY-12	482±2	7.26±0.19	50.6±4.9	165±3	246±2	5.64±0.01	19.6±0.1	36.5±0.1
YLY-13	672±4	6.91±0.28	70.5±1.1	168±7	335±1	5.14±0.02	27.6±0.5	37.6±0.1
YLY-14	390±1	9.04±0.09	50.4±1.3	180±8	207±3	6.79±0.02	16.9±0.1	41.0±0.3
YLY-15	262±2	7.76±0.71	47.8±1.9	185±5	135±1	6.16±0.02	14.8±0.0	39.3±0.1
YLY-16	521±1	9.61±0.33	50.6±0.5	172±2	258±2	6.98±0.00	16.2±0.2	40.9±0.5
YLY-17	396±2	11.3±0.1	51.9±2.1	178±1	211±5	8.27±0.04	17.4±0.1	45.8±1.0
YLY-18	342±3	9.99±0.12	49.0±3.4	168±3	183±0	7.24±0.02	15.8±0.1	39.7±0.1
YLY-19	335±3	7.16±0.19	38.3±3.1	149±0	186±1	5.76±0.02	16.1±0.1	39.3±0.1
YLY-20	539±4	8.58±0.28	53.7±2.5	172±4	273±4	6.37±0.04	21.4±0.1	42.4±0.8

以我国土壤环境质量二级标准计算该典型区土壤重金属的单项和综合污染指数，得到该典型区供试土壤的 Cu、Cd、Pb、Zn 元素单项污染指数（Pi）均值分别为 8.6、31.0、0.20、0.87，根据评价的 4 个等级：Pi≤1 为非污染，1<Pi≤2 为轻污染，2<Pi≤3 为中污染，Pi>3 为重污染，判断该地区 Cu、Cd 污染已达到重度污染水平，其中 Cd 的污染最为突出，Pb、Zn 为未污染水平。同时该地区土壤重金属元素的综合污染指数达到 32.3，为重度污染指数标准（$P_{综}$>3.0）的 10.8 倍，已达严重污染程度。由此证实该典型区基本农田保护区水稻土存在严重的重金属复合污染问题。

通常认为，0.1mol/L HCl 浸提的重金属是对植物吸收有效的潜在库，在环境化学和生态毒理学中常用来表示土壤环境中重金属的食物链迁移与健康风险。计算 4 种重金属 0.1mol/L HCl 的提取率（有效态含量平均值/全量含量平均值），得到 Cd 的提取率最高，达到 72.0%，具有最强的活性，说明土壤 pH 降低可能导致土壤中 Cd 的活化而易被作物吸收。其次为 Cu，其提取率为 50.8%，Pb、Zn 的提取率分别为 36.5%、23.0%。其中 Cd、Pb 是植物生长的非必需元素，特别是 Cd，为毒性最大的重金属之一，高活性的 Cd 极易被植物吸收和积累，沿食物链通过生物放大的作用最终导致对人及动物的危害。Cu、Zn 是植物必需的微量营养元素，但是，由于其需求量较少，很少有缺乏症状发生，环境中较高的含量同样能够导致植物的毒害胁迫症状。

2. 土壤的重金属有效态和全量，以及土壤 pH 之间的关系

表 1-10 表明，土壤中重金属 Cu、Cd、Pb、Zn 的 0.1mol/L HCl 提取态均与其全量呈极显著正相关，并且均与土壤的 pH 存在负相关关系，特别是 Cu 与 pH 显著负相关。说明重金属的生物有效性受到土壤 pH 的严重影响，pH 越低，可浸提态重金属含

量越高，生物有效性越高，相反，pH 越高，尽管重金属总量较高，但土壤可浸提态含量较低，生物有效性不高，不仅不容易对生态系统造成危害，而且对重金属还具有一定的固定化作用。结合该研究区农田土壤的低 pH、高浓度重金属含量及其较高的重金属有效性，其有毒重金属可能存在从农田土壤向作物系统发生生物转移和生物富集的现象。

表 1-10　供试土壤重金属 0.1mol/L HCl 提取态与重金属全量、土壤 pH 的相关性

元素	有效态铜	有效态镉	有效态铅	有效态锌
全铜	0.987**	−0.448*	0.819**	0.289
全镉	−0.278	0.826**	−0.307	0.394
全铅	0.619**	−0.259	0.610**	0.328
全锌	−0.036	0.245	−0.054	0.499*
pH	−0.459*	−0.026	−0.213	−0.299

＊表示相关显著（$p < 0.05$）；＊＊表示相关极显著（$p < 0.01$）。

第三节　小　　结

废旧电容器所含化学成分复杂，除了含有回收价值的基础工业材料和贵重金属外，还含有大量持久性有毒物。我国东部废旧电容器拆解区的废旧电容器多是在民间作坊集散地进行大规模的处理。这些作坊的拆解工艺非常原始，没有任何的安全措施，导致废旧电容器中有毒物质的泄露，进而对环境造成污染。研究表明废旧电容器拆解区周边基本农田保护区土壤已经出现了不同程度的污染，并呈现有机无机复合污染的现象。污染物种类包括多氯联苯、二噁英、多环芳烃、有机氯农药、酞酸酯等有机污染物及 Cu、Cd 重金属污染物。其中突出的主要污染物为：多氯联苯、Cu、Cd。

对废旧电容器的不规范拆卸和使用，以及对含氯塑料的焚烧等都会在环境中形成多氯联苯污染。研究区土壤 PCBs 污染主要以点源污染为主，并产生了局部影响；土壤中的 PCBs 以 3～5 氯为主；不同土地利用方式土壤 PCBs 的含量顺序是果园＞水田＞荒地＞林灌＞菜地。

土壤中重金属 Cu、Cd 全量均超出我国土壤环境质量二级标准，存在严重的重金属复合污染。此外，由于该地区简陋的手工作坊式废旧电子产品拆解方式以及废液的随意排放，导致该区土壤的 pH 平均值为 4.1，存在着严重的酸化现象。土壤的酸化促进了土壤中可浸提态重金属含量的增加。

参 考 文 献

安琼，董元华，王辉，等.2004.苏南农田土壤有机氯农药残留规律.土壤学报，41（3）：414-419.

安琼，董元华，王辉，等.2006.长江三角洲典型地区农田土壤中多氯联苯残留状况.环境科学，27（3）：528-532.

卜元卿.2007.长江三角洲典型污染区农田土壤生物毒性和生态毒理学评价研究，南京：中国科学院南

京土壤研究所博士学位论文.

储少岗, 杨春, 徐小白. 1995. 典型污染地区底泥和土壤中残留多氯联苯 (PCBs) 的情况调查. 中国环境科学, 15 (3): 199.

杜彩艳, 祖艳群, 李元. 2005. pH 和有机质对土壤中镉和锌生物有效性影响研究. 云南农业大学学报, 20 (4): 539-543.

耿存珍, 李明伦, 杨永亮, 等. 2006. 青岛地区土壤中 OCPs 和 PCBs 污染现状研究. 青岛大学学报 (工程技术版), 21 (2): 42-49.

韩关根, 丁钢强, 李朝林, 等. 2006. 废旧变压器拆解地区妇女儿童多氯联苯毒性案例配对研究. 卫生研究, 35 (6): 791-793.

胡晓宇, 张克荣, 孙俊红, 等. 2003. 中国环境中邻苯二甲酸酯类化合物污染的研究. 中国卫生检验杂志, 13 (1): 9-14.

黄昌勇. 土壤学. 1999. 北京: 中国农业出版社, 175-176.

姜理英, 杨肖娥, 叶海波, 等. 2002. 炼铜厂对周边土壤和作物体内重金属含量及其空间分布的影响. 浙江大学学报 (农业与生命科学版), 28 (6): 689-693.

李存雄, 方志青, 张明时, 等. 2010. 贵州省部分地区土壤中酞酸酯类污染现状调查. 环境监测管理与技术, 22 (1): 33-36.

李国刚, 李红莉. 2004. 持久性有机污染物在中国的环境监测现状. 中国环境监测, 20 (4): 53-60

罗飞, 宋静, 潘云雨, 等. 2012. 典型滴滴涕废弃生产场地污染土壤的人体健康风险评估研究. 土壤学报, 49 (1): 26-35.

骆永明, 滕应, 李清波, 等. 2005. 长江三角洲地区土壤环境质量与修复研究 I. 典型污染区农田土壤中多氯代二苯并二噁英/呋喃 (PCDD/Fs) 组成和污染的初步研究. 土壤学报, 42 (4): 570-576.

马成玲, 王火焰, 周健民, 等. 2006. 长江三角洲典型县级市农田土壤重金属污染状况调查与评价. 农业环境科学学报, 25 (3): 751-755.

潘虹梅, 李凤全, 叶玮, 等. 2007. 电子废弃物拆解业对周边土壤环境的影响-以台州路桥下谷岙村为例. 浙江师范大学学报 (自然科学版), 30 (1): 103-108.

彭琳, 霍霞, 徐锡金, 等. 2005. 电子废物回收拆解污染对儿童血铅的影响. 汕头大学医学院学报, 18 (1): 48-50.

彭平安, 盛国英, 傅家谟. 2009. 废旧电容器的污染问题. 化学进展, 21 (2/3): 550-557.

孙维湘, 陈荣莉, 孙安强, 等. 1986. 南迦巴瓦峰地区有机氯化合物的污染. 环境科学, 7 (6): 64-69.

汪光焘. 1993. 城市供水行业 2000 年技术进步发展规划. 北京: 建筑工业出版社, 18-19.

王世纪, 简中华, 罗杰. 2006. 浙江省台州市路桥区土壤重金属污染特征及防治对策. 地球与环境, 34 (1): 35-43.

严谷芬, 袁石祥, 计树岗. 2007. 浅议我国废旧电容器的回收. 环境科学导刊, 26 (增刊): 27-30.

易爱华. 2007. DDT 在污染场地中的迁移分布规律研究. 陕西: 西北农林科技大学硕士学位论文.

于群英, 李孝良, 汪建飞. 2006. 皖北地区菜地土壤铅镉铬汞污染调查与评价. 中国农学通报, 22 (12): 263-266.

余刚, 黄俊编. 2007. 持久性有机污染物知识 100 问. 北京: 中国环境科学出版社.

章海波, 骆永明, 赵其国, 等. 2006. 香港土壤研究 IV. 土壤中有机氯化合物的含量和组成. 土壤学报, 43 (2): 220-225.

赵娜娜, 黄启飞, 王琪, 等. 2007. 滴滴涕在我国典型 POPs 污染场地中的空间分布研究. 环境科学学报, 27 (10): 1669-1674.

赵毅, 臧振远, 申坤, 等. 2012. 有机氯农药污染场地的健康风险评价. 河北大学学报 (自然科学版),

32 (1)：33-41.

赵振华. 1986. 我国环境中肽酸酯（邻苯二甲酸酯）污染的研究. 环境污染治理技术与设备，5：50-56.

浙江省黄岩县土壤普查办公室. 1986. 黄岩土壤志. 78-79.

郑晓燕，张玲金，谢文明，等. 2007. 废旧电容器存放点多氯联苯的污染特征. 环境化学，2：249-255.

中国环境生态网. 2005. http://www. eedu. org. cn/Article/eehotspot/E-waste/200507/5784. html

周启星，宋玉芳. 2004. 污染土壤修复原理与方法. 北京：科学出版社，539-541.

朱先磊，王玉秋，刘维立，等. 2001. 焦化厂多环芳烃成分谱特征的研究. 中国环境科学，21 (3)：
266-269.

Adami G，Barbieri P，Pisell S，et al. 2000. Detecting and characterizing sources of persistent organic pol-
lutants (PAHs and PCBs) in surface sediments of an industrialized area (harbor of Trieste, northern
Adriatic Sea). Environ Monit，12：261-265.

Alcock R E，Sweetman A J，Jones K C. 2001. A congener-specific PCDD/F emissions inventory for the
UK：do current estimates account for the measured atmospheric burden? Chemosphere，43：
183-194.

Babu G S，Farooq M，Ray R S，et al. 2003. DDT and HCH residues in Basmati Rice (Oryza Sativa) cul-
tivated in Dehradun (India). Water，Air，and Soil pollution，l44 (1-4)：149-157.

Borghini F，Grimalt J O，Sanchez-Hernandez J C，et al. 2005. Organochlorine pollutants in soils and
mosses from Victoria Land (Antarctica). Chemosphere，58 (3)：271-278.

Borgå K，Wolkers H，Skaare J U，et al. 2005. Bioaccumulation of PCBs in Arctic seabirds：influence of
dietary exposure and congener biotransformation. Environmental Pollution，134：397-409.

Brendan B. 1990. Analysis of PCDD and PCDF patterns in soil samples：use in the estimation of the risk
of exposure. Chemosphere，20 (7-9)：807-814.

Buekens A，Cornelis E，Huang H，et al. 2000. Fingerprintsof dioxinfrom thermal industrial processes.
Chemosphere，40：102-1024.

Cai D J，Zhu Z L. Dynamics. 2000. fate and toxicity of pesticides in soil and groundwater and remediation
strategies in mainland China. Soils and Groundwater Pollution and Remediation：225-253.

Clemente R，Walker D J，Roig A，et al. 2003. Heavy metal bioavailability in a soil affected by mineral
sulphides contamination following the mine spillage at Aznalcóllar (Spain). Biodegradation，14 (3)：
199-205.

Eljarrat E，Caixach J，Rivera J. 2001. Levels of polychlorinated dibenzo-p-dioxins and dibenzofurans in
soil samples from spain. Chemosphere，44：383-387.

Fiedler H，Rappolder M，Knetsch G，et al. 2002. The German Dioxin Database：PCDD/PCDF Concen-
trations in the Environment-Spatial and Temporal Trends. Organohalogen Compounds，57：37-40.

Fu J M，Mai B X，Sheng G Y，et al. 2003. Persistent organic pollutants in enviroment of the Pearl River
Delta，China：an overview. Chemosphere，52：1411-1422.

Fu S，Chu S，Xu X. 2001. Organochlorine pesticide residue in soils from Tibet，China. Bulletin of Envi-
ronmental Contamination and Toxicology，66 (2)：171-177.

Harter R D. 1983. Effect of soil pH on adsorption of lead. copper，zinc and nickel. Soil Science Society of
America journal，47：47-51.

Hippelein M，Mclachlan M S. 1998. Soil/air partitioning of semivolatile organic compounds. 1. Method
development and influence of physical-chemical properties. Environmental Science and Technology，
32：310-316.

Huckins J N, Manuweera G K, Petty J D, et al. 1993. Liquid containing SPMDs for monitoring organic contaminants in water. Environmental Science and Technology, 27 (12): 2489-2496.

Juan C Y, Thomas G O, Sweetman A J, et al. 2002. An input-output balance study for PCBs in humans. Environment International, 28: 203-214.

Kannan K, Tanabe S, Williams R J, et al. 1994. Persistant organochlorine residues in foodstuffs from Australia, Papua New Guinea and the Solomon Island: contamination levels and human dietary exposure. Science of The Total Environment, 153: 29-49.

Maliszewska-Kordybach B. 1996. Polycycli aromatic hydrocarbons in agricultural soils in Poland: preliminary proposals for criteria to evaluate the level of soil contamination. Appl Geochem, 11: 121-127.

Meijer S N, Ockenden W A, Sweetman A, et al. 2003. Global distribution and budget of PCBs and HCB in background surface soils: Implications for sources and environmental processes. Environmental Science and Technology, 37: 667-672.

Nadal M, Agramunt M C, Schuhmacher M, et al. 2002. PCDD/PCDFcongener profilesin soil and herbagesamplescollected inthevicinityof amunicipal wasteincinerator before and after pronounced reductionsof PCDD/PCDF emissions fromthe facility. Chemosphere, 49: 153-159.

Ogunseitan O A, Schoenung J M, Saphores J D M, et al. 2009. The Electronics Revolution: From E-Wonderland to E-Wasteland. Science, 326 (5953): 670-671.

Prakash O, Suar M, Raina V, et al. 2004. Residues of hexachlorocyclohexane isomers in soil and water samples from Delhi and adjoining areas. Current Science, 87 (1): 73-77.

Reilley K A, Banks M K, Schwab A P. 1996. Organic chemicals in the environment, dissipation of polycyclic aromatic hydrocarbons in the rhizosphere. Journal of Environmental Quality, 25: 212-219.

Robinson B H. 2009. E-waste: An assessment of global production and environmental impacts. Science of the total environment, 408 (2): 183-191.

Rogge W F, Hildemann L M, Mazurek M A, et al. 1993. Sources of fine organic aerosol noncatalyst and catalyst-equipped automobiles and heavy-duty diesel trucks. Environment Science and Technology, 27: 636-651.

Sims J L, Sims R C, Matthews J E. 1990. Approach to bioremediation of contaminated soil. Hazardous Waste & Hazardous Materials, 7: 117-149.

Sims R C, Overcash M R. 1983. Fate of polynuclear aromatic compounds (PNAs) in soil-plant systems. Residue Review, 88: 1-68.

Tomoaki T, Toshihiko Y, Munetomo N, et al. 2001. Update of daily intake of PCDDs, PCDFs, and dioxin-like PCBs from food in Japan. Chemosphere, 45: 1129-1137.

United Nations Environment Programme (UNEP). 2006. Call forGlobal Action on E-waste. www. grid. unep. Ch.

United Nations Environment Programme (UNEP), DEWA/GRID-Europe. 2005. E-waste, the Hidden Side of IT Equipment's Manufacturing and Use. Chapter 5: Early Warning on Emerging Environmental Threats. www. grid. unep. Ch.

Valle M D, Jurado E, Dachs J, et al. 2005. The maximum reservoir capacity of soils for persistent organic pollutants: implications for global cycling. Environmental Pollution, 134: 153-164.

Wilcke W, Amelung W. 2000. Persistent organic pollutants (POPs) in native grassland soils along a climosequence in North America. Soil Science Society of America Journal, 64 (6): 2140-2148.

Wilcke W, Krauss M, Safronov G. 2006. Polychlorinated Biphenyls (PCBs) in soils of the Moscow region: Concentrations and small-scale distribution along an urban-rural transect. Environmental Pollution, 141 (2): 327-335.

Wild S R, Jones K C. 1995. Polynuclear aromatic hydrocarbons in the United Kingdom environment: a preliminary source in inventory and budget. Environment Pollution, 101: 91-108.

Willett K L, Ulrich E M, Hites R A. 1998. Differential toxicity and environmental fates of Hexachlorocyclohexane isomers. Environmental Science and Technology, 32 (15): 2197-2207.

Zorníková G, Jarošová A, Hřivna L. 2011. Distribution of phthalic acid esters in agricultural plants and soil. Acta Universitatis Agriculturae et Silviculturae Mendelianae Brunensis. 59 (3): 233-238.

第二章　废旧电容器污染区持久性毒害物的生物富集及健康风险

废旧电容器拆解区农田土壤通常存在有机-无机复合型污染。无机污染物主要指重金属等；有机物主要指持久性有机污染物，如多氯联苯（PCBs）和二噁英/呋喃（polychlorinated dibenzo-p-dioxins and dibenzofurans，PCDD/Fs），这两种污染物都被列为《斯德哥尔摩国际公约》首批持久性有机污染物（POPs），是目前全球最为关注的污染物。这些持久性污染物在环境中难以降解，易于通过食物链在生物体内富集，最终影响人类健康。"万物土中生，食以土为本"。农田土壤-生物系统成为有害污染物生物毒性得以传递、放大的重要生态载体。因此，研究农田土壤-生物系统中持久性有机污染物和重金属的富集累积是正确评价农田生态系统健康风险的重要内容。本章介绍了典型废旧电容器拆解区生物（水稻、蔬菜、蚯蚓及家禽等）系统中多氯联苯（PCBs）、多氯代二苯并二噁英/呋喃（PCDD/Fs）和重金属等的富集特征及潜在健康风险，为该地区农田生态系统的健康风险评价提供科学依据。

第一节　植物和动物体内有机污染物的富集

一、植物和动物体内多氯联苯（PCBs）的富集

1. 蔬菜和水果中 PCBs 的富集

采集浙江台州典型废旧电容器拆解区居民种植的食用量较大的 18 种蔬菜、水果（共 20 个样品），并测定其体内 PCBs 的含量。结果如图 2-1 所示，采集的植物样品中 PCBs 的检出率为 65%，PCBs 在不同植物体可食部分中的含量差异较大，变幅在 ND～92.1ng/gdw，含量最高的是丝瓜（92.1ng/gdw）。未检测到 PCBs 的样品主要集中于瓜果类，纤维含量高的植物样品中 PCBs 含量一般较高。值得注意的是空心菜和青菜，两者都是当地居民最普遍食用的蔬菜，其含量均高于 75ng/gdw，可能对当地居民的健康产生很大危害。

为了进一步了解土壤污染程度对蔬菜（水果）中 PCBs 含量的影响，同时考虑到不同植物对 PCBs 积累能力不同（Webber et al.，1994），分别采集了不同污染程度农地上种植的甘蔗、鱼腥草和水稻样品，并测定了样品中 PCBs 的含量。其中，甘蔗中 PCBs 的含量分别为 39.5ng/gdw 和 7.5ng/gdw（其生长地土壤中 PCBs 含量分别为 129.1ng/g 和 72.9ng/g）；鱼腥草中 PCBs 含量分别为 39.2ng/gdw 和 22.2ng/gdw（其生长地土壤中 PCBs 含量分别为 158.1ng/g 和 27.0ng/g），说明植物体内 PCBs 的含量

水平受土壤中 PCBs 含量的影响，一般随土壤中 PCBs 含量的增加而增加。

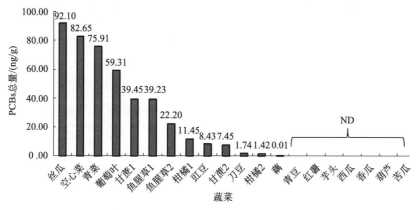

图 2-1　台州典型废旧电容器拆解区蔬菜和水果中 PCBs 的含量

2. 水稻体内多氯联苯（PCBs）的富集

将水稻植株按照人类可食、饲料、肥料的不同作用分类，分析了水稻地上可食（籽粒）、地上不可食（茎、叶、稻壳）和地下部分（根）中 PCBs 的含量。如表 2-1 所示，

表 2-1　水稻生育期地上部分（茎、叶、稻壳）多氯联苯含量（单位：μg/kg）

样品编号	同类物	苗期—拔节	拔节—抽穗	抽穗—成熟
FJR-01	PCB-28	0.51	0.54	0.79
	PCB-66	0.37	0.41	0.56
	PCB-77	ND	ND	0.24
	ΣPCB	0.88±0.22	0.68±0.35	1.51±0.27
FJR-02	ΣPCB-52	0.54±0.30	0.62±0.21	0.75±0.17
FJR-03	PCB-18	0.78	0.70	0.75
	PCB-28	0.57	0.51	0.71
	PCB-44	0.36	0.73	0.61
	PCB-66	0.30	0.58	0.85
	PCB-77	0.43	0.21	0.65
	PCB-118	ND	0.28	0.24
	ΣPCB	2.29±0.31	2.35±0.58	3.37±0.38
FJR-04	PCB-18	0.27	0.36	0.42
	PCB-28	0.42	0.44	0.40
	PCB-44	0.63	0.66	0.57
	PCB-66	0.33	0.50	0.80
	PCB-77	0.33	0.39	0.52
	ΣPCB	1.99±0.23	2.36±0.64	2.71±0.51
FJR-05	ΣPCB-44	0.30±0.15	0.31±0.17	0.51±0.06

水稻地下部分（根）和籽粒中没有检测到 PCBs，地上部分（茎、叶、稻壳）PCBs 总含量随着生育期的延长而增加，最高值为（3.37 ± 0.38）$\mu g/kg$。水稻样品中 PCBs 的组成以 2～3 氯的低氯同系物为主，一方面是因为当地 PCBs 污染主要是由 PCB3 引起的，该混合物以低氯为主；另一方面是因为低氯组分空间位阻小，易于进入植物体内。PCBs 具有脂溶性，可以通过大气沉降作用经植物叶片吸收直接进入植物体内，或者通过污泥施用和污水灌溉进入土壤中由植物根系吸收，并在植物体内迁移、代谢和积累，进而通过食物链危及人类健康。然而，Schwab 等（1998）研究发现蔬菜中多环芳烃的含量与大气沉降有直接关系，而与土壤中 PAHs 含量的关系并不明显。PCBs 与多环芳烃性质相似，是非离子性化合物，Kow（辛醇水分配系数，为污染物在辛醇相与水相浓度之比）值很大，在土壤中的移动性差。

本节研究中水稻地下部分（根）和籽粒中均未检测到 PCBs，预示水稻茎叶中 PCBs 可能来自大气沉降，植物根系吸收及输送系统进入植物的可能性不大。Chu 等（1999）研究认为根吸收不是水稻体内 PCBs 的主要转移途径，大气沉降也许是大多数 PCBs 进入水稻的主要方式。叶子暴露在空气中，最易受大气的干、湿沉降中 PCBs 的污染。稻作物籽粒中没有发现 PCBs，一方面是因为稻米被稻壳包裹，不易被外界污染；另一方面说明进入水稻体内的 PCBs 不易发生移动。但由于监测范围及水稻品种有限，有关推测还需进一步验证。

生物浓缩和生物累积是生态毒理学研究中的重要参数。生物浓缩指生物从环境中蓄积某种污染物，导致生物体中该物质浓度超过环境中该物质浓度的现象，又称生物富集（bioconcentration factor，BCF），即

$$生物富集系数（BCF）= \frac{生物体内该污染物浓度}{环境中该污染物浓度}。$$

生物积累（bioaccumulation factor，BAF）指生物个体随其生长发育的不同阶段从环境中蓄积某种污染物，而使浓缩系数不断增大的现象，表示为

$$生物累积系数（BAF）= \frac{某一生物体生长发育较后阶段体内蓄积污染物浓度}{某一生物体生长发育较前阶段体内蓄积污染物浓度}。$$

表 2-2 显示，水稻对 PCBs 的富集能力不高，但是随着水稻生长期的延长，生物累积能力增大。PCBs 的生物富集与植物种类有关，不同植物以及不同植物器官对污染物的吸收不同（Chewe et al.，1994；O'Conno et al.，1990）。毕新慧等（2001）的研究结果表明，浙江东南废旧电器拆解污染地水稻样品中的 PCBs 总含量为 1.6～32$\mu g/kg$，水稻各器官对 PCBs 的吸收呈糙米＜稻秆＜稻壳＜稻叶的明显规律，稻叶中 PCBs 的浓度大约是糙米中的 20 多倍。

尽管水稻对 PCBs 的富集能力较低，但是本次研究发现水稻地上部分存在 PCBs 污染，因此具有通过饲料在牲畜体内累积，再经过肉、乳等食品对人类健康产生潜在风险。同时，在 FJR-01、FJR-03 和 FJR-04 样品中还有共平面 PCBs 同类物 77、118 检出，由于它们为二噁英类似物，因此其在生物链中的生物毒性应引起重视。另外，含有 PCBs 的水稻秸秆发生不完全燃烧时，有可能转化为毒性更强的二噁英，因此应警惕 PCBs 对水稻的污染。

表 2-2 水稻中 PCBs 的生物富集和生物累积系数

项目	FJR-01	FJR-02	FJR-03	FJR-04	FJR-05
生物富集系数	0.004	0.000 5	0.001	0.001	0.001
生物累积系数	1.72	1.39	1.47	1.36	1.70

3. 蚯蚓体内多氯联苯（PCBs）的富集

分别于不同采集地（FJS-04、FJS-05 和 FJS-06）采集了蚯蚓（*Allolobophora caliginosa*）样本，根据采集地命名为 FJE-04、FJE-05、FJE-6a 和 FJE-6b，其中 FJE-6a 采于 FJS-06 土样采集地的土壤中，FJE-6b 采于 FJS-06 土样采集地的田埂上。FJS-04、FJS-05 和 FJS-06 的土壤样品中 PCBs 的总含量分别为（1653.6±140.4）μg/kg、（126.6±1.11）μg/kg 和（209.2±10.3）μg/kg，所有土壤样品中的 PCBs 主要 2～4 氯的低氯同类物。土样 FJS-04 中 2～4 氯取代 PCBs 占总含量的 80％以上；土样 FJS-05 和 FJS-06 中 4 氯以下的同类物仍是土壤中 PCBs 的主要成分，占总量 60％以上。土壤原位试验背暗异唇蚓体内 PCBs 的组成和含量如图 2-2。FJE-04 的蚯蚓样品中共有 15 种 PCBs 检出，其中含量最高的是 PCB18，为 18.2μg/kg，其次是 PCB8，含量为 15.1μg/kg；FJE-05 的蚯蚓样品中共有 11 种 PCBs 检出，PCB28 含量最高，为 11.5μg/kg，其次是 PCB8，含量为 12.2μg/kg。FJE-6a 和 FJE-6b 的蚯蚓样品中 PCBs 分别有 14 和 13 种同类物检出，其中相同同类物有 11 种，FJE-6a 和 FJE-6b 的蚯蚓样品中含量最高的同类物都是 PCB8，分别为 12.8μg/kg 和 22.6μg/kg。经计算，原位试验背暗异唇蚓体内共平面 PCBs 的毒性当量分别为 0.18、0.66、0.48 和 0.03ngTEQ/kg。

2～6 氯 PCBs 在蚯蚓体内都存在，但 2～4 低氯同类物含量占总量的 65％～88％。对于 5～6 氯同类物，如 PCB101、PCB118、PCB138 等，其在蚯蚓体内的浓度与土壤溶液中的浓度密切相关（Krauss et al.，2001）。

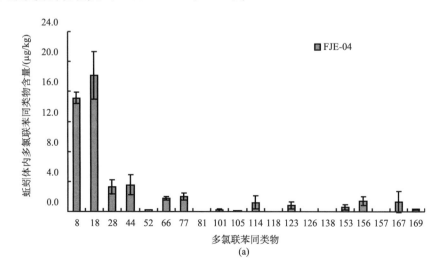

(a)

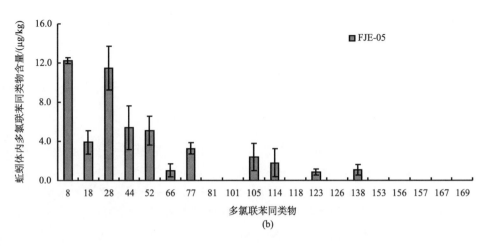

(b)

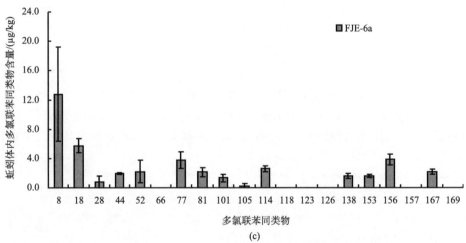

(c)

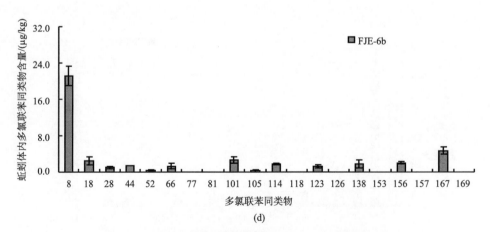

(d)

图 2-2　土壤原位试验背暗异唇蚓体内 PCBs 同类物含量

赤子爱胜蚓（*Eisenia fetida*）暴露于污染土壤（FJS-01～FJS-06）中 28 天后，其体内 PCBs 的生物富集结果如图 2-3 所示。各土壤中 PCBs 的总含量分别为（222.4±7.2）μg/kg、（1113.8±29.1）μg/kg、（1714.7±17.9）μg/kg、（1653.6±140.4）μg/kg、（126.6±1.11）μg/kg 和（209.2±10.3）μg/kg。FJS-01 的蚯蚓样品体内共有 12 种 PCBs 检出，以 3～4 氯取代的 PCBs 为主，共平面 PCBs 毒性当量为 0.26ngTEQ/kg；FJS-02 的蚯蚓样品体内的同类物检出数为 11，其中 PCB18 的含量最高，占总量的 60%，共平面 PCBs 毒性当量为 0.19ngTEQ/kg；而 FJS-03 的蚯蚓样品体内 PCBs 同类物总数和含量分布与 FJS-02 的相似，但是以 PCB8 为主要成分，共平面 PCBs 毒性当量为 0.18ngTEQ/kg；FJS-04 的蚯蚓样品体内 PCBs 含量较高，其中 PCB8、PCB18 和 PCB28 是主要同类物组分，共平面 PCBs 毒性当量与 FJS-03 的相近，为 0.18ngTEQ/kg；相似的情况也在 FJS-06 的蚯蚓样品中出现；FJS-05 的蚯蚓样品中 5 氯取代物的比例在同类物中较高，但 PCBs 总量相对较低，为 9.6μg/kg。FJS-05 和 FJS-06 的蚯蚓样品体内共平面 PCBs 的毒性当量分别为 0.15ngTEQ/kg 和 0.14ngTEQ/kg，毒性当量值相当。

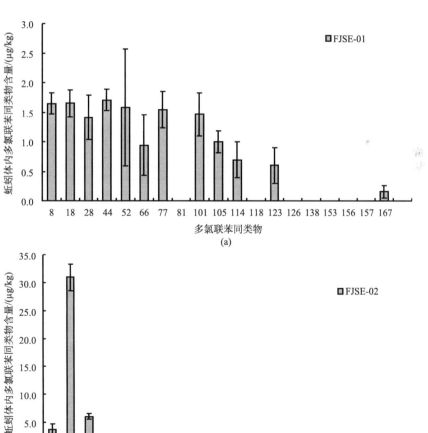

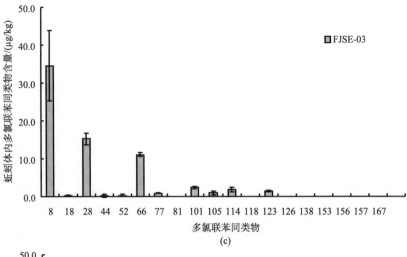

(c)

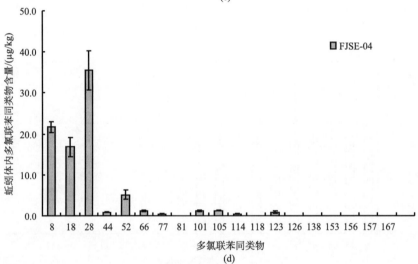

(d)

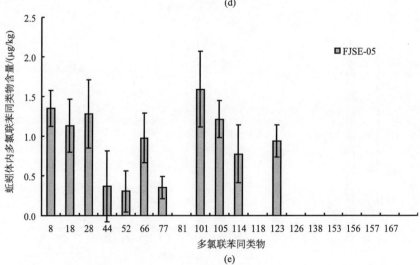

(e)

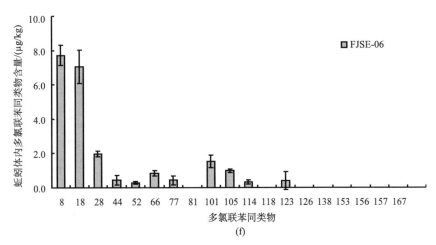

图 2-3　土壤离位试验赤子爱胜蚓体内 PCBs 同类物含量

　　土壤原位和离位试验蚯蚓与土壤污染物的生物-土壤富集系数如图 2-4 所示。由于蚯蚓可以消化大量土壤,既可通过消化道也可以通过皮肤暴露污染物,因此污染物的生物富集系数以土壤全量为基准(Morgana and Morgan,1999)。原位 FJE-04、FJE-05、FJE-6a 和 FJE-6b 中蚯蚓样品中 PCBs 的富集系数分别 0.03、0.38、0.20 和 0.22,显示出土壤中总 PCBs 含量越低背暗异唇蚓的生物浓缩系数越高的规律。离位蚯蚓中 PCBs 的生物富集系数为 0.04～0.09,虽然富集系数较为接近,但也表现出 PCBs 含量低的土壤(FJS-05 和 FJS-06)中赤子爱胜蚓的富集系数较高的现象。

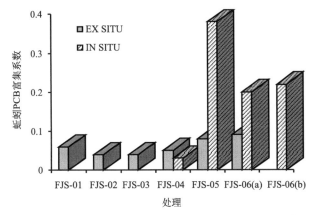

图 2-4　土壤原位(IN SITU)和离位(EX SITU)试验中多氯联苯的
蚯蚓-土壤生物富集系数

　　Zhao 等(2006)分析了中国南方某废旧电容器污染地蚯蚓(*L. terrestris*)中 PCBs 的含量,发现其体内 PCBs 含量高达 58.9mg/kgdw,生物浓缩系数高达 80。Hallgren 等(2006)研究发现 *E. fetida* 对土壤中 PCBs 的生物浓缩系数为 0.08～2.58。Krauss 等

（2000）研究了蚯蚓对城郊土壤中 12 种 PCBs 的生物利用性，发现 PCBs 的富集系数为 0.71～70。蚯蚓-土壤的生物浓缩受到蚯蚓品种、污染物浓度和土壤性质等诸多因素的影响，因此生物-土壤浓缩系数理论在评价污染物生态毒性时也存在一定的局限性。

4. 家禽和鱼体内多氯联苯（PCBs）的富集

采集浙江台州典型废旧电容器拆解区的鱼以及居民饲养的鸡、鸭等家禽，测定其体内 PCBs 的含量。由图 2-5 可见，PCBs 在三种动物体内的分布趋势基本相同，即脂肪＞肌肉＞肝脏。另外，其在鸡的脂肪组织中含量最高，达到 2.5×10^3ng/g（wt，下同）以上，在鱼的脂肪中含量也接近 2.0×10^3ng/g。在肌肉组织中，鱼体内的 PCBs 含量达到 600ng/g 以上，鸡的接近 400ng/g，鸭的大约在 320ng/g。为了进一步比较这些样品的污染程度，对南京某农贸市场的同类样品进行了测定，结果仅在鱼的肌肉和脂肪中检测到 PCBs 存在（分别是 4.3ng/g 和 57.9ng/g），而在鸡和鸭的脂肪、肌肉、肝脏中均未检测到，这表明采样区内采集的动物样品已经受到 PCBs 严重污染。由于鸡、鸭是当地居民饲养的，以居民自产的粮食为主要饲料，而当地土壤中 PCBs 污染严重，可能导致 PCBs 从土壤转移到粮食作物中，本章前面的检测结果也表明水稻样品中存在 PCBs。研究还发现在采样区不同地点采集的鸡（采自两个不同地点的一年龄小鸡和四年龄母鸡）和鸭，体内 PCBs 含量有很大差别，测定结果是前者肌肉中 PCBs 总量是后者的10.4 倍，肝脏和脂肪中的蓄积量前者分别是后者的 3.5 倍和 12.1 倍。对不同地点采集的鱼测定表明，其肌肉中 PCBs 含量范围在 158.9～1270.8ng/g，相差 8 倍。造成这种差异的原因可能主要在于饲料，也说明在污染区内 PCBs 的污染程度并不一致，有的地方污染情况已相当严重。

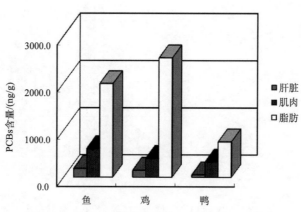

图 2-5　动物不同器官（组织）中 PCBs 的含量

Zimmermann 等（1997）认为不同同系物在生物体内的富集量也不同，它们对生物体的毒性也有很大区别。本书中所测的三种动物体内肌肉组织中的 PCBs 同系物比例组成如图 2-6 所示。在三种动物体内 PCBs 组成没有太大区别，尤其是鸡和鸭。三种动物样品中均以 3～6 氯同系物为主，约占 PCBs 总量的 75%，而 7 氯同系物只占 PCBs 总量的1%～3%。这可能是由于我国以前生产的PCBs多以5氯同系物为主，同时有少量3氯同系物；而在变压器等生产中所使用的多氯联苯主要是5氯同系物。PCBs在三种动物体内组成比例的相似性，一方面反映出同系物在动物体内的积累主要受环境中PCBs组成的影响，另一方面也反映该地区PCBs的同源性，主要以废旧电力变压器浸渍液造成的污染为主。此外对三种动物体内肌肉、脂肪、肝脏部位PCBs同系物组成的分析发现，其组成比例在三个部位没有明显区别，有关各同系物在这三个部位的积累机制还不清楚，推测可能和动物体内的代谢途径有关（Danis et al.，2005）。

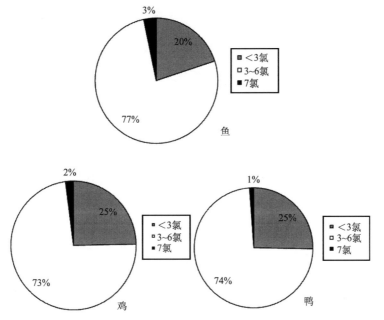

图 2-6　动物肌肉中 PCBs 同系物的组成

PCBs同系物在动物体内的组成特征和其在土壤中的组成特征也不尽相同（图2-7），在土壤中3氯以下（含3氯）的同系物占PCBs总量的34%，略高于动物体内相应组分

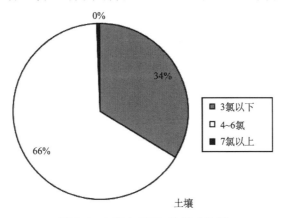

图 2-7　土壤中 PCBs 的组成比例

比例，而 7 氯以上的同系物占总 PCBs 的比例（＜1％）略低于动物体内相应组分所占比例。一般而言，低氯代联苯虽然容易进入植物体内，但也容易被生物体代谢，而高氯代联苯一旦进入动物体内很难排出（Cho et al.，2004），这有可能是造成土壤和动物体内 PCBs 组成比例差异的原因。另外，由于土壤中微生物可以将高氯同系物还原脱氯，也可能会造成土壤中低氯同系物的比例略高于动物样品中的相应比例。

二、植物和动物体内二噁英/呋喃（PCDD/Fs）的富集

1. 植物体内二噁英/呋喃（PCDD/Fs）的富集

典型污染区农田生态系统部分农作物可食部分中 PCDD/Fs 的含量如表 2-3 所示。PCDD/Fs 的 17 种单体在鱼腥草根茎、脱壳稻米及生菜茎叶中均有检出，鱼腥草根茎中二噁英的总含量和毒性当量分别为 396pg/gdw 和 45.0pg TEQ/gdw，稻米中分别为 50.7pg/gdw 和 6.43pg TEQ/gdw，生菜茎叶中分别为 35.2pg/gdw 和 6.69pg TEQ/gdw。其 PCDD/Fs 的毒性当量远远高于日本市场叶菜中的含量［菠菜：（0.07±0.09）pg TEQ/g，菊花菜：（0.13±0.14）pg TEQ/g，水芹：（0.01±0.04）pg TEQ/g 和芸苔：（0.01±0.03）pg TEQ/g］（Nakagawa et al.，2002），同时也远高于西班牙 Adriadel Besos 地区城市固体废弃物焚烧场附近植物中 PCDD/Fs 的含量（0.32～2.52pg TEQ/g）（Domingo et al.，2002）。与欧盟现有关于谷物和蔬菜中二噁英的限量标准（WHO：0.4pg TEQ/g）相比，鱼腥草根茎、脱壳稻米及生菜茎叶中 PCDD/Fs 的毒性当量分别超过 112.5 倍、16.1 倍和 16.7 倍，说明该农田生态系统中的部分农产品内已经富集了相当多的 PCDD/Fs，而且其同系物在农产品中的积累因农作物种类而异。从图 2-8 可以看出，鱼腥草根茎中 PCDD/Fs 的主要组分有 2，3，7，8-TCDF（21.8％）＞1，2，3，4，7，8-HxCDF（12.2％）＞2，3，4，7，8-PeCDF（10.9％）＞OCDF（10.7％）＞1，2，3，4，6，7，8-HpCDF（9.7％）＞1，2，3，7，8-PeCDF（9.6％）等。稻米中则以 2，3，7，8-TCDF（25.7％）＞OCDD（19.7％）＞2，3，4，7，8-PeCDF（8.8％）和 1，2，3，7，8-PeCDF（8.8％）＞1，2，3，4，6，7，8-HpCDF（6.2％）＞1，2，3，4，7，8-HxCDF（5.9％）等为主。值得注意的是，稻米中毒性最强的 2，3，7，8-TCDD 和 1，2，3，7，8-PeCDD 的百分比分别也达 1.6％和 1.9％，这对农产品安全将产生潜在的影响。生菜中 2，3，7，8-TCDF、2，3，4，7，8-PeCDF 和 2，3，4，6，7，8-HxCDF 等同系物所占的相对百分含量较高（分别为 42.7％、26.7％、8.1％），它们的毒性较强，其潜在健康风险也不可忽视。另外，根据以上结果，假设土壤中有 30％PCDD/Fs 毒性当量可以转移至上述农产品中，那么相应的鱼腥草、水稻及生菜中 PCDD/Fs 的生物浓缩系数（BCF）分别为 5.19、1.38、1.35，这在一定程度上可以证实土壤-植物系统可能是农田生态系统中 PCDD/Fs 的潜在风险暴露途径。

表 2-3 典型污染区农田生态系统生物组织中 4~8 氯代 PCDD/Fs 的 17 种单体含量

PCDD/Fs 单体	鱼腥草	稻米	生菜	鸡肉	鸡脂肪
	pg/gdw			pg/gww	
2，3，7，8-四氯代二苯并二噁英（TCDD）（1）*	1.34	0.82	0.08	0.4	2.7
1，2，3，7，8-五氯代二苯并二噁英（PeCDD）（2）	3.41	0.98	0.10	1.0	2.9
1，2，3，4，7，8-六氯代二苯并二噁英（HxCDD）（3）	1.47	0.42	0.04	0.4	0.5
1，2，3，6，7，8-六氯代二苯并二噁英（HxCDD）（4）	3.32	0.53	0.02	1.0	2.6
1，2，3，7，8，9-六氯代二苯并二噁英（HxCDD）（5）	1.38	0.20	0.01	0.2	0.7
1，2，3，4，6，7，8-七氯代二苯并二噁英（HpCDD）（6）	10.5	1.84	0.03	0.5	44.0
八氯代二苯并二噁英（OCDD）（7）	26.2	9.98	3.17	1.8	71 082
2，3，7，8-四氯代二苯并呋喃（TCDF）（8）	86.5	13.0	15.0	9.3	163
1，2，3，7，8-五氯代二苯并呋喃（PeCDF）（9）	38.2	4.44	0.69	3.7	17.5
2，3，4，7，8-五氯代二苯并呋喃（PeCDF）（10）	43.2	4.46	9.41	5.0	64.5
1，2，3，4，7，8-六氯代二苯并呋喃（HxCDF）（11）	48.4	3.00	0.81	3.1	5.0
1，2，3，6，7，8-六氯代二苯并呋喃（HxCDF）（12）	21.0	1.79	0.20	1.5	3.0
1，2，3，7，8，9-六氯代二苯并呋喃（HxCDF）（13）	22.6	2.79	2.86	1.3	4.9
2，3，4，6，7，8-六氯代二苯并呋喃（HxCDF）（14）	1.75	0.11	0.54	0.2	5.1
1，2，3，4，6，7，8-七氯代二苯并呋喃（HpCDF）（15）	38.5	3.12	0.28	0.8	2.0
1，2，3，4，7，8，9-七氯代二苯并呋喃（HpCDF）（16）	6.01	0.37	0.13	0.2	3.3
八氯代二苯并呋喃（OCDF）（17）	42.4	2.85	1.83	0.6	104
总多氯代二苯并二噁英/呋喃	396	50.7	35.2	30.9	71508
毒性当量（TEQ，北约现代科学委员会 NATO/CCMS）	45.8	6.00	6.70	5.27	122
哺乳动物-TEQ（世界卫生组织 WHO）	47.0	6.43	6.69	5.74	57.7

* 括号标注含义见第一章表 1-3。

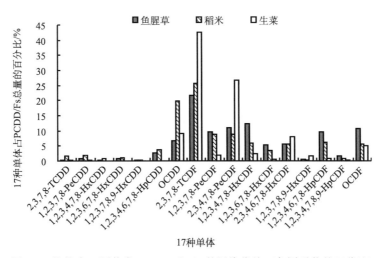

图 2-8 植物中二噁英类（PCDD/Fs）的污染指纹（各同系物的百分比）

2. 动物体内二噁英/呋喃（PCDD/Fs）的富集

从表 2-3 还可看出，以当地稻米和蔬菜为主要食物的家禽鸡组织中也出现了 PCDD/Fs 的大量积累。鸡肉中二噁英的总含量和毒性当量分别为 30.9pg/gww 和 5.74pg TEQ/gww，尤其在鸡脂肪中二噁英的总含量和毒性当量分别高达 71 508pg/gww 和 57.7pg TEQ/gww，超过欧盟家禽类二噁英的限量标准（WHO：1.5pg TEQ/g fat）38.4 倍。此外，鸡的不同组织中 PCDD/Fs 的污染指纹存在明显的差异（见图 2-9），鸡脂肪中以高氯代的 OCDD 为主（相对百分比达 99.4%），鸡肉中则以 2，3，7，8-TCDF（30.0%）、2，3，4，7，8-PeCDF（16.1%）、1，2，3，7，8-PeCDF（11.9%）、1，2，3，4，7，8-HxCDF（10.0%）等为主，同时也存在一定比例毒性较强的 2，3，7，8-TCDD（1.4%）和 1，2，3，7，8-PeCDD（3.1%）。

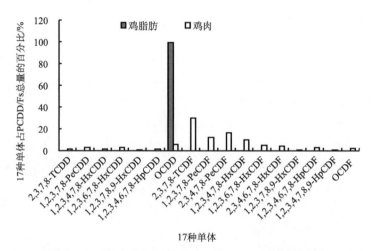

图 2-9 鸡组织中二噁英类（PCDD/Fs）的污染指纹

第二节 植物和动物体内重金属的富集

一、植物体内重金属的富集

水稻样品 FJR-01、FJR-02、FJR-03、FJR-04 和 FJR-05 生育期内植物体中铜、镉、锌和铅的含量分布分别见表 2-4～表 2-7。根据水稻进入食物链的特点，分为地下（根）、地上（包括茎、叶、稻壳）和糙米 3 个部分。

结果显示，4 种重金属在水稻体内分布基本表现为地下部＞地上部＞糙米，符合其在植物体内分布的普遍规律，即在新陈代谢旺盛的器官（如根部）中蓄积量较大，而营养贮存器官（如籽粒）中的蓄积量则较小。土壤中虽然存在不同程度的铜污染，但糙米中铜含量仍低于国家粮食卫生标准（Cu≤10mg/kg，GB 15199—1994），推测其原因，一方面是铜作为生命必需元素，水稻对环境中过多的铜有选择吸收和调节机制；王庆仁等（2002）认为水稻田中的铜污染在一定程度上对人类健康是相对安全的，因其39%～80%累积在根部，而果实中的比例很小。另一方面是可能受到土壤类型和耕作方式的影响。铜污染较为严重的土壤 FJS-03（Cu 316mg/kg）中，其糙米中铜含量已经达到污染阈值。

表 2-5 显示，该地区水稻存在比较严重的镉污染，5 个水稻样品中就有 4 个超标，因此该地区糙米已不能食用。镉虽然不是水稻的必需生命元素，但是也可以通过根系从土壤中吸收，草甸褐土和红壤性水稻土中的镉污染研究结果均显示，当土壤镉浓度大于100mg/kg 时，能引起水稻植株矮小，无效分蘖增多，穗实粒数减少，秕谷率增加，导致水稻减产（夏增禄，1988）。当土壤中镉含量小于 10mg/kg 时，糙米中就已经累积了较高含量的镉，证明镉在没有引起植物危害之前，其生物富集量就足以对人类健康产生威胁。

表 2-4　不同生育期水稻中的铜含量　　　（单位：mg/kg）

样品		苗期—拔节	拔节—抽穗	抽穗—成熟
FJR-01	地下（根）	87.1±2.5	78.9±7.0	90.7±10.2
	地上[a]	57.8±4.3	66.0±11.2	40.8±9.4
	糙米	—	—	3.9±1.3
FJR-02	地下（根）	95.2±3.6	91.5±1.9	87.1±9.4
	地上	61.7±3.6	71.5±8.7	63.8±5.5
	糙米	—	—	6.9±3.5
FJR-03	地下（根）	105.3±20.6	87.8±3.3	93.5±5.2
	地上	65.3±6.7	73.9±3.6	61.2±12.5
	糙米	—	—	10.0±1.4
FJR-04	地下（根）	95.2±8.2	65.8±6.9	81.5±11.6
	地上	57.5±4.0	61.8±12.1	57.5±7.7
	糙米	—	—	8.0±0.7
FJR-05	地下（根）	50.7±8.8	47.3±6.3	44.0±5.4
	地上	33.7±5.5	40.5±7.9	34.7±6.2
	糙米	—	—	5.9±1.2

注：a. 包括除糙米外的水稻地上部分组织（茎、叶、稻壳）；铜糙米粮食卫生标准（Cu≤10mg/kg，GB 15199—94）。

表 2-5　不同生育期水稻中的镉含量　　　（单位：mg/kg）

样品		苗期—拔节	拔节—抽穗	抽穗—成熟
FJR-01	地下（根）	2.8±0.6	2.1±0.2	2.6±0.3
	地上[a]	2.6±0.3	3.0±0.2	2.2±0.5
	糙米	—	—	0.1±0.1
FJR-02	地下（根）	5.6±0.9	5.3±0.5	5.2±0.8
	地上	4.9±0.7	5.2±0.4	5.3±0.4
	糙米	—	—	0.4±0.2*

续表

样品		苗期—拔节	拔节—抽穗	抽穗—成熟
FJR-03	地下（根）	5.7±0.9	5.2±0.5	6.2±1.1
	地上	7.9±0.3	5.3±0.4	5.3±0.9
	糙米	—	—	0.4±0.2*
FJR-04	地下（根）	3.4±0.6	3.8±0.6	4.9±0.4
	地上	2.9±0.5	3.9±0.6	5.3±0.6
	糙米	—	—	0.5±0.2*
FJR-05	地下（根）	2.4±0.3	2.6±0.8	2.8±0.3
	地上	2.8±0.3	1.9±0.2	2.4±0.3
	糙米	—	—	0.3±0.1*

注：a. 包括除糙米外的水稻地上部分组织（茎、叶、稻壳）。

* 超过镉糙米粮食卫生标准（Cd≤0.20mg/kg，GB 2715—2005）。

表 2-6　不同生育期水稻中的锌含量　　　（单位：mg/kg）

样品		苗期—拔节	拔节—抽穗	抽穗—成熟
FJR-01	地下（根）	75.8±12.4	73.1±6.1	73.3±7.3
	地上[a]	53.7±8.4	57.2±6.0	61.3±9.3
	糙米	—	—	30.9±7.4
FJR-02	地下（根）	87.3±17.7	96.4±8.3	86.9±7.3
	地上	76.0±8.4	68.2±7.1	86.4±7.6
	糙米	—	—	27.4±2.1
FJR-03	地下（根）	83.4±8.5	89.3±9.3	87.9±9.4
	地上	67.6±12.9	67.9±8.9	92.5±10.3
	糙米	—	—	29.4±6.0
FJR-04	地下（根）	79.9±17.2	93.2±12.1	89.5±11.4
	地上	74.5±9.2	85.1±5.9	64.2±10.4
	糙米	—	—	30.18±2.33
FJR-05	地下（根）	94.6±11.1	93.7±5.7	101.4±4.9
	地上	74.4±9.2	88.1±11.2	95.2±8.7
	糙米	—	—	34.5±3.5

注：a. 包括除糙米外的水稻地上部分组织（茎、叶、稻壳）；锌糙米粮食卫生标准（Zn≤50mg/kg，GB 13106—91）。

表 2-7 不同生育期水稻中的铅含量 （单位：mg/kg）

样品		苗期—拔节	拔节—抽穗	抽穗—成熟
FJR-01	地下（根）	24.4±3.5	20.1±3.7	20.0±3.1
	地上[a]	1.9±0.3	1.8±0.4	1.5±0.5
	糙米	—	—	0.1±0.0
FJR-02	地下（根）	21.4±4.3	21.2±3.7	23.7±4.6
	地上	3.4±0.9	2.5±0.7	2.8±0.5
	糙米	—	—	0.1±0.0
FJR-03	地下（根）	29.4±12.1	16.3±5.6	16.0±4.9
	地上	1.6±0.7	1.7±0.5	1.8±0.6
	糙米	—	—	0.1±0.0
FJR-04	地下（根）	22.4±6.3	18.8±3.3	19.6±4.2
	地上	2.2±0.4	1.6±0.5	1.6±0.5
	糙米	—	—	0.1±0.0
FJR-05	地下（根）	34.3±6.9	33.2±4.2	33.5±7.0
	地上	4.7±0.6	3.8±0.8	3.9±0.8
	糙米	—	—	0.1±0.0

注：a. 包括除糙米外的水稻地上部分组织（茎、叶、稻壳）；铅糙米粮食卫生标准（Pb ≤ 0.20mg/kg，GB 2715—2005）。

有研究表明，水稻植株体内重金属含量与土壤中重金属污染物浓度直接相关，当糙米中镉含量达到粮食卫生标准（0.20mg/kg）时，土壤中相应的镉浓度为 4mg/kg；本书研究显示土壤中镉含量在 0.5mg/kg 时，糙米中镉含量即可达到 0.1～0.5mg/kg。土壤 pH 越低，镉越易在糙米中富集，研究结果显示水稻采集地土壤 pH 为 4～5，土壤酸化较为严重，这也是造成该地区糙米镉含量超标的原因之一。

水稻糙米对重金属的吸收特点因元素不同而差异较大，水稻糙米中重金属含量为：锌＞铜＞铅＞镉，表现为生命必需元素大于非生命必需元素。因此除污染物含量外，深入研究各种影响重金属生物富集的因素，如土壤类型、土壤性质、植物种类等对生态健康风险评估是重要的。

水稻对重金属的生物浓缩系数显示（表 2-8），水稻样品 FJR-01 和 FJR-05 对土壤中镉表现出浓缩效应，虽然这 2 个水稻采集地土壤中镉全量没有其他土壤中高，但是较高的生物浓缩因子使得水稻体内积累了高含量镉，生物浓缩因子很好地解释了 FJR-05 采集地土壤中全量镉不高，但水稻籽粒中镉含量却超标的现象。

重金属一旦进入土壤-水稻系统中就很难净化，过量的重金属在水稻的根、茎、叶以及糙米中大量积累，影响水稻产量、品质和整个农田生态系统，甚至可通过食物链危及动物和人类健康。

表 2-8　水稻对重金属的生物富集和生物累积系数

样品编号	生物富集系数				生物累积系数			
	Cu	Zn	Pb	Cd	Cu	Zn	Pb	Cd
FJR-01	0.26	0.66	0.03	2.87	0.48	0.88	0.46	0.54
FJR-02	0.09	0.78	0.04	0.24	0.44	0.65	0.31	0.46
FJR-03	0.13	1.11	0.04	0.38	0.52	0.88	0.23	0.43
FJR-04	0.19	1.01	0.05	0.40	0.53	0.63	0.33	1.00
FJR-05	0.29	0.58	0.04	2.92	0.60	0.87	0.40	0.54

　　水稻对重金属的生物累积系数显示（表 2-8），水稻在生长后期体内积累的重金属量要小于其生长前期，可能是由于水稻生长前期摄取污染物的能力强而生物量较小，体内浓度高；而后期摄取污染物能力由于代谢能力下降而降低但生物量大，体内浓度低。因此在水稻的前期生长旺盛时段，如何通过各种农艺措施调控减少污染土壤中重金属进入水稻体内是值得研究的。

　　重金属在水稻体内的累积规律与 PCBs 相反，说明 PCBs 和重金属进入水稻体内的途径不同，前者主要是通过大气沉降进入水稻叶片、茎秆等地上部分，后者是通过根吸收进入水稻体内。

二、动物体内重金属的富集

　　土壤原位和离位试验蚯蚓体内重金属的生物富集见图 2-10，其与土壤中污染物含量的相关性研究结果见表 2-9，蚯蚓样品的编号采用 FJE 表示，相应的土壤样品用 FJS 表示。

　　土壤原位试验背暗异唇蚓体内铜含量在 89.6～119.8mg/kg，采自铜浓度较低土壤（Cu 77.9mg/kg 和 98.0mg/kg）FJE-05、FJE-06a 和 FJE-06b 的蚯蚓铜生物富集系数较高，高于来自铜浓度较高土壤 FJE-04（183.0mg/kg）的。

　　土壤离位试验赤子爱胜蚓体内铜含量和富集系数最大值均出现在 FJS-02，分别为 22.5mg/kg 和 0.34，其他处理组除 FJS-03 的铜含量（9.93mg/kg）略高外，蚯蚓体内铜含量没有显著差异。蚯蚓体内铜含量与土壤中全铜含量的相关分析显示，离位和原位蚯蚓体内的铜含量与土壤中全铜含量恰好相反，推测可能与蚯蚓种类有关，此外，污染区蚯蚓长期的适应机制也是一项重要原因。以上研究结果显示，离位和原位蚯蚓体内铜含量和生物富集系数差异不显著，预示铜作为蚯蚓的必需元素，蚯蚓可以调节体内吸收-排泄机制从而调控铜在其体内的浓度。

　　土壤原位试验背暗异唇蚓体内镉含量的最高值为 55.1mg/kg，来自镉含量较高的土壤 FJS-04（Cd 7.4mg/kg），富集系数达到 7，而其他试验土壤中背暗异唇蚓体内镉含量为 17～20mg/kg，变化不大，其原因可能是采集地土壤镉含量相近（分别为 0.5mg/kg 和 0.6mg/kg）。原位蚯蚓体内镉富集规律与水稻中镉富集规律极为相似，预示镉的生物活性可能受到某种环境因子的控制。

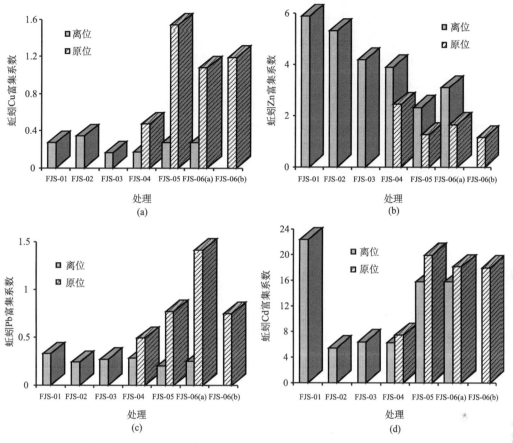

图 2-10　土壤原位（IN SITU）和离位（EX SITU）试验中重金属的蚯蚓-土壤生物富集系数

表 2-9　土壤原位和离位试验蚯蚓体内重金属元素的相关性

相关系数		蚯蚓体内重金属				土壤重金属			
		Cu	Cd	Zn	Pb	Cu	Cd	Zn	Pb
背暗异唇蚓（n=12）	Cu	1	−0.397	0.252	0.498	−0.515	−0.497	0.497	0.516
	Cd		1	−0.144	−0.840**	0.960**	0.977**	−0.828**	−0.917**
	Zn			1	0.209	−0.144	−0.161	0.097	0.126
	Pb				1	−0.775**	−0.866**	0.520	0.673*
赤子爱胜蚓（n=18）	Cu	1	0.615**	0.144	−0.377	0.797**	0.716**	−0.502*	−0.396
	Cd		1	−0.330	−0.750*	0.890**	0.954**	−0.688**	−0.803**
	Zn			1	0.386	−0.144	−0.284	−0.024	0.178
	Pb				1	−0.643**	−0.756**	0.479*	0.630**

* 表示 $p < 0.05$；** 表示 $p < 0.01$。

　　土壤离位试验赤子爱胜蚓体内镉含量远远小于原位蚯蚓的，FJS-02、FJS-03 和 FJS-04 的蚯蚓镉含量较高，约为 10mg/kg，富集系数约为 6。与原位蚯蚓镉的富集情况相似，赤子爱胜蚓在镉含量较低土壤（FJS-01、FJS-02 和 FJS-03 镉全量：0.5mg/kg）中的生物富集系数高于镉含量较高土壤的，其值为 15～20，与对应位点原位蚯蚓的镉富集系数接近。离位赤子爱胜蚓体内的铜、镉含量两者有极显著相关关系（$p < 0.01$），离位赤子爱胜蚓体内的铜和镉含量均与土壤中铜和镉的全量呈极显著正相关（$p < 0.01$）；但原位背暗异唇蚓体内的镉和铜含量没有相关性，背暗异唇蚓体内的镉含量与土壤中的铜全量和镉全量均呈显著正相关，而蚯蚓体内的铜含量与土壤中的铜全量和镉全量均无显著相关性。

　　土壤原位试验的背暗异唇蚓体内锌含量为 360.6～414.7mg/kg，生物富集系数为 1.1～2.5；土壤离位试验赤子爱胜蚓体内锌含量为 113.5～179.7mg/kg，富集系数为 2.3～5.8。

　　土壤原位试验背暗异唇蚓体内铅含量为 24.1～137.5mg/kg，不同采样点采集的蚯蚓体内的铅含量差异显著（$p < 0.01$），表现为土壤铅含量越高，蚯蚓体内铅含量也越高，但相关程度不显著。土壤离位试验赤子爱胜蚓体内铅含量为 2.8～5.0mg/kg，富集系数约为 0.3。

　　土壤原位试验显示，背暗异唇蚓对重金属的生物富集能力表现为镉＞锌≥铜≥铅；土壤离位试验赤子爱胜蚓对重金属的富集能力为镉≥锌＞铜≥铅，可见本试验的原位与离位中蚯蚓对镉、锌、铜、铅的生物富集能力大小基本一致，并且对镉元素有很强的生物富集能力。实际上，蚯蚓对重金属的富集与蚯蚓种类、重金属类型、土壤理化性质以及污染浓度有密切关系，因此蚯蚓对重金属富集系数的研究结果并不一致。邓继福等（1996）研究发现蚯蚓体内镉、铅、砷的含量与土壤中含量显著正相关，且生物富集系数的大小顺序为镉＞汞＞砷＞锌＞铜＞铅，其中镉的生物富集系数较大，表现为强富集作用；Neuhauser 等（1995）的研究认为，蚯蚓对镉和锌有较强的富集能力，而对铜、铅和镍的富集能力相对较小；但戈峰等（2002）则发现蚯蚓对铜的富集能力也很强，富集系数为 2.4～51.2。

第三节　废旧电容器污染区持久性毒害物的健康风险

一、多氯联苯（PCBs）的健康风险评价

　　加拿大卫生部规定成人每天摄入 PCBs 的最大允许量是 1μg/kg 体重，为此还规定食用家禽体内含量不得超过 0.5mg/kg 脂肪，肌肉中 PCBs 含量不得超过 0.2mg/kg，本书研究测定的鸡、鸭肌肉和脂肪的 PCBs 含量均超过此标准。对鱼类而言，其肌肉中 PCBs 的含量没有超过加拿大卫生部和美国 FDA 规定的标准但超过英国规定的 0.5μg/kg 标准。通过以上比较，不难发现该地区的家禽、鱼类中 PCBs 对人体健康存在很大影响。

　　如果按照一个成人正常体重 60 kg 计算，平均每天消耗 100g 肉类（以鸡肉和鸭肉中 PCBs 均值计）、50g 鱼、500g 青菜（折合干重 27g，青菜含水率 94.6%）、1000g 大米（含 PCBs 2.3ng/g，Chu et al., 1999），其他如饮用水、水果等暂不考虑，则每天

通过消耗这些食品而进入人体的 PCBs 总量大约 $70\mu g$，已经超过了 $60\mu g$ 的最大允许限量，如果再加上饮水和空气吸入，该地区长住居民的身体健康状况是令人担忧的。

二、二噁英/呋喃（PCDD/Fs）的健康风险评价

人体摄取的二噁英类（PCDD/Fs）90％以上来源于食物，食物链是 PCDD/Fs 健康风险的主要暴露途径（Tomoaki et al.，2001）。因此，各国政府或组织通常把二噁英类的日允许摄入量（Tolerable Daily Intake，TDI）作为建立食品中二噁英控制标准的基础。日允许摄入量是指每天可以允许摄入的二噁英类化合物最高毒性当量，是保障人体健康不受威胁的最大摄入量。目前 WHO 规定的 PCDD/Fs 日允许摄入量（TDI）为1～4 pg TEQ/(kg·bw·d)，如以一个平均体重 50kg 的成人来算，相当于每日允许摄入的最高量为 50～200pg。该污染区农田生产的稻米中二噁英类化合物含量为 6.43pg TEQ/gdw，所以每人每天只要摄入 35g 稻米就超过了其最大允许量。假设一个 50 kg 体重的成人，每天对稻米、蔬菜、鱼腥草、鸡肉、鸡脂肪的食物参考摄入量分别为 500g、25g、5g、100g、2g，结合几种农产品中 PCDD/Fs 的毒性当量，则可估算出该污染区不同膳食结构组成中 PCDD/Fs 的日允许摄入量（TDI）（见表 2-10）。由表 2-10 可知，经稻米—蔬菜、稻米—蔬菜—鱼腥草、稻米—蔬菜—鱼腥草—鸡肉—鸡脂肪等 3 条暴露途径至人体的日允许摄入量（TDI）分别为 67.4pg TEQ/(kg·bw·d)、72.1pg TEQ/(kg·bw·d)、85.8pg TEQ/(kg·bw·d)，超过 WHO 制定的 TDI 标准最大值 4pg TEQ/(kg·bw·d) 的 16.9 倍、18.0 倍及 21.5 倍。可见，该地区局部农田生态系统中二噁英类污染不仅对当地居民的健康造成风险，甚至可通过农产品流通对其他地区的居民健康也造成潜在危害。

表 2-10　典型污染区不同膳食结构组成中二噁英/呋喃（PCDD/Fs）的日允许摄入量估算值

膳食结构	WHO-TEQ/ （pg/g）	参考摄入量/ （g/d）	总 TEQ/ （pg/d）	TDI/ [pg/(kg·d)]
稻米	6.43	500	3200	67.4
生菜	6.69	25	167.5	
稻米	6.43	500	3200	
生菜	6.69	25	167.5	72.1
鱼腥草	47.0	5	235	
稻米	6.43	500	3200	
生菜	6.69	25	167.5	
鱼腥草	47.0	5	235	85.8
鸡肉	5.74	100	570	
鸡脂肪	57.7	2	115.4	

参 考 文 献

毕新慧, 储少岗, 徐晓白. 2001. 多氯联苯在水稻田中的迁移行为. 环境科学学报, 21 (4): 454-458.

邓继福, 王振中, 张友梅, 等. 1996. 重金属污染对土壤动物群落生态的影响研究. 环境科学, 17 (2): 1-5.

戈峰, 刘向辉, 江炳缜. 2002. 蚯蚓对重金属元素的富集作用分析. 农业环境保护, 21 (1): 16-18.

王庆仁, 刘秀梅, 董艺婷, 等. 2002. 典型重工业区与污灌区植物的重金属污染状况及特征. 农业环境与保护, 21 (2): 115-118.

夏增禄. 1988. 土壤环境容量及其应用. 北京: 气象出版社, 95-97.

Chewe D, Creaser C S, Foxall C D, et al. 1994. Validation of a congener specific method for ortho and non-ortho substituted polychlorinated biphenyls in fruit and vegetable samples. Chemosphere, 35: 1399-1407.

Cho Y C, Frohnhoefer R C, Rhee G Y. 2004. Bioconcentration and redeposition of polychlorinated biphenyls by zebra mussels (*Dreissena polymorpha*) in the Hudson River. Water Research, 38: 769-777.

Chu S G, Cai M L, Xu X B. 1999. Soil-plant transfer of polychlorinated biphenyls in paddy fields. The Science of the Total Environment, 234: 119-126.

Danis B, Bustamante P, Cotret O, et al. 2005. Bioaccumulation of PCBs in the cuttlefish *Sepia officinalis* from seawater, sediment and food pathways. Environmental Pollution, 134: 113-122.

Domingo J L, Bocio A, Nadal M, et al. 2002. Monitoring dioxins and furans in the vicinity of an old municipalwaste incinerator after pronounced reductions of the atmospheric emissions. Journal of Environmental Monitoring, 4: 395-399.

Hallgren P, Westbom R, Nilsson T, et al. 2006. Measuring bioavailability of polychlorinated biphenyls in soil to earthworms using selective supercritical fluid extraction. Chemosphere, 63: 1532-1538.

Harner T, Mackay D, Jones K C. 1995. Model of the long-term exchange of PCBs between soil and the atmosphere in the southern UK. Environ Sci Technol, 29: 1200-1209.

Krauss M, Wilcke W, Zech W. 2000. Availability of Polycyclic Aromatic Hydrocarbons (PAHs) and Polychlorinated Biphenyls (PCBs) to earthworm in urban soils. Environl Sci Technol, 34: 4335-4340.

Krauss M, Wilke W. 2001. Biomimetic extraction of PAHs and PCBs from soil with octadecyl-modified silica disks to predict their availabityto earthworms. Environ Sci Technol, 35: 3931-3935.

Morgana J E, Morgan A J. 1999. The accumulation of metals (Cd, Cu, Pb, Zn and Ca) by two ecologically contrasting earthworm species (*Lumbricusrubellus* and *Aporrectodeacaliginosa*): implications for ecotoxicological testing. Applied Soil Ecology, 13: 9-20.

Nakagawa R, Hori T, Tobiishi K, et al. 2002. Levels and tissue-dependent distribution of dioxin in Japanese domestic leafy vegetables - from the 1999 national investigation. Chemosphere, 48: 247-256.

Neuhauser E F, Cukic Z C, Malecki M R, et al. 1995. Bioaccumulation and biokinetic of heavy metals in the earthworm. Environment Pollution, 3: 293-301.

O'Connor G A, Kiehl D, Eiceman G A, et al. 1990. Plant uptake of sludge borne PCBs. Journal of Environment Quality, 19: 113-118.

Schwab A P, Al-Assi A A, Banks M K. 1998. Plant and environment interactions: adsorption of naphthalene onto plant root. J Environ Qual, 27: 220-224.

Tomoaki T, Toshihiko Y, Munetomo N, et al. 2001. Update of daily intake of PCDDs, PCDFs, and dioxin-like PCBs from food in Japan. Chemosphere, 45: 1129-1137.

Webber M D, Pietz R I, Granato T C, et al. 1994. Plant uptake of PCBs and other organic contaminants from sludge treated coal refuse. J Environ Qual, 23: 1019-1027.

Zhao X R, Zheng M H, Zhang B, et al. 2006. Evidence for the transfer of polychlorinated biphenyls, polychlorinated dibenzo-p-dioxins, and polychlorinated dibenzofurans from soil into biota. Science of the Total Environment, 368: 744-752.

Zimmermann G, Dietrich D R, Schmid P, et al. 1997. Congener-specific bioaccumulation of PCBs in different water bird species. Chemosphere, 34: 1379-1388.

第三章　废旧电容器污染农田土壤的生物生态毒性评价

生物毒性在生态毒理研究和环境评价中占有很重要的位置。污染物的最初影响是反映在亚细胞水平（如生化和分子变化、酶活力的改变、DNA 的改变），这些生物反应可在污染物对整个生态系统造成危害之前，对污染物的生物毒性做出预警，因此分子水平的生物响应具有成为指示和监测污染物生态毒性的生物标志物的潜力。生物标志物包括生物体暴露于各种逆境时，其体内组织、细胞以及分子的反应，可广泛用于土壤污染的生态毒理学诊断，为土壤污染预防和修复提供监测信息（Behnisch et al.，2001）。

然而，目前生物标志物在土壤污染早期预警和生物监测中的应用较少，主要是缺少指示污染的敏感生物指标以及污染物刺激生物响应等方面的研究数据，这些数据是生物标志物应用的基础和前提（Ramadass et al.，2003；Binelli et al.，2006；王晓蓉等，2006）。本章将围绕废旧电容器污染农田土壤中典型污染物铜、多氯联苯的单一和复合暴露对土壤动物和微生物的影响，研究污染物与生物指标的剂量效应关系，确定敏感生物标志物，为指示污染环境的生物毒性和生态效应提供基础数据。

第一节　废旧电容器污染农田土壤的生物生态毒性

一、典型污染物对赤子爱胜蚓的生理毒性

蚯蚓是土壤陆栖无脊椎动物的主要种类，在土壤中分布广泛，对土壤结构改良和有机物分解起着重要作用，其生命活动及生理代谢状况在一定程度上反映了土壤的生态功能，因此常应用于土壤生态功能评价以及对土壤污染状况和环境质量的判定（Haque and Ebing，1988）。在分子水平研究不同污染物作用下蚯蚓体内的各种生化指标，如抗氧化酶系统、细胞色素 P450 系统以及脂质过氧化物损伤变化对揭示污染物的暴露和生物效应具有重要意义（Cizmas et al.，2004）。

污染物与生物指标的剂量效应关系研究，是筛选敏感生物标志物的首要任务。本节以铜和共平面多氯联苯为目标污染物，赤子爱胜蚓为研究生物，通过分析在不同暴露途径、暴露浓度、暴露时间和暴露方式下蚯蚓的生理和遗传指标的变化，筛选指示污染物的敏感生物标志物。

1. 铜暴露对赤子爱胜蚓的生理毒性

（1）纱布接触试验铜暴露对赤子爱胜蚓生理指标的影响

铜虽然是生物的必需元素，但研究表明过量铜进入生物体会刺激细胞产生大量活性氧，从而引起机体的氧化损伤（Rae et al.，1999）。超氧化物歧化酶（SOD）、过氧化

氢酶（CAT）和谷胱甘肽巯基转移酶（GST）是生物体抵抗氧化损伤的主要酶系。SOD 在生物体清除活性氧自由基中起重要作用，由 Cu-Zn-SOD、Mn-SOD 和 Fe-SOD 三部分组成。SOD 在清除超氧阴离子自由基的同时产生 H_2O_2，CAT 则将产生的 H_2O_2 分解为 H_2O 和 O_2；GST 作为第二阶段解毒酶，可催化污染物与谷胱甘肽（GSH）结合从而减轻其毒性，这 3 种酶可对环境胁迫产生响应，在维持机体氧化和抗氧化平衡中起着极其重要的作用（Vander et al.，2003；Oruc et al.，2004；Hajime et al.，2005；Binelli et al.，2006）。GSH 是生物体内重要的抗氧化剂，能还原 S—S 键，保护酶和结构蛋白的 SH 基团，在维持生物膜结构的完整性和防御膜脂质过氧化中起着重要的作用。

表 3-1 是纱布接触试验中，赤子爱胜蚓在不同铜暴露浓度和暴露时间下的抗氧化酶系统的变化。铜处理组蚯蚓 GST 酶活力在暴露中期（24h 和 48h）都显著高于相应的空白对照组，特别是暴露 48h 时，其酶活力随着铜暴露浓度的增加显著升高。GSH 作为 GST 酶的底物，其含量也随着铜暴露浓度和暴露时间而显著升高（$p < 0.05$）。当铜暴露浓度增加至 100mg/L、125mg/L 和 150mg/L 时，处理组蚯蚓的 GST 酶活力分别比空白对照组酶活力增加 12%、22% 和 26%，达到显著水平（$p < 0.05$）。CAT 酶活力和 GSH 含量随暴露时间的变化与 GST 酶活力相似（表 3-1），在暴露期内，空白对照组的 CAT 酶活力和 GSH 含量都在暴露 48h 后达到最大值。

铜暴露 12h 后，蚯蚓体内总 SOD 和 Cu-Zn-SOD 酶活力显示（表 3-1），两者均比暴露前对照值有显著变化，但不同浓度处理组和空白对照组之间没有显著差异，随着暴露时间的延长，处理组和对应对照的 SOD 酶活力显著升高或降低。相同暴露时间下，铜暴露浓度对蚯蚓 SOD 和 CAT 酶活力的影响较小，暴露 48h 后，铜处理组蚯蚓的 Cu-Zn-SOD 酶活力和总 SOD 酶活力比空白对照组的酶活力均显著增加（$p < 0.05$）。以上结果说明，SOD 对铜浓度的生物响应受到其他环境因素的影响，铜不是引起 SOD 酶活力变化的主导因素。

表 3-2 的单变量双因素方差分析显示，铜暴露浓度、暴露时间及其两者的交互作用对蚯蚓的 Cu-Zn-SOD 酶活力、CAT 酶活力、GST 酶活力和 GSH 含量有显著影响（$p < 0.01$），说明以上生物响应与暴露浓度、暴露时间相关。表 3-3 是纱布暴露试验中，在不同暴露时间下，铜暴露浓度与蚯蚓各生理参数的相关性分析，分析结果显示暴露 48h 时，铜浓度与蚯蚓生理参数的相关系数最高，具有统计学意义，说明此时铜暴露浓度对蚯蚓生理参数的影响最大。表 3-3 表明暴露 48h 时，铜暴露浓度增加抑制蚯蚓总 SOD 酶和 Cu-Zn-SOD 酶活力增加，而对 CAT 酶活力、GST 酶活力和 GSH 含量有促进作用。铜暴露浓度是影响 CAT 酶活力、GST 酶活力和 GSH 含量的主要因素。

溶液中铜浓度在 25～150mg/L 时，对赤子爱胜蚓 CAT 酶活性有诱导作用，但作用不显著。其原因可能是，水生蚯蚓（颤蚓）对溶液中铜响应的敏感性高于陆生蚯蚓（赤子爱胜蚓）。鱼类 GST 酶活力对铜暴露浓度的响应也极为敏感，研究显示水生环境中铜浓度低于 0.01mg/L 时就可对鱼类的 GST 酶活性产生显著诱导作用（王晓蓉等，2006），因此本书认为 GST 酶有潜力成为指示水生环境铜污染的生物标志物。

表 3-1　纱布接触暴露试验铜暴露对赤子爱胜蚓抗氧化系统的影响

生理指标	暴露时间/h	暴露浓度/(mg/L)						
		0	25	50	75	100	125	150
总 SOD 酶活力	BG	24.78±2.37						
/(U/mg prot.)	12	55.16±5.78#	59.82±4.71	57.20±3.36	55.40±2.95	59.44±5.74	56.51±4.65	61.86±5.93
	24	56.08±3.79#	49.68±3.87*	63.63±2.12	54.78±5.42	54.61±5.00	57.29±1.01	51.55±4.30
	48	67.84±0.85#	69.23±3.51	67.48±3.78	71.72±0.49	67.59±2.31	61.01±6.41*	64.06±1.70
	72	67.36±1.89#	61.02±2.24*	60.65±3.36*	58.40±2.85*	64.34±5.70	56.03±1.55*	70.93±3.06*
Cu-Zn-SOD 酶活力	BG	21.00±2.66						
/(U/mg prot.)	12	49.29±2.17#	52.59±5.52	51.30±11.94	49.55±3.71	54.64±3.35	52.73±2.87	52.68±4.88
	24	44.71±7.55#	48.58±7.29	43.40±2.57	37.94±0.87	49.08±16.99	50.32±8.41	34.47±9.81
	48	62.02±4.02#	56.88±8.46	61.25±7.43	58.92±6.88	41.45±16.24*	40.33±9.24*	48.21±5.99
	72	57.52±1.89#	60.4±2.245	57.9±3.364	55.09±2.12	60.04±5.70	55.42±1.55	64.02±3.06*
CAT 酶活力	BG	10.64±2.46						
/(U/mg prot.)	12	9.58±2.37	9.43±1.76	12.61±1.78*	11.14±1.13	14.56±1.44*	10.55±0.31	15.62±0.87*
	24	9.22±2.97	12.73±3.05	10.84±1.93	9.78±1.16	11.85±2.48	10.98±1.55	8.73±0.72
	48	10.67±3.08	10.45±3.70	12.38±0.19	14.99±1.24	15.30±1.78	12.84±4.48	14.42±2.09
	72	9.78±2.45	10.61±1.62	13.60±2.97	17.00±2.15*	16.79±2.86*	12.47±0.65	11.33±3.22

续表

生理指标	暴露时间/h	暴露浓度/(mg/L)							
		BG	0	25	50	75	100	125	150
GST酶活力 /(U/mg prot.)	BG		106.50±4.84						
	12		114.23±11.46	97.52±11.30*	81.14±13.84*	73.96±8.43*	74.90±9.81*	83.96±11.79*	75.26±12.94*
	24		107.52±2.86	108.72±7.49	90.83±1.45*	104.17±3.92	126.00±11.56*	138.14±7.34*	102.84±10.45
	48		114.36±3.58	113.64±8.75	107.30±3.35	118.40±4.49	127.76±6.34	139.47±15.42*	143.61±5.83*
	72		75.28±3.08#	82.18±9.35	69.55±5.63	85.19±0.24*	89.12±5.29*	85.52±2.85*	104.65±7.79*
GSH含量 /(μg/mg prot.)	BG		37.45±3.02						
	12		26.18±5.88#	28.44±6.11	37.69±3.73	59.29±9.82*	48.61±3.26*	49.13±9.34*	44.76±7.00*
	24		37.62±7.34	38.89±6.29	48.59±6.23	52.84±4.45*	53.37±6.98*	55.97±9.32*	49.44±9.90*
	48		43.47±1.61	33.06±6.02	47.46±5.58	57.87±6.46*	66.46±11.55*	54.94±9.89	63.47±7.77*
	72		39.48±6.26	46.84±3.24*	54.72±3.63*	50.42±1.27*	49.08±4.14*	52.41±2.16*	58.55±2.43*

注：表内结果以平均值±标准偏差表示；BG：赤子爱胜蚓暴露前暴露时间空白对照的对照值；#不同暴露时间处理组空白对照（暴露浓度为0时的对照值）与背景值（BG）差异显著（$p<0.05$）。

* 相同暴露时间处理组与对应空白对照组差异显著（$p<0.05$）。

表3-2　幼布接触试验铜暴露浓度、暴露时间对赤子爱胜蚓生理指标影响的方差分析

生理指标	暴露浓度			暴露时间			暴露浓度×暴露时间		
	df	F	p	df	F	p	df	F	p
总SOD酶活力	6	2.32	0.051	3	41.10	<0.001**	18	4.07	<0.001**
Cu-Zn-SOD酶活力	6	3.16	0.011*	3	30.08	<0.001**	18	3.08	0.001**
CAT酶活力	6	7.35	<0.001**	3	5.32	0.003**	18	1.31	<0.001**
GST酶活力	6	18.87	<0.001**	3	9.70	<0.001**	18	2.27	0.010*
GSH含量	6	10.78	<0.001**	3	108.70	<0.001**	18	7.46	<0.001**
EROD酶活力	6	3.65	0.004**	3	71.71	<0.001**	18	9.125	<0.001**
MDA含量	6	14.20	<0.001**	3	6.48	0.001**	18	2.76	0.002**

注：df为自由度。

* $p<0.05$；** $p<0.01$。

表 3-3　纱布接触试验铜暴露浓度与赤子爱胜蚓生理指标的相关性分析

生理指标	样本数 N	相关系数 R			
		12h	24h	48h	72h
总 SOD 酶活力	21	0.246	−0.101	−0.469*	0.062
Cu-Zn-SOD 酶活力	21	0.171	−0.415	−0.652**	0.062
CAT 酶活力	21	0.622**	−0.127	0.468*	0.249
GST 酶活力	21	−0.599**	0.506*	0.768**	0.687**
GSH 含量	21	0.623**	0.591**	0.698**	0.703**
EROD 酶活力	21	0.050	−0.298	0.449*	−0.338
MDA 含量	21	0.304	0.650**	0.865**	0.695**

$*\ p < 0.05$；$**\ p < 0.01$。

细胞色素 P450（CYP450）酶系是一种亚铁血红素-硫醇盐蛋白（heme-thiolate protein），它是由结构和功能相关的超家族（superfamily）基因编码的含铁血红素同工酶组成。EROD（Ethoxycoumarin-O-dealkylase）酶活力反映了机体先天具有或后天获得的细胞色素 P450 对接触某种特定外来化学物的反应能力，毒理学研究认为它可作为易感性分子生物标志物（molecular biomarkers of susceptibility），但蚯蚓细胞色素 P450 用于指示污染的研究不多。

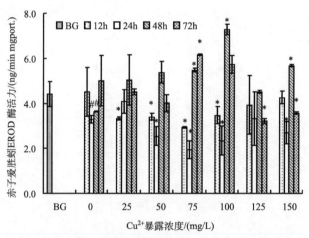

图 3-1　纱布接触试验铜暴露对赤子爱胜蚓 EROD 酶活力的影响
BG 为赤子爱胜蚓暴露前的对照值；# 空白对照组（暴露浓度为 0 时
的对照值）与背景值（BG）在 $p = 0.05$ 水平有显著差异；* 处理组
与空白对照组在 $p = 0.05$ 水平有显著差异

铜暴露 12h，处理组赤子爱胜蚓 EROD 酶活力与空白对照组相比有下降趋势，在铜浓度为 75mg/L 的处理组达到最小值，暴露 24h 该处理组酶活力达到暴露期内所有处理组的最低值（图 3-1）。随着暴露时间延长到 48h，处理组蚯蚓的 EROD 酶活力显著增加，表现出显著的时间效应（表 3-2 和表 3-3）。其原因可能是细胞色素 P450 广泛存在于动物、植物和微生物等不同生物体内，是一类具有重要生理功能的代谢酶系，可以催化大量亲脂性外源物质（冷欣夫和邱星辉，2001），而铜是过渡重金属元素，能够刺激生物体产生大量自由基，这些自由基攻击生物膜脂蛋白中较易氧化的多不饱和脂肪酸，使其发生过氧化，导致膜的通透性和流动性改变，引起细胞损伤和死亡。丙二醛就是多不饱和脂肪酸过氧化的产物之一，是环境污染生物监测的指标之一（Dewir et al.，2006）。因此铜暴露蚯蚓的 EROD 酶活力在暴露初期没有增加，但随着暴露时间延长，蚯蚓体内由于铜胁迫产生的有机代谢产物增加，从而刺激 EROD 酶活力升高。

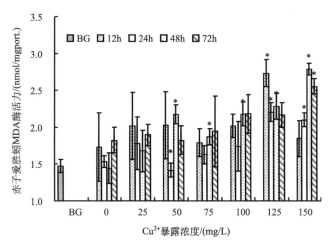

图 3-2　纱布接触试验铜暴露对赤子爱胜蚓 MDA 含量的影响

BG 为赤子爱胜蚓暴露前的对照值；# 空白对照组（暴露浓度为 0 时的对照值）与背景值（BG）在 $p=0.05$ 水平有显著差异；* 处理组与空白对照组在 $p=0.05$ 水平有显著差异

图 3-2 显示，随着铜暴露浓度和暴露时间的增加，蚯蚓体内的 MDA 含量增加。较低浓度（25mg/L）的铜处理中，蚯蚓的 MDA 含量与对应暴露时间下的空白对照组没有显著差异，说明赤子爱胜蚓可以耐受一定浓度的铜，而 150mg/L 处理组暴露 48h 后，MDA 含量比暴露前对照值升高 1.88 倍，达到最大值。蚯蚓 MDA 含量单变量双因素方差分析结果显示（表 3-2），MDA 含量变化受到铜暴露浓度、暴露时间，以及两者交互作用的显著影响；暴露 48h，铜暴露浓度对蚯蚓 MDA 含量的影响最显著（$p<0.01$）（表 3-3）。

（2）人工土壤试验铜暴露对赤子爱胜蚓生理指标的影响

人工土壤被认为与蚯蚓生活的自然土壤环境接近（Arnaud et al.，2000），因此 OECD（1984）和 ISO（1993；1997）推荐其作为生物毒性研究的暴露方法。

表 3-4 显示了人工土壤暴露试验中，赤子爱胜蚓抗氧化酶的变化。蚯蚓的 SOD 酶活力变化与纱布试验中的结果相似，空白对照组在暴露期内的酶活力也比暴露前的对照值显著增加（$p<0.05$），处理组 SOD 酶活力也表现为上升趋势，在 200mg/kg、400mg/kg 等较高铜浓度处理组，暴露 7 天，蚯蚓的总 SOD 酶活力比相应空白对照分

别升高 1.36 和 1.48 倍，差异显著（$p < 0.05$）。暴露 28 天后，各浓度铜处理组蚯蚓的总 SOD 和 Cu-Zn-SOD 酶活力比对照值均有显著增加（$p < 0.05$）。除 100mg/kg 处理组的总 SOD 酶活力与空白对照组无显著差异外（$p = 0.648$），50mg/kg、200mg/kg、400mg/kg 处理组蚯蚓的总 SOD 酶活力均比空白对照组显著升高（$p < 0.05$）。无论是溶液接触暴露还是人工土壤暴露，暴露后的空白对照组蚯蚓体内 Cu-Zn-SOD 和总 SOD 酶活力都显著高于暴露前对照值（$p < 0.05$），达到与处理组蚯蚓酶活力相近水平，预示暴露条件显著影响赤子爱胜蚓 SOD 酶活力的变化。

随着铜暴露浓度的增加，赤子爱胜蚓 CAT 酶活力呈上升趋势，处理组与对照组产生显著差异所需的暴露时间减少，14 天与 28 天时的酶活力基本一致，因此认为 14 天赤子爱胜蚓 CAT 酶活力可以达到稳定。暴露期赤子爱胜蚓 GST 酶活力变化，表现为先升后降的规律，但处理组蚯蚓的 GST 酶活力均高于对照值和对应空白对照值，在暴露浓度不小于 100mg/kg 时，其差异达到显著水平（$p < 0.05$），说明铜可诱导赤子爱胜蚓 GST 酶活力升高。Saint-Denis 等（2001）发现人工土壤中，铅对赤子爱胜蚓 GST 酶活力有抑制作用。虽然铅、铜都是重金属元素，但由于铅是生命非必需元素，而铜则是生命必需微量元素，因此两者可能对赤子爱胜蚓 GST 酶活力的影响不同。

在相同暴露期内，随着铜暴露浓度增加，处理组赤子爱胜蚓的 GSH 含量呈上升趋势（表 3-4）。暴露 2 天时，处理组蚯蚓的 GSH 含量显著高于空白对照组（$p < 0.05$），但各处理组无显著差异；暴露 14 天时，100mg/kg、200mg/kg、400mg/kg 处理组蚯蚓的 GSH 含量均比空白对照组显著升高（$p < 0.05$）；当暴露时间延长到 28 天时，蚯蚓 GSH 的最高含量出现在 200mg/kg 处理组，比空白对照值增加了 33%，但差异不显著。

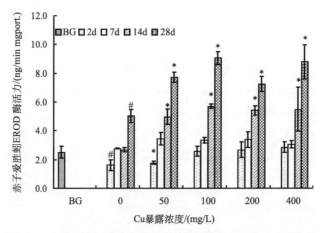

图 3-3　人工土壤试验铜暴露对赤子爱胜蚓 EROD 酶活力的影响
BG 为赤子爱胜蚓暴露前的对照值；# 空白对照组（暴露浓度为 0 时的
对照值）与背景值（BG）在 $p = 0.05$ 水平有显著差异；* 处理组与空
白对照组在 $p = 0.05$ 水平有显著差异

图 3-3 显示人工土壤试验中，蚯蚓的 EROD 酶活力随铜暴露浓度和暴露时间增加而呈升高趋势。暴露 14 天时，铜处理组的 EROD 酶活力显著高于相应空白对照值，暴

露 28 天时，铜处理组蚯蚓 EROD 酶活力分别达到暴露期内的最高值，比暴露前对照值分别升高 2.0~3.6 倍（$p<0.01$）。

图 3-4 显示人工土壤试验中，铜处理组蚯蚓的 MDA 含量也随着铜暴露浓度的增加而呈上升趋势。与空白对照组相比，较高浓度铜处理组（200mg/kg 和 400mg/kg）蚯蚓的 MDA 含量显著升高（$p<0.05$），暴露 14 天时，400mg/kg 处理组蚯蚓 MDA 含量比相应空白对照组升高 1.73 倍，达到最高值。暴露期内，较低铜浓度处理组（50mg/kg 和 100mg/kg），蚯蚓的 MDA 含量也呈上升趋势，然而暴露 14 天时，50mg/kg 和 100mg/kg 处理组分别比空白对照值下降 8% 和 18%，但均无显著差异。

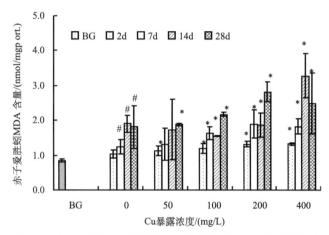

图 3-4　人工土壤试验铜暴露对赤子爱胜蚓 MDA 含量的影响

BG 为赤子爱胜蚓暴露前的对照值；# 空白对照组（暴露浓度为 0 时的对照值）与背景值（BG）在 $p=0.05$ 水平有显著差异；* 处理组与空白对照组在 $p=0.05$ 水平有显著差异

表 3-5 的单变量双因素方差分析结果显示，抗氧化酶均受到暴露浓度和暴露时间的显著影响，除 Cu-Zn-SOD 酶活力和 GSH 含量外，总 SOD、CAT、GST、EROD 酶活力和 MDA 含量同时受到铜暴露浓度和暴露时间交互作用的显著影响。

表 3-6 显示了不同暴露时间，铜暴露浓度与蚯蚓生理指标的相关程度。暴露期内，铜暴露浓度对总 SOD 酶活力、CAT 酶活力、GST 酶活力、GSH 含量和 MDA 含量有显著促进作用（$p<0.05$），相关系数在暴露 14 天时可达到较高水平，因此选择 14 天作为建立铜暴露浓度与蚯蚓生理指标效应关系的最佳暴露时间。与 *Aporrectodea tuberculata*（Saint-Denis et al.，1999）和 *Eisenia fetida andred*（Saint-Denis et al.，2001）分别在 Cu/Zn 和铅胁迫下对其 GSH 和 MDA 含量影响的研究结果一致。

剂量效应关系指暴露某一化学物的浓度与个体呈现某种生物反应强度之间的关系。最佳暴露时间和铜暴露浓度与蚯蚓各项生理指标的剂量效应关系如表 3-7。根据剂量效应关系，认为赤子爱胜蚓的总 SOD 酶活力、CAT 酶活力、GST 酶活力，以及 GSH 含量和 MDA 含量可以作为铜污染的敏感生物标志物。

表 3-4 人工土壤试验铜暴露对赤子爱胜蚓抗氧化酶系统的影响

生理指标	暴露时间/d	暴露浓度/(mg/kg)				
		0	50	100	200	400
总 SOD 酶活力/(U/mg prot.)	BG	19.57±2.26				
	2	28.91±1.50#	25.46±2.43	28.26±1.19	31.60±2.11	28.51±3.58
	7	30.21±2.42#	30.03±1.42	35.17±2.53	41.35±5.94*	44.89±2.01*
	14	34.99±3.42#	31.11±2.37	38.10±5.66	42.54±2.66*	48.98±5.02*
	28	32.38±2.48#	38.42±1.76*	36.77±1.02	40.15±1.68*	42.19±4.49*
Cu-Zn-SOD 酶活力/(U/mg prot.)	BG	18.22±2.02				
	2	25.88±3.41#	21.96±2.68	27.22±1.73	27.54±1.13	28.05±2.02
	7	29.91±4.78#	27.15±1.82	32.844.30	32.83±1.70	37.37±4.74*
	14	29.87±3.74#	29.73±2.37	37.52±1.95*	36.76±3.47*	36.15±3.63*
	28	30.83±2.72#	30.19±5.63	34.81±2.80	35.30±2.15	34.53±8.37
CAT 酶活力/(U/mg prot.)	BG	7.65±0.46				
	2	8.43±0.16#	8.90±0.26	8.83±0.35	8.80±0.76	10.03±0.95*
	7	9.70±0.90	10.76±0.95	11.87±1.36	13.47±2.61*	13.26±1.21*
	14	8.84±1.90#	9.28±0.29	15.60±2.79*	17.73±1.70*	19.18±2.45*
	28	9.23±2.20#	10.41±1.96	15.51±3.23*	19.97±0.45*	18.55±0.77*
GST 酶活力/(U/mg prot.)	BG	72.31±12.19				
	2	106.44±12.99#	112.92±10.51	117.24±7.28	122.16±2.57	121.26±9.70
	7	76.69±11.29	106.60±18.27	153.82±21.88*	127.05±30.64*	157.32±22.98*
	14	75.35±4.38	79.50±12.01	104.39±24.18*	114.66±15.34*	147.36±12.47*
	28	66.07±13.66	89.53±11.86	102.59±16.17*	138.03±17.62*	162.20±15.33*

续表

生理指标	暴露时间/d	暴露浓度/(mg/kg)				
		0	50	100	200	400
GSH 含量/(μg/mg prot.)	BG	23.92±2.95				
	2	34.71±6.10#	42.19±2.37	41.30±5.25	42.60±5.44	45.68±2.94*
	7	37.40±6.87#	41.38±4.24	47.77±7.96	54.18±7.52*	54.87±3.94*
	14	36.77±5.67#	42.79±6.23	57.93±5.78*	55.03±7.03*	58.31±6.13*
	28	42.16±12.09#	48.83±2.36	53.17±10.06	56.36±9.79	53.61±6.29

注：表内结果以平均值±标准偏差表示；BG 为赤子爱胜蚓暴露前的对照值；# 不同暴露时间空白对照组（暴露浓度为 0 时的对照值）与背景值（BG）差异显著（$p<0.05$）。
* 相同暴露时间处理组与对应空白对照差异显著（$p<0.05$）。

表 3-5 人工土壤试验铜暴露浓度、暴露时间及其交互作用对赤子爱胜蚓生理指标影响方差分析

生理指标	暴露浓度			暴露时间			暴露浓度×暴露时间		
	df	F	p	df	F	p	df	F	p
总 SOD 酶活力	4	23.68	<0.001**	3	34.93	<0.001**	12	3.40	0.002*
Cu-Zn SOD 酶活力	4	7.515	<0.001**	3	13.58	<0.001**	12	0.461	0.926
CAT 酶活力	4	29.46	<0.001**	3	29.60	<0.001**	12	4.85	<0.001**
GST 酶活力	4	30.72	<0.001**	3	4.12	0.012*	12	3.49	0.001**
GSH 含量	4	11.28	<0.001**	3	6.38	0.001**	12	0.79	0.652
EROD 酶活力	4	5.26	0.002*	3	334.09	<0.001**	12	7.34	<0.001**
MDA 含量	4	7.95	<0.001**	3	21.18	<0.001**	12	2.24	0.028*

注：df 为自由度。
* $p<0.05$；** $p<0.01$。

表 3-6 人工土壤试验铜暴露浓度与赤子爱胜蚓生理指标的相关性分析

生理指标	样本数 N	相关系数 R			
		2d	7d	14d	28d
总 SOD 酶活力	15	0.214	0.867**	0.828**	0.725**
Cu-Zn SOD 酶活力	15	0.115	0.007	0.053	0.256
CAT 酶活力	15	0.689**	0.609*	0.779**	0.686**
GST 酶活力	15	0.489	0.638*	0.886**	0.909**
GSH 含量	15	0.555*	0.704**	0.648**	0.381
EROD 酶活力	15	0.712**	0.032	0.512	−0.190
MDA 含量	15	0.689**	0.584*	0.711**	0.498

* $p<0.05$；** $p<0.01$。

表 3-7 人工土壤试验铜暴露浓度与赤子爱胜蚓生理指标的剂量效应关系

生理指标	剂量效应方程系数		修正 R^2	F	p
	a	b			
总 SOD 酶活力	0.041	32.992	0.611	28.293	<0.001**
Cu-Zn SOD 酶活力	0.016	31.691	0.202	4.551	0.053
CAT 酶活力	0.027	10.155	0.577	20.128	0.001**
GST 酶活力	0.181	77.104	0.768	47.454	<0.001**
GSH 含量	0.046	43.210	0.376	9.425	0.009**
EROD 酶活力	0.005	4.177	0.205	4.619	0.051
MDA 含量	0.004	1.501	0.468	13.296	0.003**

* $p<0.05$；** $p<0.01$。

2. 多氯联苯暴露对赤子爱胜蚓的生理毒性

表 3-8 是共平面多氯联苯人工土壤暴露试验中，赤子爱胜蚓抗氧化酶的变化。暴露 28 天时，处理组蚯蚓总 SOD 和 Cu-Zn-SOD 酶活力与暴露前对照值和相同暴露时间的空白对照值相比都显著升高（$p<0.05$），多氯联苯暴露浓度最高处理组蚯蚓的 SOD 酶活力值最大。在暴露期内，空白对照组蚯蚓 SOD 酶活力也比暴露前显著增加，但增加幅度远远小于处理组。处理组蚯蚓 CAT 酶活力也表现出比对照值和空白对照值显著升高（$p<0.05$），暴露 14 天时达到最高活力值，这种现象与铜暴露的研究结果一致。暴露期赤子爱胜蚓 GST 酶活力也在多氯联苯的刺激下显著升高，但处理组间的差异不显著。处理组蚯蚓的 GSH 含量比对照值和空白对照值显著升高，暴露浓度为 $100\mu g/kg$ 处理组蚯蚓的 GSH 含量比空白对照值增加了 3.7 倍，达到处理最大值。

图 3-5 显示人工土壤试验中，蚯蚓的 EROD 酶活力随多氯联苯暴露浓度和暴露时间增加的变化趋势。暴露 2 天时，所有浓度处理组蚯蚓 EROD 酶活力都显著高于空白对照组，但暴露 28 天时，处理组蚯蚓 EROD 酶活力与空白对照值没有显著差异。以水

生生物肝脏为靶器官，发现多氯联苯、二噁英、多环芳烃等也可以刺激鱼类肝脏 EROD（Ethoxycoumarin-O-dealkylase）酶活力的增加（Galgani et al，1992；Haasch and Prince，1993；Snyder，2000），而昆虫受到多氯联苯或多环芳烃的诱导，也刺激 EROD 酶活力提高（Fisher et al.，2003）。

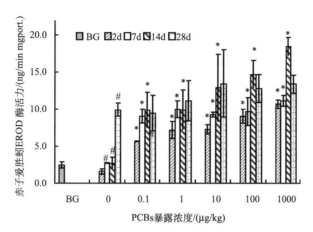

图 3-5　人工土壤试验多氯联苯暴露对赤子爱胜蚓 EROD 酶活力的影响

BG 为赤子爱胜蚓暴露前的对照值；♯空白对照组（暴露浓度为 0 时的对照值）与背景值（BG）在 $p=0.05$ 水平有显著差异；*处理组与空白对照组在 $p=0.05$ 水平有显著差异

图 3-6 显示共平面多氯联苯污染人工土壤中，处理组蚯蚓的 MDA 含量在低暴露浓度（0.1～1μg/kg）下，与空白对照组没有显著差异，而在高暴露浓度下（10～1000μg/kg），其含量显著升高（$p<0.05$）。1000μg/kg 多氯联苯处理组蚯蚓的 MDA 含量比对照值升高 3.24～5.32 倍（$p<0.05$）。已经证实多氯联苯，特别是共平面多氯

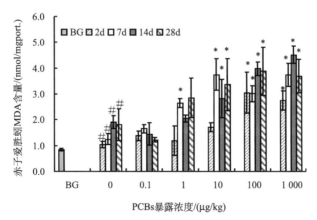

图 3-6　人工土壤试验多氯联苯暴露对赤子爱胜蚓 MDA 含量的影响

BG 为赤子爱胜蚓暴露前的对照值；♯空白对照组（暴露浓度为 0 时的对照值）与背景值（BG）在 $p=0.05$ 水平有显著差异；*处理组与空白对照组在 $p=0.05$ 水平有显著差异

表 3-8　人工土壤试验多氯联苯暴露对赤子爱胜蚓抗氧化酶系统的影响

生理指标	暴露时间/d	暴露浓度/(μg/kg)					
		0	0.1	1	10	100	1000
总 SOD 酶活力/(U/mg prot.)	BG	19.57±2.26					
	2	28.91±1.50#	55.92±1.81*	69.88±10.77*	57.47±8.27*	70.08±9.51*	94.79±2.12*
	7	30.21±2.42#	45.08±2.79*	59.98±5.13*	67.75±7.26*	75.56±1.83*	78.51±9.05*
	14	34.99±3.42#	43.91±4.54*	50.60±4.85*	55.53±6.44*	75.84±5.33*	90.99±1.10*
	28	32.38±2.48#	49.46±8.06	53.72±8.18*	56.54±4.40*	72.67±16.33*	88.74±11.15*
Cu-Zn-SOD 酶活力/(U/mg prot.)	BG	18.22±2.02					
	2	25.88±3.41#	48.05±3.53*	54.64±3.29*	49.92±10.97*	59.19±6.39*	85.81±0.63*
	7	29.91±4.78#	36.31±1.01	39.88±2.62*	48.50±2.52*	52.47±4.68*	71.62±6.45*
	14	29.87±3.74#	32.58±8.80	39.04±3.11	39.35±1.81	59.67±5.93*	71.65±5.83*
	28	30.83±2.72#	29.05±3.25	30.17±3.40	42.53±5.63*	58.67±11.15*	66.42±2.69*
CAT 酶活力/(U/mg prot.)	BG	7.65±0.46					
	2	8.43±0.16#	11.99±1.30	11.44±2.01	13.49±4.50*	15.21±3.11*	14.38±0.48*
	7	9.70±0.90	9.07±1.30	15.09±2.59*	15.24±2.18*	15.74±1.70*	19.23±1.38*
	14	8.84±1.90#	12.62±2.85	15.43±3.61*	20.92±2.37*	23.03±2.87*	32.26±1.29*
	28	9.23±2.20#	15.31±1.37*	15.51±0.65*	13.69±1.72*	13.48±1.62*	16.47±2.51*
GST 酶活力/(U/mg prot.)	BG	72.31±12.19					
	2	106.44±12.99#	78.03±5.37*	88.17±6.13*	89.45±6.63*	94.05±4.69	94.7±4.26
	7	76.69±11.29	81.77±6.80	89.46±19.86	95.81±4.18*	118.57±1.34*	108.51±4.95*
	14	75.35±4.38	87.93±10.44	104.79±5.37*	105.96±18.84*	107.17±13.66*	109.85±10.19*
	28	66.07±13.66	89.46±4.17*	91.43±7.41*	95.94±13.06*	106.7±8.33*	120.54±1.09*

续表

生理指标	暴露时间/d	暴露浓度/(μg/kg)						
		BG	0	0.1	1	10	100	1000
GSH含量/(μg/mg prot.)	BG	23.92±2.95						
	2		34.71±6.10#	57.02±4.56*	77.98±5.38*	75.03±3.20*	79.96±1.72*	82.54±7.66*
	7		37.40±6.87#	68.43±7.22*	76.37±7.40*	73.44±0.66*	85.12±3.18*	82.85±6.91*
	14		36.77±5.67#	58.89±5.25*	64.87±4.74*	75.13±4.61*	73.11±4.27*	78.17±1.41*
	28		42.16±12.09#	60.10±5.47*	69.16±1.66*	71.81±2.86*	78.91±3.02*	74.13±2.93*

注：表内结果以平均值±标准偏差表示；BG为赤子爱胜蚓暴露前的对照值；# 不同暴露时间空白对照组（暴露浓度为0时的对照值）与背景值（BG）差异显著（p<0.05）。

* 相同暴露时间处理组与对应空白对照差异显著（p<0.05）。

表 3-9　人工土壤试验多氯联苯暴露浓度、暴露时间对赤子爱胜蚓生理指标影响的方差分析

生理指标	暴露浓度			暴露时间			暴露浓度×暴露时间		
	df	F	p	df	F	p	df	F	p
总 SOD 酶活力	4	47.89	<0.001**	3	1.93	0.140	12	1.90	0.064
Cu-Zn SOD 酶活力	4	90.06	<0.001**	3	18.45	<0.001**	12	2.21	0.030*
CAT 酶活力	4	21.83	<0.001**	3	31.46	<0.001**	12	6.98	<0.001**
GST 酶活力	4	13.59	<0.001**	3	6.83	0.001**	12	1.30	0.258
GSH 含量	4	30.65	<0.001**	3	7.50	<0.001**	12	1.66	0.115
EROD 酶活力	4	16.14	<0.001**	3	30.56	<0.001**	12	2.30	0.024*
MDA 含量	4	36.47	<0.001**	3	12.00	<0.001**	12	2.64	0.110

注：df 为自由度。

* p<0.05；** p<0.01。

联苯，在动脉内皮细胞中具有诱导氧化胁迫的能力（Ramadass et al.，2003）。本书也证实，共平面多氯联苯可以刺激抗氧化酶活力和抗氧化小分子物质含量显著增加，一定程度上减轻了对不饱和脂肪酸的氧化损伤，表现为低浓度下蚯蚓 MDA 含量较低，但随着多氯联苯暴露浓度的升高，氧化损伤程度加剧，在多氯联苯浓度达到 $10\mu g/kg$ 以上时，蚯蚓 MDA 含量显著升高（$p < 0.05$）。

　　人工土壤试验中，多氯联苯暴露浓度、暴露时间对赤子爱胜蚓各生理指标的单变量双因素方差分析显示（表 3-9），暴露浓度和暴露时间对蚯蚓的生理指标均产生显著影响，两者交互作用对 Cu-Zn-SOD、CAT 和 EROD 酶活力有显著影响。

　　本书将多氯联苯暴露浓度和蚯蚓生理指标响应进行了对数转换，然后分析了不同暴露时间下，两者间的相关性（表 3-10）。暴露期内，多氯联苯暴露浓度升高显著刺激蚯蚓生理水平生物响应的增加（$p < 0.05$），具有较高的相关性，综合考虑与铜暴露研究的比较，选择暴露时间 14 天作为建立多氯联苯暴露浓度与蚯蚓生理响应剂量效应关系的最佳暴露时间。

　　最佳暴露时间多氯联苯暴露浓度与蚯蚓生理指标的剂量效应关系如表 3-11。暴露浓度与赤子爱胜蚓的生理指标值存在显著的因果关系，抗氧化酶、EROD 酶活力和GSH 含量、MDA 含量变化可以作为指示多氯联苯污染的生理生物标志物。

表 3-10　人工土壤试验多氯联苯暴露浓度与赤子爱胜蚓生理指标的对数相关性

生理指标	样本数 N	暴露时间			
		2d	7d	14d	28d
总 SOD 酶活力	15	0.713**	0.887**	0.948**	0.816**
Cu-Zn SOD 酶活力	15	0.768**	0.948**	0.900**	0.935**
CAT 酶活力	15	0.330	0.567*	0.613**	0.427
GST 酶活力	15	0.742**	0.739**	0.509	0.823**
GSH 含量	15	0.750**	0.691**	0.853**	0.776**
EROD 酶活力	15	0.624**	0.420	0.678**	0.312
MDA 含量	15	0.846**	0.790**	0.936**	0.771**

* $p < 0.05$；** $p < 0.01$。

表 3-11　人工土壤多氯联苯暴露浓度与赤子爱胜蚓生理指标的剂量效应关系

生理指标	剂量效应方程	R^2	F	p
总 SOD 酶活力	$\log(Y_{SOD-T}) = 0.080 \times \log(C_{PCB}) + 1.705$	0.890	114.56	< 0.001**
Cu-Zn SOD 酶活力	$\log(Y_{SOD-CUZN}) = 0.088 \times \log(C_{PCB}) + 1.575$	0.795	55.30	< 0.001**
CAT 酶活力	$\log(Y_{CAT}) = 0.099 \times \log(C_{PCB}) + 1.197$	0.980	26.34	< 0.001**
GST 酶活力	$\log(Y_{GST}) = 0.020 \times \log(C_{PCB}) + 1.990$	0.202	4.55	0.053
GSH 含量	$\log(Y_{GSH}) = 0.030 \times \log(C_{PCB}) + 1.810$	0.705	32.13	< 0.001**
EROD 酶活力	$\log(Y_{EROD}) = 0.071 \times \log(C_{PCB}) + 1.036$	0.947	33.51	< 0.001**
MDA 含量	$\log(Y_{MDA}) = 0.130 \times \log(C_{PCB}) + 0.303$	0.866	91.68	< 0.001**

* $p < 0.05$；** $p < 0.01$。Y 表示酶活力；C 表示暴露浓度。

3. 铜与多氯联苯复合暴露对赤子爱胜蚓生理指标的影响

每处理保持铜暴露浓度为 50mg/kg，然后分别在每个处理中加入 0.1、1、10、100 和 1000μg/kg 的多氯联苯，人工土壤暴露 14 天，分析赤子爱胜蚓的生理指标变化。

Debus 和 Hund（1997）研究发现生理指标值发生 30% 的变化会对生物体产生异常影响，可认为是生物体对环境作用的最小有效变化，因此将 30% 的生理指标变化量作为铜与多氯联苯复合污染暴露的蚯蚓生理毒性评价阈值。响应率计算公式如下：

$$蚯蚓生理指标响应率（\%）= \frac{处理组蚯蚓生物活性 - 对照组蚯蚓生物活性}{对照组蚯蚓生物活性} \times 100\%$$

根据公式计算出蚯蚓各个生理指标的响应率，以对照组蚯蚓生理指标的 30% 变化作为阈值，研究结果如图 3-7 所示，图中横线为生理指标增加 30% 的阈值。表 3-12 是复合污染中多氯联苯暴露浓度与蚯蚓生理指标相关性的分析结果。

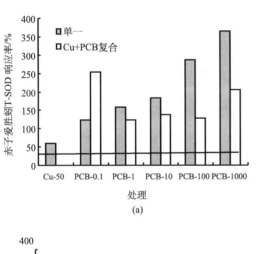

(a)

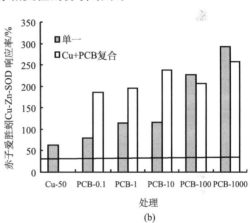

(b)

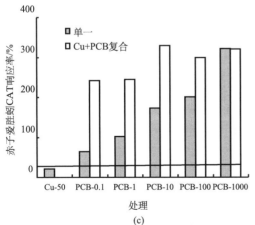

(c)

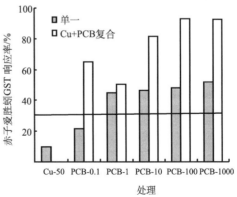

(d)

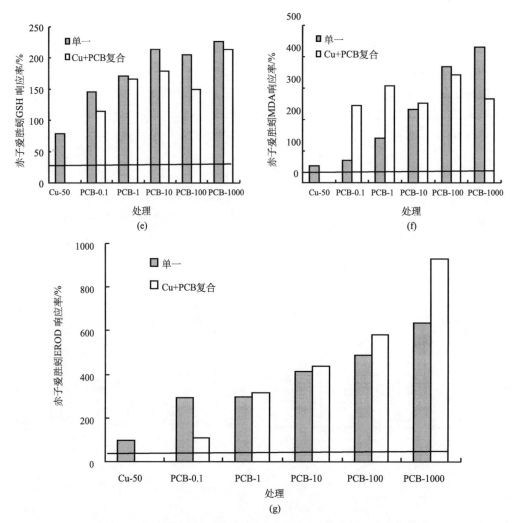

图 3-7　赤子爱胜蚓生理指标对铜、多氯联苯复合暴露的响应率

　　结果显示〔图 3-7（a）、（b）〕，铜和多氯联苯复合污染时蚯蚓总 SOD 酶活力，除 0.1μg/kg 处理组外，其余复合暴露处理组的 SOD 酶活力都比多氯联苯单一暴露时要小，表现为抑制作用。复合污染多氯联苯浓度在 0.1～10μg/kg 时，对 Cu-Zn-SOD 酶活力表现为促进作用。无论是铜、多氯联苯的单一暴露，还是两者的复合暴露，对蚯蚓 SOD 酶活力的刺激都超过 30% 的有效阈值；复合污染多氯联苯浓度与蚯蚓 SOD 酶活力相关性分析显示，蚯蚓 SOD 酶活力受到复合污染中多氯联苯的显著影响。

　　图 3-7（c）显示铜、多氯联苯单一和复合暴露处理蚯蚓 CAT 酶活力响应率的变化。结果显示，50mg/kg 铜单一暴露不能引起蚯蚓 CAT 酶活力的有效生物效应；多氯联苯单一，及其与铜的复合暴露可以显著刺激 CAT 酶活力的增加。复合暴露下，蚯蚓的 CAT 酶活力高于多氯联苯单一暴露时的酶活力，复合污染中多氯联苯的暴露浓度对 CAT 酶活力有显著促进作用。

　　铜、多氯联苯单一以及它们的复合污染对蚯蚓 GST 酶活力的影响与 CAT 酶活力相似，但多氯联苯浓度为 0.1μg/kg 单一暴露时，不能激发蚯蚓 GST 酶活力的有效响应 [图 3-7（d）]。

　　从图 3-7（e）分析发现，蚯蚓 GSH 含量可以对低浓度铜、多氯联苯单一以及它们的复合暴露做出有效生物响应，但与多氯联苯单一污染时相比，复合污染对 GST 酶活力增加有拮抗作用。

　　多氯联苯单一污染时，蚯蚓 MDA 含量在暴露浓度为 0.1μg/kg 时不能产生有效生物响应，但复合污染大大促进了 MDA 含量的有效响应，比 50mg/kg 铜单一暴露和 0.1μg/kg 多氯联苯单一暴露时的响应率分别增加了 4.2 倍和 3.2 倍。相关性分析发现（表 3-12），复合污染中多氯联苯浓度显著影响蚯蚓 MDA 含量的响应率变化。

　　铜、多氯联苯单一以及他们的复合污染对蚯蚓 EROD 酶都能产生有效生物刺激，复合污染对蚯蚓 EROD 酶活力增加表现为促进作用，但复合污染时多氯联苯浓度与蚯蚓 EROD 酶的生物响应率之间没有显著关系。

表 3-12　人工土壤试验中铜、多氯联苯复合污染时赤子爱胜蚓生理指标
与多氯联苯浓度的相关分析（样本数 $N=15$）

	总 SOD 酶	Cu-Zn SOD 酶	CAT 酶	GST 酶	GSH 含量	EROD 酶	MDA 含量
相关系数	0.599*	0.628*	0.636*	0.524*	0.571*	0.214	0.969**
p	0.018	0.012	0.011	0.045	0.026	0.443	0.001

　　* $p<0.05$；** $p<0.01$。

　　以上结果显示，铜与多氯联苯的复合污染对赤子爱胜蚓生理指标的影响不同，对 CAT 酶活力、GST 酶活力表现为促进作用，复合污染中多氯联苯的暴露浓度对 CAT 酶活力、GST 酶活力的生物响应率有显著影响。

二、废旧电容器污染农田土壤的微生物毒性

　　在陆地生态系统中，植物是第一生产者，土壤细菌则是有机物的分解者。根-土界面受污染物胁迫可能会导致植物根系分泌物增加或减少，从而影响根系细菌群落和数量的变化，使降解污染物的根际细菌群落和相对丰度产生较大变化。根际细菌是受植物影响最大的土壤细菌群体。因此作物生育期根际细菌群落变化将间接反映污染物与植物根系的相互作用。

　　变性梯度凝胶电泳法（denaturing gradient gel eletrophoresis，DGGE）是基于 16Sr DNA 保守性的核酸指纹技术，是一种菌群原位检测手段。DGGE 是通过核酸信息对细菌群落进行表征，比传统的菌种分离培养技术更快捷。DGGE 无须培养细菌就能有效分析环境样品中复杂细菌群落及其多样性，基本原理是长度相同而碱基组成不同的 DNA 序列在不同变性条件（如尿素浓度）下变性，在变性梯度凝胶上的特定位置形成谱带，谱带的变化代表了细菌菌群多样性和丰度的变化。

由于工业、农业和城市污染，土壤的一些持久性有机污染物如多氯联苯残留浓度不断增加，农作物质量安全受到威胁，但对于污染土壤胁迫下植物根系细菌的生态毒性研究还极少，这类研究工作的开展有利于揭示植物、细菌、土壤、污染物的相互作用关系。同时，也可为土壤污染物的植物-细菌联合修复技术提供有力的研究手段和科学基础。

本书选取 5 种多氯联苯、铜、镉复合污染土壤，通过土壤细菌总 DNA 提取、PCR 扩增及 DGGE 电泳，获得土壤细菌 16Sr DNA V3 可变区变化图谱，对污染土壤胁迫下的水稻根系细菌群落多样性变化进行分析，为应用分子生物学手段研究和评估污染条件下土壤细菌生态毒性、水稻根际细菌的影响提供理论依据。

1. 污染土壤水稻根际细菌的总 DNA 提取纯化

水稻根际土壤采自浙江台州污染区 FJS-01、FJS-02、FJS-03、FJS-04 和 FJS-05。这 5 种土壤中污染物的含量见表 3-13 和表 3-14。

采用 DNA 快速提取仪，直接从水稻根际土壤中提取细菌总 DNA，经 DNA 提取试剂盒回收后的琼脂糖电泳图谱如图 3-8 所示。

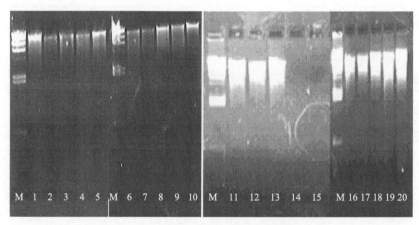

图 3-8　水稻根系细菌总 DNA 的琼脂糖电泳

M 分子量标准；1，2，3，4，5 代表未种植水稻前土壤样品；6，7，8，9，10 代表水稻苗期—拔节期其根系土壤样品；11，12，13，14，15 代表水稻拔节—抽穗期其根系土壤样品；16，17，18，19，20 代表水稻抽穗—成熟期其根系土壤样品

表 3-13　污染土壤中多氯联苯含量和毒性当量　　　　（单位：μg/kg）

同类物	土壤样品编号				
	FJS-01	FJS-02	FJS-03	FJS-04	FJS-05
PCB8	32.3±2.9	211.3±34.9	889.4±23.5	251.8±206.1	15.0±1.3
PCB18	26.3±2.0	791.5±84.7	ND	911.0±59.4	19.6±0.5
PCB28	8.9±1.9	40.2±1.5	284.7±8.9	288.3±10.9	5.6±0.6
PCB44	9.1±0.6	5.8±0.4	ND	15.4±4.6	2.6±0.9

续表

同类物	土壤样品编号				
	FJS-01	FJS-02	FJS-03	FJS-04	FJS-05
PCB52	5.9±0.4	13.5±2.8	ND	133.9±48.1	3.8±0.2
PCB66	4.4±0.4	16.2±0.9	148.0±8.6	7.3±2.7	3.1±0.6
PCB77	14.8±2.5	1.7±0.2	12.6±0.3	3.0±2.0	8.1±7.4
PCB81	35.3±2.0	9.2±0.4	156.3±7.9	11.4±0.3	24.9±1.0
PCB101	7.7±1.0	4.4±0.7	75.4±21.8	13.3±8.6	6.7±1.4
PCB105	1.4±0.3	ND	5.2±0.8	ND	1.6±2.6
PCB114	1.9±0.3	5.1±1.4	49.8±15.1	8.3±1.4	2.6±0.7
PCB118	2.2±0.7	ND	23.3±0.8	ND	3.2±1.1
PCB123	8.3±0.2	7.2±2.0	39.2±6.3	ND	5.2±1.4
PCB126	ND	ND	0.4±0.1	0.2±0.0	ND
PCB138	5.4±0.7	0.9±0.6	3.8±0.3	7.2±10.1	6.6±0.6
PCB153	2.3±0.3	ND	21.2±10.0	ND	2.8±0.4
PCB156	2.9±0.2	3.2±0.2	ND	ND	5.6±0.9
PCB157	2.8±0.3	3.6±0.4	5.4±0.0	2.5±2.2	9.6±1.7
PCB167	23.8±4.6	ND	ND	ND	ND
PCB169	ND	ND	ND	ND	ND
PCB170	10.3±0.7	ND	ND	ND	0.5±0.1
PCB180	ND	ND	ND	ND	ND
PCB187	5.0±0.6	ND	ND	ND	ND
PCB189	6.6±0.4	ND	ND	ND	ND
PCB195	ND	ND	ND	ND	ND
PCB200	5.1±0.0	ND	ND	ND	ND
$\sum$PCBs	222.4±7.2	1113.8±29.1	1714.7±17.9	1653.6±140.4	126.6±1.11
$\sum$TEQs$_{(98)}$	11.2	7.7	99.4	21.5	13.5

注：ND 表示未检出。

表 3-14　污染土重金属含量　　　　　　　（单位：mg/kg）

土壤样品编号	Cu	Zn	Pb	Cd	Cr	Ni
FJS-01	114.0	154.0	76.6	0.5	75.5	31.7
FJS-02	338.0	141.0	65.4	9.9	95.1	43.2
FJS-03	316.0	155.0	57.2	8.1	81.7	47.1
FJS-04	183.0	147.0	49.2	7.4	79.0	46.4
FJS-05	77.9	304.0	118.0	0.5	67.3	27.4

图谱分析结果显示（图 3-8）：未种植水稻和水稻发育较早期（苗期-拔节）时，水稻根际细菌总 DNA 表现出较好的带型；而水稻根际细菌总 DNA 在生长中期（拔节-抽穗）和生长后期（抽穗-成熟）呈现带型较宽，光密度值大的现象，但在代表 FJS-04 和 FJS-05 的 14 号、15 号泳道对水稻拔节-抽穗期的 DNA 提取没有体现。土壤细菌总 DNA 在带型和光密度上的差异，可能与水稻根际分泌物有关，因为水稻在生长旺盛期其根部会释放大量有机、无机分泌物，Lynch 和 Wipps（1990）将所有从根释放的物质定义为根际淀积，认为这些根际沉积物质可能会对根际细菌总 DNA 的提取产生影响。

2. 污染土壤水稻根际细菌 PCR 扩增产物的琼脂糖电泳

图 3-9 是污染土壤水稻根际细菌 16S rDNA V3 区的扩增结果。从图谱分析，土壤细菌总 DNA 质量和 PCR 反应条件较好，能够对目标区进行扩增反应，特别是 14 号、15 号泳道中也有 PCR 的目的条带出现，说明虽然 DNA 总量不足以在琼脂糖凝胶上形成明亮条带，但对 PCR 扩增是足够的。

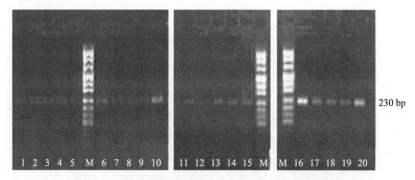

图 3-9　土壤水稻根际细菌 16S rDNA V3 区 PCR 扩增

M 分子量标准；1，2，3，4，5 代表未种植水稻前土壤样品；6，7，8，9，10 代表水稻苗期—拔节期其根系土壤样品；11，12，13，14，15 代表水稻拔节—抽穗期其根系土壤样品；16，17，18，19，20 代表水稻抽穗—成熟期其根系土壤样品

另外，在试验方法上值得一提的是，FastPrep DNA 提取仪可以快速提取土壤细菌总 DNA，琼脂糖电泳时拖尾现象严重，说明获得的 DNA 片段一致性较差，因此在进行 PCR 扩增时，非特异性扩增条带非常多，严重影响研究结果。因此，本书对 FastPrep DNA 提取物利用细菌提取试剂盒进行纯化，这样不仅可以获得片段长度一致的总 DNA，而且也有利于保证 PCR 反应模板的质量。

3. 污染土壤水稻根际细菌分子生态多样性的 DGGE 分析

扩增片段大小对 DGGE 分析影响较大，450～500bp 左右片段（V3～V5 区或 V6～V8 区）的分类信息相对更为丰富，但 200bp 左右的片段（V3 区）分离效果较好。图 3-10 是污染土壤水稻根际细菌 16S rDNA V3 区 PCR 产物的 DGGE 分析结果。

图谱显示，种植水稻前，污染土壤细菌分子生态多样性很低。FJS-02 和 FJS-03 土壤中典型污染多氯联苯和铜的含量较高，分别为 1113.8μg/kg、1714.7μg/kg 和

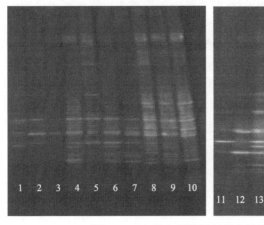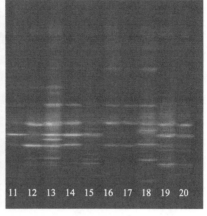

图 3-10　土壤水稻根际细菌变性梯度凝胶电泳

1，2，3，4，5 代表未种植水稻前土壤样品；6，7，8，9，10 代表水稻苗期—拔节期根际样品；11，12，13，14，15 代表水稻拔节—抽穗期根际样品；16，17，18，19，20 代表水稻抽穗—成熟期根际样品

338mg/kg、316mg/kg，并且还存在较严重的镉污染（9.88mg/kg 和 8.08mg/kg）。这两个污染土壤的细菌 DNA V3 区条带数目最少（2 号和 3 号泳道），说明土壤中的细菌群落多样性极低，土壤多氯联苯和铜、镉的复合污染可能引起了这两个土壤中细菌的生态毒性风险。FJS-04 土壤中也存在多氯联苯和铜、镉的复合污染，但污染程度略低，其土壤细菌 DNA V3 区的条带数目明显增加。

FJS-01 和 FJS-05 土壤样品的多氯联苯和铜、镉的含量相对较低，其土壤细菌 DNA V3 区条带数目和典型条带较为一致。综合以上分析，认为种植水稻前的土壤中，细菌多样性较为单一，污染物可能是土壤细菌生态毒性的主要作用因子。

污染土壤种植水稻后，明显刺激了土壤细菌分子生态多样性的增加，说明水稻在土壤、污染物、细菌之间起着重要作用。根据碳同位素示踪研究，禾谷类作物一生中，约有 30%～60%光合同化产物转移到地下部，其中 40%～90%以有机和无机分泌物形式释放到根际（Lynch and Wipps，1990）。根际细菌则是受植物影响最大的土壤细菌群体，与根外土壤比，可溶性根系分泌物为根际细菌提供了丰富的有效性碳源。

在水稻生育的苗期—拔节期，代表 FJS-03 的 8 号泳道，其 V3 区条带数目增加最多，显示其水稻根系分泌物对根际细菌有显著的刺激作用，这种作用可能是由根系分泌物直接产生的，也可能是由于根系有机酸类分泌物改变土壤 pH，从而对污染物或土壤其他因子产生影响的间接作用，需要更深入的研究工作证实。FJS-02 污染土壤在水稻苗期—拔节期的代表泳道为 7 号，也表现出与 FJS-03 相似的变化规律，证实了水稻根系对根际细菌生态多样性的促进作用。FJS-04 也是复合污染较为严重的土壤之一，从 9 号泳道可以发现，水稻根系对根际细菌的多样性也表现了促进作用，这个现象预示水稻根系分泌物对根际细菌多样性的影响可能是直接作用。代表 FJS-01 和 FJS-05 的 6 号和 7 号泳道，在种植水稻后，其根际细菌群落多样性也有较为显著的增加，FJS-05 中在一些种植水稻前的土壤细菌特异性条带消失的同时，也增加了一些新的条带，说明其细菌群落在构成上也发生了改变。

随着进入水稻的拔节-抽穗期，污染土壤根际细菌群落多样性总体表现为下降的趋势。多氯联苯和铜、镉污染严重的 FJS-02（12 号泳道）、FJS-03（13 号泳道）和 FJS-04（14 号泳道）水稻根系细菌群落多样性也比苗期—拔节期减少，其中 FJS-03 比其他两个样品群落的多样性丰富度要高；典型污染物程度相对较轻的 FJS-01（11 号泳道）、FJS-05（14 号泳道）和 FJS-03（15 号泳道）显示 V3 区条带数量也远远小于苗期—拔节期。可能原因是水稻从营养生长向生殖生长转化，其根系分泌物量减少，组分也发生了变化，碳水化合物减少，而一些植物次生代谢产物增加，可能会抑制根际细菌群落多样性的增加。

当水稻生长进入拔节—成熟期，根系细菌 16S rDNA V3 区的 DGGE 图谱与抽穗—拔节期变化相似，其群落生物多样性没有水稻生长旺盛时期丰富。水稻将光合产物以根系分泌物形式释放到土壤，供给土壤细菌碳源和能源；而细菌则将有机养分转化成无机养分，以利于水稻吸收利用。这种植物-细菌的相互作用维系或主宰了水稻生态系统的生态功能，水稻和细菌间的互惠作用，缓解了土壤污染对它们的毒害作用。

根际不仅分泌一般性有机物，而且可能产生特殊化合物，作为降解细菌的底物，促进降解细菌生长。Leigh 等（2002）通过实验室和温室根箱试验证实从树根释放的芳香类化合物可作为多氯联苯降解菌的底物，激发它们的生长，因此多年生植物土壤上，多氯联苯降解菌的丰度较高。

4. 水稻生育期不同污染土壤根际细菌群落多样性的相似性

表 3-15 是污染土壤和水稻根际细菌群落多样性的 Jaccard 指数分析结果，种植水稻前 5 个土壤样品细菌群落多样性的相似度在 16%～42%；种植水稻后根际细菌群落多样性相似度指数在 20%～55%，不同土壤和根际土壤样品中的细菌群落相关性较低，差异明显。污染土壤典型污染种类和含量上的差异，可能是细菌群落多样性间相似度较低的主要影响原因。

相对其他样品而言，污染土壤 FJS-01 和 FJS-02 在水稻种植前，及水稻各个生育阶段的根际细菌群落变化的相似程度略高（表 3-15）。随着水稻生育期延长，Jaccard 相似指数增加。结合 DGGE 图谱可以发现，这两个样品无论在水稻种植前，还是在水稻生育期，其土壤和水稻根际细菌群落构成都较为简单，说明这两个土壤样品中存在对群落多样性影响较大的污染物。FJS-01 土壤样品中含有多氯联苯和铜污染外，还含有较高浓度的多环芳烃（136.1μg/kg），还含有致癌物苯并［a］芘 5.85μg/kg；而 FJS-02 污染土壤中含有高浓度的多氯联苯（1113.8μg/kg）和铜（338mg/kg），另外还存在较高浓度的镉污染（9.88mg/kg），因此认为复合污染土壤对细菌群落多样性已经产生生态毒性效应，两个土壤中污染物种类和含量上存在的差异，导致它们的细菌群落相似性程度并不高。

段学军和闵航（2004）利用 PCR-DGGE 技术，研究了镉胁迫下稻田土壤细菌群落多样性，发现不同浓度镉胁迫下稻田土壤间的群落多样性的相似度在 47%～95%，认为土壤细菌群落多样性在镉浓度影响下有明显差异。张倩茹等（2004）研究了乙草胺-铜离子复合污染对黑土农田生态系统中土著细菌群落的影响，发现乙草胺-铜复合污染明显影响细菌群落结构，长期未施农药土壤、农药单一与复合污染土壤三者之间存在细菌群落的显著差异，并且乙草胺-铜复合污染土壤与长期施用农药土壤的相似系数为74.1%，认为具有较高相似性。以上报道都是利用 PCR-DGGE 技术对土壤细菌在污染胁迫下的群落变化研究，结果显示，土壤细菌的相似性指数要远远高于本书根际细菌的相似性指数，说明本书采用污染土壤样品中，污染物组成及污染物代谢物要比前人研究的土壤更为复杂，如此复杂污染物生态效应，是不能仅仅通过化学分析和传统细菌研究技术阐明的。

表 3-15　未种植水稻前土壤和水稻根际细菌群落的 Jaccard 指数相似性（单位：%）

样品名称	样品编号	样品编号				
		FJS-01	FJS-02	FJS-03	FJS-04	FJS-05
未种植水稻前土壤	FJS-01	100	42.85	16.67	16.67	27.27
	FJS-02		100	25.00	35.71	30.77
	FJS-03			100	6.25	9.10
	FJS-04				100	33.33
	FJS-05					100
苗期—拔节期	FJS-01	100	45.45	21.95	24.32	20.93
	FJS-02		100	16.28	24.32	20.93
	FJS-03			100	32.61	24.75
	FJS-04				100	22.22
	FJS-05					100
拔节—抽穗期	FJS-01	100	51.23	41.65	33.26	21.51
	FJS-02		100	21.34	23.25	25.62
	FJS-03			100	26.31	27.33
	FJS-04				100	24.54
	FJS-05					100
抽穗—成熟期	FJS-01	100	55.55	50.00	38.46	25.00
	FJS-02		100	45.45	45.45	44.44
	FJS-03			100	53.84	21.42
	FJS-04				100	54.54
	FJS-05					100

　　随着水稻生育期的延长，FJS-01 和 FJS-02 样品水稻根际细菌群落相似度增加，说明水稻根系分泌物对根际细菌群落多样性产生了较大影响。FJS-01 与 FJS-03、FJS-04相似性指数表现出与此类似的规律。研究发现沙漠野生植物的根际细菌种类比根外土壤多 1.5～3 倍；玉米根际离根 2 mm 土壤的细菌群体明显不同于 2 mm 以外土壤；高粱

根际根系有机酸分泌引起的土壤 pH 变化影响了细菌群体结构，表明根系分泌物对根际细菌群体结构和生态功能有很大影响。本书结果表明，水稻生育期，污染土壤细菌群落的多样性相似度指数的变化受到水稻根系分泌物的影响，但主要还是受到土壤污染物的影响。

研究细菌群落多样性在根际土壤中的变化，在了解污染土壤生态毒性方面具有更重要的意义，相似性指数可以作为判断污染土壤对土壤细菌和根际细菌群落多样性生态毒性效应影响的指标。而根际细菌群落多样性作为污染土壤生态毒性效应指示的生物标志物，仍需要开展大量的工作，包括土壤类型、污染物类型和含量、植物类型及根系分泌物种类和含量等因素对细菌群落多样性的不同影响，同时在群落多样性的检测和相似性表达方面也需要深入探讨。

第二节　废旧电容器污染农田土壤的生物遗传毒性

环境毒理学研究认为，无论污染对生态系统的影响多复杂或最终的影响如何严重，其开始必然是个体分子水平的损伤，由污染物引起的 DNA 完整性的结构变化是污染物暴露评价中的重要标志物（Sheirs et al.，2006），因此污染物对遗传物质损伤的检测是国际毒理学研究中的热点问题。

单细胞凝胶电泳试验（single cell gel electrophoresis，SCGE），又称彗星试验（comet assay），是检测真核细胞基因损伤的有效方法（Östling et al.，1987）。SCGE试验检测条件一般有中性和碱性两种，中性条件下只能检测 DNA 双链断裂，而在碱性电泳条件下则可分析 DNA 单、双链断裂以及碱性敏感位点的损伤（Cerda et al.，1997）。细胞核 DNA 在强碱溶液作用下变性、解旋，带负电荷的损伤 DNA 片断通过电场力的作用从核内向阳极伸展，每个损伤细胞内形成一个亮的荧光头部和尾部，形似彗星，其尾部 DNA 百分含量和尾长是表征基因损伤程度的良好指标。SCGE 试验在基因毒理学和环境遗传毒性监测等方面有着重要的应用价值（Lee et al.，2003；Collins，2004）。

本书将通过 SCGE 试验研究铜、多氯联苯暴露剂量对赤子爱胜蚓活体基因损伤的动态变化，评价尾部 DNA 含量和尾长作为蚓蚓活体基因损伤分析和定量表达敏感性指标的可行性，为重金属污染的基因毒理诊断和环境污染监测提供研究方法。

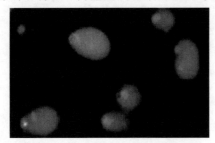

图 3-11　蚯蚓体腔细胞的碱性
SCGE 试验图像

1. 铜暴露对赤子爱胜蚓的遗传毒性

（1）纱布接触试验铜暴露对赤子爱胜蚓遗传指标的影响

图 3-11 是蚯蚓体腔细胞的碱性 SCGE 试验图像。SCGE 试验图像专用分析软件 Komet 5.5 可将细胞 DNA 的碱性 SCGE 试验图像数据转化为数字数据。由于数据的正态分布决定统计方法的应用，因此考察数据的分布特征对试验结果的

正确解析十分重要。利用 Lilliefors 检验对空白对照组和各处理组的尾部 DNA 百分含量和尾长数据进行正态分布检测，检测结果表明，空白对照组和不同铜暴露下蚯蚓体腔细胞碱性 SCGE 试验的 DNA 含量和尾长数据呈非正态分布（$p < 0.05$）。

有研究者（Moretti et al.，2002）认为由于实验结果的数值分布呈现非正态分布，DNA 受到严重损伤时，细胞的个体差异变大，尾部 DNA 百分含量和尾长会受到极大值的强烈影响，而箱图分析则不考虑极值和奇异值的影响。

纱布接触试验中，铜暴露浓度对蚯蚓体腔细胞的尾部 DNA 百分含量和尾长频数分布箱图分析结果，见图 3-12（a）～（d）和图 3-13（a）～（d）。矩形框是箱图的主体，上、中、下三线分别表示变量的 75％、50％和 25％的百分位数。除奇异值和极值以外的变量值称为本体值，上截至横线是变量值本体最大值，下截至横线是变量值本体最小值，50％的数据落在矩形框内。箱图显示，蚯蚓体腔细胞尾部 DNA 百分含量和尾长在数据频率分布上具有相似规律，均随着铜暴露浓度的增加而增加。

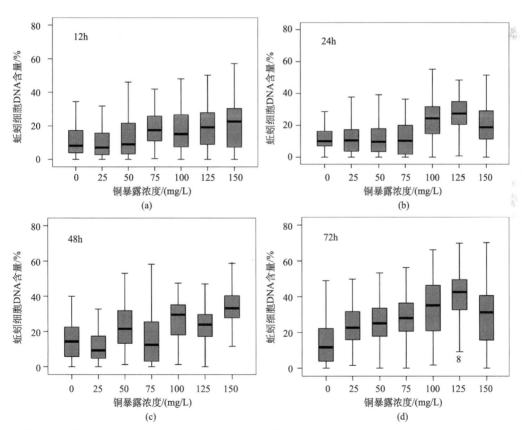

图 3-12　纱布接触试验铜暴露浓度对赤子爱胜蚓体腔细胞尾部 DNA 百分含量频率分布的影响

暴露期内（12h，24h，48h，72h），空白对照组蚯蚓体腔细胞尾部 DNA 平均百分含量在 11.04％～15.13％，尾长在 8.28～13.70μm，变化幅度小于处理组尾部 DNA 百分含量和尾长的变化。尾部 DNA 百分含量的最大值出现在铜浓度为 125mg/L 的处理

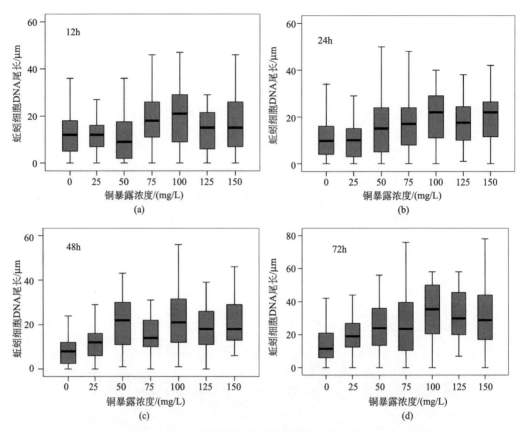

图 3-13　纱布接触试验铜暴露浓度对蚯蚓体腔细胞尾长频率分布的影响

组暴露 72h 时，为 41.44%；尾长最大值则出现在铜浓度为 100mg/L 的处理组暴露 72h 时，为 33.79μm。在相同暴露时间内，随铜暴露浓度升高，处理组蚯蚓体腔细胞的尾部 DNA 百分含量和尾长均呈上升趋势。这可能是由于环境铜浓度增加导致进入蚯蚓体内的铜浓度升高，而大量涌入体内的铜引起蚯蚓产生活性氧自由基从而造成基因损伤加剧。在相同铜暴露浓度下，随着暴露时间延长，处理组蚯蚓体腔细胞的尾部 DNA 百分含量和尾长也呈上升趋势。处理组蚯蚓体腔细胞的尾部 DNA 百分含量和尾长均在 72h 时达到最大值，说明蚯蚓抵抗铜造成基因损伤的能力随着暴露时间的延长而减弱。

蚯蚓暴露 12h 和 24h 时，铜浓度大于 75mg/L 以上的处理组尾部 DNA 百分含量显著高于对照组（$p < 0.05$），暴露时间延长到 48h 和 72h 时，25mg/L 铜处理组尾部 DNA 百分含量显著高于对照组（$p < 0.05$）。暴露时间内处理组尾长差异显著性比较结果与尾部 DNA 百分含量差异结果相似，但 50mg/L 铜处理组蚯蚓体腔细胞尾长在经过 24h 暴露后就与对照组尾长产生显著差异（$p < 0.05$），可能预示碱性 SCGE 试验检测低浓度铜对蚯蚓活体基因损伤时，细胞 DNA 尾长变化比尾部 DNA 百分含量变化更敏感。

表 3-16 为铜暴露浓度、尾部 DNA 百分含量、尾长间的 Spearman 非参数相关分析结果。从 12h、24h、48h 和 72h 的动态分析结果可以看出，铜浓度与尾部 DNA 百分含量和尾长之间都存在显著的正相关关系（$p < 0.01$），而铜浓度与尾部 DNA 百分含量的相关系数均高于铜浓度与尾长的相关系数（见表 3-16），说明铜浓度与尾部 DNA 百分含量、尾长存在良好的剂量效应关系。蚯蚓体腔细胞尾部 DNA 百分含量和尾长的相关系数分别为 0.533、0.535、0.498 和 0.593，不同暴露时间时其尾部 DNA 百分含量和尾长之间均呈显著正相关（$p < 0.01$）。

表 3-16　纱布接触试验铜暴露浓度、蚯蚓尾部 DNA 百分含量和尾长的相关性

暴露时间/h	Spearman 秩相关系数	暴露浓度	尾部 DNA 含量
12	暴露浓度		0.297 **
	尾长	0.158 **	0.533 **
24	暴露浓度		0.410 **
	尾长	0.293 **	0.535 **
48	暴露浓度		0.455 **
	尾长	0.379 **	0.498 **
72	暴露浓度		0.405 **
	尾长	0.346 **	0.593 **

** $p < 0.01$。

根据碱性 SCGE 试验的尾部 DNA 百分含量，可将基因损伤划分为 5 个等级（Møller，2006）。图 3-14 是铜暴露浓度和时间对蚯蚓体腔细胞基因损伤的等级评价结果。在铜浓度为 125mg/L 下暴露 72h 时，蚯蚓体腔细胞基因损伤达到 3 级，而最高铜暴露浓度 150mg/L 在相同暴露时间时，基因损伤程度为 2 级。其原因可能是 DNA 损伤修复和蚯蚓对铜的外排机制，当铜浓度较高时可能促使外排能力增加，从而使基因损伤程度降低（Ma，2005；Lukkari et al.，2004）。图 3-14 显示随着铜暴露浓度的增

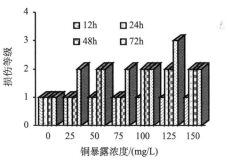

图 3-14　铜暴露浓度对蚯蚓体腔细胞的基因损伤分级

加，蚯蚓体腔细胞基因损伤程度加剧；而在相同铜暴露浓度下，随着暴露时间延长，蚯蚓体腔细胞基因损伤程度也逐渐增加。

（2）人工土壤试验铜暴露对赤子爱胜蚓遗传指标的影响

人工土壤试验中，铜暴露浓度对蚯蚓体腔细胞的尾部 DNA 百分含量和尾长频数分布箱图的分析结果，见图 3-15 (a)～(d) 和图 3-16 (a)～(d)。

暴露期内，空白对照组蚯蚓体腔细胞尾部 DNA 百分含量在 8.28%～21.44%，尾长在 9.50～22.15μm。暴露 28 天，400mg/kg 处理组蚯蚓的尾部 DNA 和尾长损伤值都

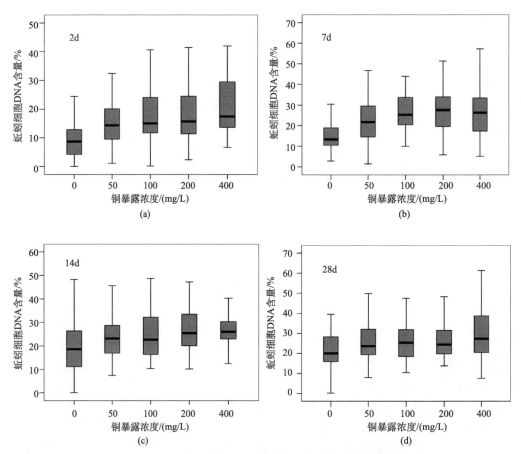

图 3-15　人工土壤试验铜暴露对赤子爱胜蚓体腔细胞
尾部 DNA 百分含量频率分布的影响

是最高的，分别为 28.10% 和 30.10μm。研究显示，铜处理组蚯蚓的尾部 DNA 含量和尾长与空白对照组无显著差异，这个研究结果与纱布暴露法不一致，原因可能与铜的有效态含量有关。

铜暴露浓度、尾部 DNA 百分含量、尾长间相关性分析结果（表 3-17）显示，暴露时间内，铜暴露浓度与尾部 DNA 百分含量和尾长之间都存在显著的正相关关系（$p < 0.01$），说明铜暴露浓度可以显著诱导蚯蚓细胞尾部 DNA 百分含量、尾长的增加，这两个 DNA 损伤指数可以作为铜污染物的生物标志物。

暴露 2 天时，人工土壤铜暴露浓度为 50mg/kg 时，蚯蚓细胞 DNA 损伤即可到 2 级（图 3-17），显示蚯蚓可对环境铜胁迫作出敏感响应，但这种响应没有随着铜暴露浓度增加而加大，可能与蚯蚓体内的抗氧化酶等防御机制启动有关。

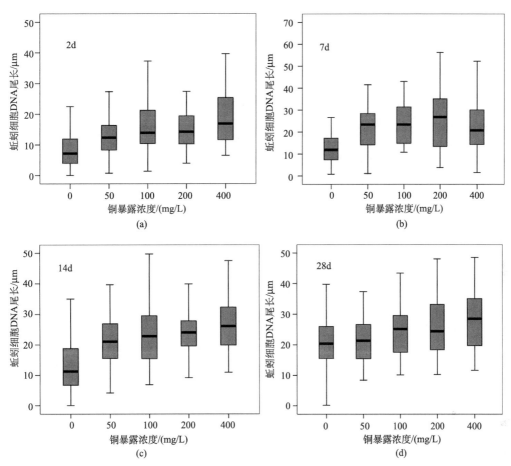

图 3-16　人工土壤试验铜暴露对赤子爱胜蚓体腔细胞尾部 DNA 百分含量频率分布的影响

表 3-17　人工土壤试验铜暴露浓度、蚯蚓尾部 DNA 百分含量和尾长的相关性

暴露时间/d	Spearman 秩相关系数	暴露浓度	尾部 DNA 含量
2	暴露浓度		0.402**
	尾长	0.434**	0.333**
7	暴露浓度		0.377**
	尾长	0.305**	0.396**
14	暴露浓度		0.274**
	尾长	0.445**	0.192**
28	暴露浓度		0.217**
	尾长	0.256**	0.227**

** $p < 0.01$。

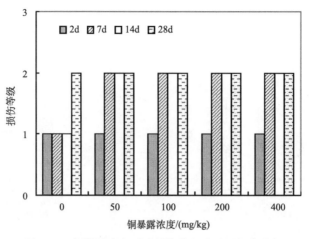

图 3-17　铜暴露浓度对蚯蚓体腔细胞基因损伤分级

2. 多氯联苯暴露对赤子爱胜蚓的遗传毒性

人工土壤试验中，多氯联苯暴露浓度对蚯蚓体腔细胞尾部 DNA 百分含量和尾长频数分布箱图的分析结果，见图 3-18（a）～（d）和图 3-19（a）～（d）。

随着多氯联苯暴露浓度的增加，处理组蚯蚓细胞尾部 DNA 百分含量和尾长增加。1μg/kg 处理组蚯蚓 DNA 损伤指标与空白对照组有显著差异（$p<0.01$），当人工土壤多氯联苯含量达到 1000μg/kg 时，尾部 DNA 百分含量和尾长在蚯蚓暴露 14 天时分别达到最高值，为 46.63％和 49.57μm。结果显示，赤子爱胜蚓对人工土壤多氯联苯污染的遗传损伤响应是极为敏感的。

多氯联苯暴露浓度、尾部 DNA 百分含量、尾长间相关性分析结果（表 3-18）显示，暴露时间内，多氯联苯暴露浓度与尾部 DNA 百分含量和尾长之间均存在显著的正相关关系（$p<0.01$），与铜暴露的研究结果一致。

表 3-18　人工土壤试验多氯联苯暴露浓度、尾部 DNA 百分含量和尾长的相关性

暴露时间/d	Spearman 秩相关系数	暴露浓度	尾部 DNA 含量
2	暴露浓度		0.682 **
	尾长	0.676 **	0.602 **
7	暴露浓度		0.655 **
	尾长	0.670 **	0.535 **
14	暴露浓度		0.628 **
	尾长	0.730 **	0.524 **
28	暴露浓度		0.460 **
	尾长	0.702 **	0.317 **

** $p<0.01$。

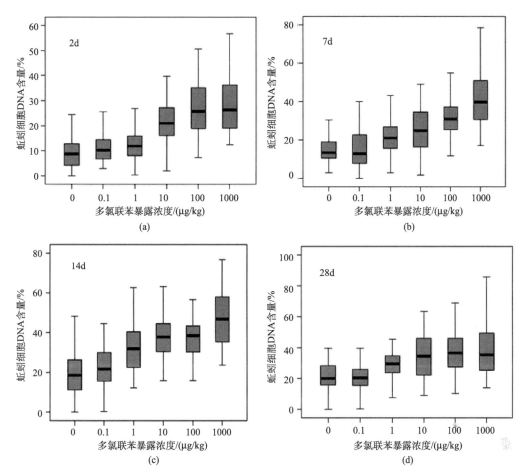

图 3-18　人工土壤试验多氯联苯暴露对赤子爱胜蚓体腔细胞尾部 DNA 百分含量频率分布的影响

　　图 3-20 是多氯联苯污染人工土壤对蚯蚓 DNA 损伤程度的等级。人工土壤多氯联苯暴露浓度为 0.1μg/kg 时，蚯蚓细胞 DNA 损伤在暴露 14 天可达到 2 级损伤，在最高暴露浓度下，蚯蚓细胞 DNA 损伤程度最高可达到 3 级。研究显示，蚯蚓遗传物质损伤指标，可以作为多氯联苯污染土壤遗传毒性指示的生物标志物。

3. 体内试验铜和多氯联苯复合暴露对赤子爱胜蚓的遗传毒性

　　人工土壤试验铜和多氯联苯复合暴露对蚯蚓体腔细胞的尾部 DNA 百分含量和尾长频数分布箱图分析结果，见图 3-21 （a）、（b）。在复合暴露下，蚯蚓尾部 DNA 百分含量比相同浓度多氯联苯单一暴露时的值高 1.02~1.32 倍，尾长则高出 3%~44%。研究显示，铜可以增强多氯联苯对蚯蚓 DNA 损伤的影响，复合污染表现为对蚯蚓遗传指标的加和作用，与其对生理指标的影响一致。

4. 体外试验铜、多氯联苯复合暴露对赤子爱胜蚓的遗传毒性

　　单细胞凝胶电泳技术是在细胞个体水平检测 DNA 链损伤的方法。由于这项技术还

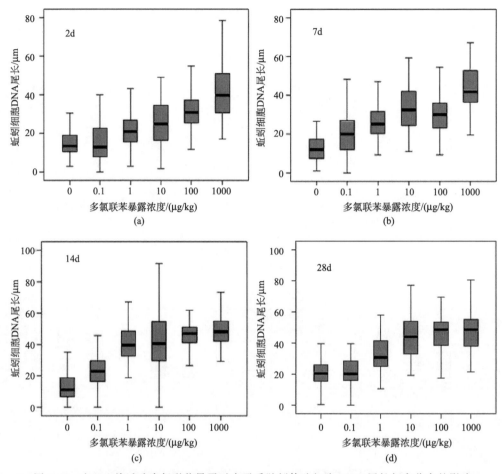

图 3-19　人工土壤试验多氯联苯暴露对赤子爱胜蚓体腔细胞 DNA 尾长频率分布的影响

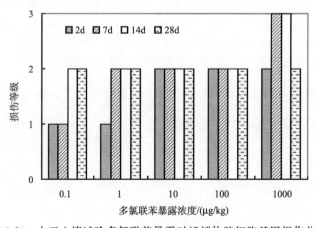

图 3-20　人工土壤试验多氯联苯暴露对蚯蚓体腔细胞基因损伤分级

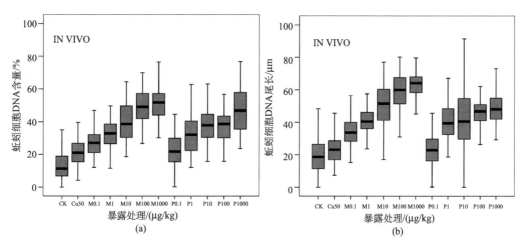

图 3-21　体内试验铜和多氯联苯复合暴露对赤子爱胜蚓细胞遗传损伤的影响

有许多难题亟待解决，如耗时较长、花费较高、蚯蚓种属差异对结果影响较大等，因此迄今为止，国内外蚯蚓单细胞凝胶电泳遗传损伤检测方面的研究极少。本书对蚯蚓体腔细胞单细胞凝胶电泳技术进行了改进，将传统的活体体内暴露，改为细胞体外暴露，通过细胞分类减少因细胞差异带来的试验误差，体外暴露缩短了试验时间，降低了试验成本。利用该技术对铜、多氯联苯单一以及它们的复合作用的遗传毒性进行了研究。

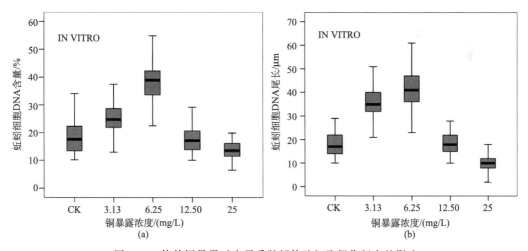

图 3-22　体外铜暴露对赤子爱胜蚓体腔细胞损伤频率的影响

图 3-22（a）、（b）是体外暴露试验，铜暴露浓度对蚯蚓细胞 DNA 损伤的频率分布。在体外暴露试验中，蚯蚓细胞对铜暴露浓度的敏感性大大提高，当暴露浓度为 3.13mg/L 时，蚯蚓细胞尾部 DNA 百分含量达到 36.24%，尾长为 25.54μm，显著高于对照组（$p < 0.05$）。随着暴露浓度增加，蚯蚓细胞尾部 DNA 百分含量和尾长在 6.25mg/L 铜暴露浓度处理组达到最高值，随后两个指标值下降。这种现象的原因是当

铜暴露浓度在 12.50mg/L 时，由于存在渗透压，蚯蚓细胞裂解而不能产生正常细胞的
DNA 彗星图像。

图 3-23 （a）、（b）是多氯联苯体外暴露对蚯蚓细胞 DNA 损伤的频率分布。多氯联
苯暴露浓度为 0.01μg/L 时，蚯蚓的 DNA 损伤与空白对照组没有显著差异。随着暴露
浓度增加，损伤程度增大，当多氯联苯浓度为 10μg/L 时，蚯蚓细胞尾部 DNA 百分含
量为 23.76％，尾长为 25.98μm，与铜暴露浓度为 3.13mg/L 时的损伤程度接近。

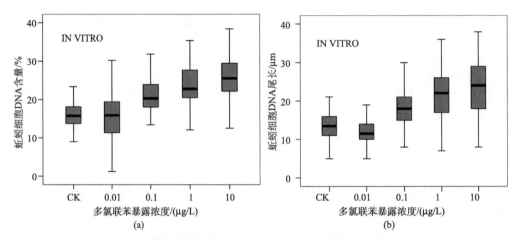

图 3-23　体外多氯联苯暴露对赤子爱胜蚓体腔细胞损伤频率的影响

体外试验铜和多氯联苯复合暴露对蚯蚓体腔细胞的尾部 DNA 百分含量和尾长频数
分布箱图分析结果，见图 3-24 （a）、（b）。在复合暴露下，蚯蚓尾部 DNA 百分含量比
相同浓度多氯联苯单一暴露时的损伤程度高，与体外试验结果一致。0.01μg/L 多氯联
苯同 3.13mg/L 铜共同作用时，蚯蚓尾部 DNA 百分含量比单一污染时高 2.04 倍，尾
长增加 2.47 倍；相同铜暴露浓度与 10μg/L 多氯联苯复合时，细胞收缩形变，不能获
得常规彗星状图像。

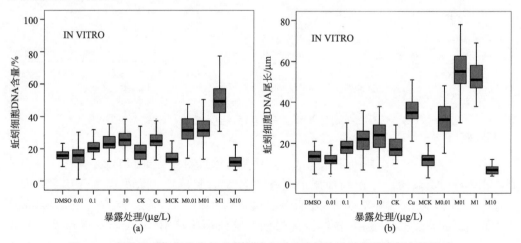

图 3-24　体外铜和多氯联苯复合暴露对赤子爱胜蚓体腔细胞损伤频率的影响

第三节　废旧电容器污染农田土壤的生态毒性效应评价

土壤生态毒性效应评价包括两个方面，土壤生境功能评价（Soil Habitat Function Assessment）和土壤滞留功能评价（Soil Retention Function Assessment）（Debus and Hund，1997）。土壤生境功能评价可以通过土壤生物如蚯蚓进行评价，评价结果可直接反映污染物对土壤生物生存环境的影响；土壤滞留功能可以通过不同土壤提取物进行研究，主要反映污染土壤通过淋溶、渗漏等方式对地下水及水生生物造成的威胁（Haque and Ebing 1988；Haeseler et al.，1999；Wesp et al.，2000）。本节将从土壤生境功能和土壤滞留功能两个方面入手，对典型区土壤的生态风险进行较为全面的毒性评价，同时也对污染农田土壤的灌溉水进行生物毒性评价，从而揭示污染物在土壤和水体中的迁移毒性风险。

蚯蚓作为土壤无脊椎动物的代表，与土壤中污染物密切接触，可利用其在分子水平产生的反应，对污染物的生态风险进行预测。利用这些生物标志物监测和评价污染土壤环境质量，不仅可为保护整个土壤生物区系，提供一个相对安全的污染物浓度阈值（Burrows and Edwards，2002），而且对污染物慢性毒性的长期生物监测和生态风险预警具有重要意义。土壤的滞留功能评价主要是通过微生物毒性试验进行。微生物试验具有反应灵敏，费用低廉，可快速检出污染土壤潜在的综合生物毒性的优点（Baun et al.，1999）。明亮发光菌试验（Luminescence Bacterium Test，LBT）和艾姆斯试验（Ames Test）、SOS/umu 荧光检测试验（SOS/umu Fluorescence Test）是最主要的生态和遗传毒性检测方法。

一、典型污染区土壤生境功能评价

1. 典型污染区土壤对原位和离位蚯蚓生理生物标志物的影响

表 3-19 是背暗异唇蚓和赤子爱胜蚓在污染土壤的原位（FJE）和离位（FJSE）暴露下生理标志物的变化。赤子爱胜蚓的总 SOD 酶活力、CAT 酶活力、GST 酶活力，以及 GSH 含量和 MDA 含量可以作为铜污染的敏感生物标志物；SOD 酶活力、CAT 酶活力、GST 酶活力、EROD 酶活力和 GSH 含量、MDA 含量变化都可作为多氯联苯的生物标志物；铜与多氯联苯的复合作用对这些生物标志物具有加和作用。本节污染土壤生境功能的评价选择这些生物标志物作为检测指标，Debus 和 Hund（1997）认为生物指标值发生 30% 的含量变化时可认为是污染物的有效作用，因此将 30% 的生物标志物变化量作为污染土壤的生物毒性评价阈值，生理标志物超过阈值的视为阳性反应。

表 3-19 分析了原位暴露污染土壤对背暗异唇蚓的生理影响，研究显示，污染土壤对蚯蚓的各种抗氧化酶、细胞色素 P450 都产生刺激作用，多项蚯蚓生理标准物的阳性反应说明污染物对土壤生境功能造成了威胁，但目标污染物对这些生物标志物变化的贡

表 3-19　原位暴露试验背暗异唇蚓生理标志物对污染土壤毒性评价

样品编号	污染物名称	总 SOD	Cu-Zn SOD	CAT	GST	EROD	GSH 含量	MDA 含量
FJE-04		−	+	+	−	+	+	−
FJE-05		+	+	+	+	+	+	−
FJE-06		−	+	−	+	+	+	−
	Cu	$R=-0.698^*$ $p=0.012$	$R=-0.541$ $p=0.069$	$R=0.640$ $p=0.025$	$R=0.200$ $p=0.533$	$R=0.019$ $p=0.952$	$R=-0.030$ $p=0.927$	$R=0.009$ $p=0.977$
	PCB	$R=-0.684^*$ $p=0.014$	$R=-0.443$ $p=0.149$	$R=0.742$ $p=0.006$	$R=0.296$ $p=0.350$	$R=-0.126$ $p=0.695$	$R=-0.142$ $p=0.659$	$R=-0.101$ $p=0.755$

注：＋为阳性反应；—为阴性反应。

献率不大。生物标志物的优点在于可以对环境污染、污染物代谢产物、环境因子等因素的综合作用做出响应。典型区污染土壤对背暗异唇蚓的生理标志物的阳性反应，显示典型区污染土壤具有生态毒性，这种生态毒性是包括典型污染物在内的各种环境因素的综合结果。

　　表 3-20 的离位暴露评价结果与原位结果相似，污染物对土壤生境具有生态风险。以上研究结果显示，虽然污染土壤的目标污染物铜、多氯联苯化学含量值有显著差异，但这些污染土壤都具有较高的生态毒性风险。一般认为，污染物在环境中存在复杂的加和、拮抗作用，这些污染物还可以通过在环境中分解、转化或生物体内的代谢而产生毒性更大的物质，因此生物标志物可以对这些综合毒性效应进行指示。

表 3-20　离位暴露试验赤子爱胜蚓生理标志物对污染土壤毒性评价

样品编号	污染物名称	总 SOD	Cu-Zn SOD	CAT	GST	EROD	GSH 含量	MDA 含量
FJSE-01		+	+	−	+	+	+	−
FJSE-02		+	−	+	+	−	+	+
FJSE-03		+	+	−	+	−	+	+
FJSE-04		+	−	−	−	−	−	−
FJSE-05		+	−	−	−	−	−	+
FJSE-06		−	−	+	+	+	+	+
	Cu	$R=-0.041$ $p=0.871$	$R=-0.257$ $p=0.302$	$R=-0.174$ $p=0.491$	$R=0.017$ $p=0.947$	$R=-0.206$ $p=0.228$	$R=-0.650$ $p=0.003$	$R=0.052$ $p=0.981$
	PCB	$R=0.031$ $p=0.903$	$R=-0.116$ $p=0.647$	$R=-0.297$ $p=0.232$	$R=0.114$ $p=0.653$	$R=0.299$ $p=0.228$	$R=-0.754$ $p<0.001$	$R=0.006$ $p=0.981$

注：＋为阳性反应；—为阴性反应。

2. 典型污染区土壤对原位和离位蚯蚓遗传生物标志物的影响

图 3-25 是原位（FJE）暴露和离位（FJSE）暴露下，污染土壤对蚯蚓体腔细胞

DNA 损伤的影响，离位暴露试验蚯蚓的 DNA 损伤程度要高于原位暴露。原位暴露试验，背暗异唇蚓细胞 DNA 的损伤程度均为轻度损伤，显示污染土壤蚯蚓的长期暴露，一方面可能与污染物的老化效应有关；另一方面可能会使蚯蚓产生生物抗性以适应污染物的胁迫。Martin 等（2005）研究了苯并［a］芘暴露 24h 和 7 天后，对蚯蚓（*Aporrectodea longa*）造成的 DNA 单链损伤，结果显示暴露 24h，苯并［a］芘的浓度与蚯蚓 DNA 损伤有显著的剂量效应关系；但暴露 7 天，蚯蚓即出现对苯并［a］芘的抗性。

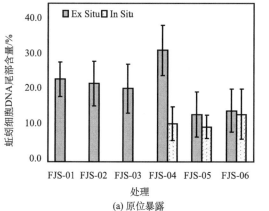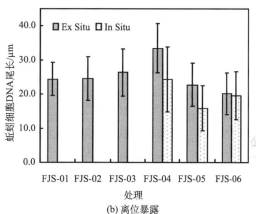

图 3-25　污染土壤原位暴露和离位暴露对蚯蚓遗传标志物的影响

离位试验中，赤子爱胜蚓的遗传生物标志物对污染土壤表现出敏感的指示作用，FJSE-1，FJSE-02，FJSE-03 和 FJSE-04 处理的赤子爱胜蚓损伤程度达到中度，FJSE-05 和 FJSE-06 为轻度损伤。赤子爱胜蚓细胞 DNA 尾部百分含量、尾长均与土壤多氯联苯含量存在显著的正相关性（$p < 0.05$），相关系数分别为 0.670（$p < 0.001$）和 0.759（$p < 0.001$），可以认为土壤多氯联苯是影响蚯蚓细胞 DNA 损伤的主要因素。

二、典型污染区土壤滞留功能评价

土壤污染将通过淋溶、渗透作用向地下迁移，通过测定土壤浸提液的生态和遗传毒性，可以反映土壤污染对地下水的潜在风险。标准的土壤浸提方法应满足：①能测定污染物的可移动组分（污染物对地下水的急性毒性暴露）；②能测定浸提液中污染物的生物可利用部分及污染物的危害潜势（潜在风险暴露）。

土壤提取液和稻田上覆水中致突变、致癌的污染物含量低，成分复杂，若分门别类地逐一进行化学分析，不仅技术上困难、工作量大，而且难于反映总的有害作用，微生物试验可以对土壤提取液和稻田上覆水的生态和遗传毒性进行灵敏反映。

1. 典型污染区土壤滞留毒性的明亮发光菌试验

表 3-21 显示来自 6 个不同污染程度土壤的水提取液样品均对发光菌有毒性效应。Bulich（1982）采用发光细菌法的测定结果和鱼类、蚤类急性毒性试验结果相比较，提

出了 3 个毒性比较方法标准：①有毒/无毒；②对数等级；③百分数等级。本书在急性毒性测定中，以百分含量作为浓度等级，因此选择百分数等级作为评价标准。多氯联苯、铜、镉污染较严重的 FJS-03 和 FJS-04 土壤样品，其水提取液的急性毒性达到中毒程度，虽然 FJS-01 土壤的目标污染物含量相对较低，但其土壤水提取液的毒性强度也较高，说明该土壤中有未知的、水溶性较高的污染物存在。

表 3-21　土壤水提取液生态毒性的明亮发光菌（Luminescence Bacterium Test，LBT）试验评价

样品编号	回归分析				EC_{50}	毒性等级
	方程	R	F	p		
FJS-01	$T=140.108-1.221C$	0.870	40.499	<0.001	73	中毒
FJS-02	$T=155.069-1.375C$	0.961	155.814	<0.001	76	微毒
FJS-03	$T=109.562-1.082C$	0.983	369.823	<0.001	55	中毒
FJS-04	$T=110.941-1.086C$	0.989	566.978	<0.001	55	中毒
FJS-05	$T=215.375-1.686C$	0.706	14.886	0.002	98	微毒
FJS-06	$T=263.563-2.520C$	0.956	139.524	<0.001	84	微毒

注：T 表示相对发光率；C 为倍比稀释度。

研究土壤中多氯联苯的含量较高，其在水中的溶解度可能会在某些情况下增大，从而通过淋溶或渗漏危害地下水，因此利用有机溶剂提取土壤中有机污染物，作为潜在风险的评价，对保护生态安全是有必要的。图 3-26 显示了污染土壤二氯甲烷提取液对发光菌的生态毒性。

根据土壤二氯甲烷提取液的倍比稀释度与相对发光强度之间的剂量效应曲线，确定了土壤样品有效生物毒性稀释度（GL），GL 值表示可引起 20% 或 20% 以下发光抑制率的样品稀释度，GL 值越大样品毒性越大。FJS-01～FJS-06 的 GL 值分别为 7.54，6.03，8.21，6.20，5.35，4.26，其中多氯联苯含量最高的 FJS-03 其 GL 值最高，而 FJS-01 的 GL 值也较高，与土壤水提取液的研究结果相似，因此认为该样品中存在未知的污染物，该污染物具有对明亮发光菌的生态毒性。

2. 典型污染区土壤滞留毒性的大肠杆菌紧急修复试验

Escherichia coli 会在 DNA 大范围受损，复制受抑制情况下，产生一种易错修复（error prone repair）功能，称为 SOS 修复（Little and Mount，1982）。SOS/umu 测试系统正是基于 DNA 损伤物诱导 SOS 反应而表达 umuC 基因的能力而在 *E.coli* 中插入 umuC'-'lacZ 融合子基因而构建的。为了检测潜在的突变剂和评价它们对 DNA 损伤的影响能力，设计了 DNA 损伤剂对 umuC'-'lacZ 融合子基因诱导量检测的 umu 试验系统，*E.coli* pSK（lac，trp）-EGFP-RecA' 是携带有绿色荧光蛋白基因的 SOS/umu 检测系统。前人研究认为 SOS/umu 试验适合评价复杂环境样品和各种混合物质的综合潜在遗传毒性（Rao et al.，1995；Guiliani et al.，1996），由于该试验费用更低廉，因此在环境样品的检测中具有广泛应用价值（Baun et al.，1999；Kubátová et al.，

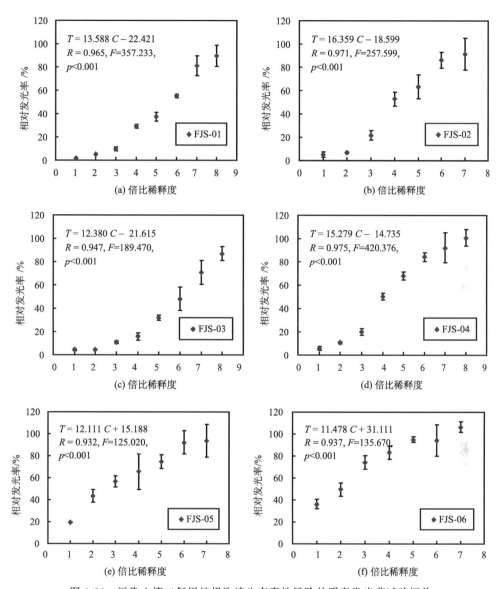

图 3-26　污染土壤二氯甲烷提取液生态毒性风险的明亮发光菌试验评价

2006）。

　　R 值由德国标准所（DIN）和国际标准组织（ISO）制定，实质是从统计意义上描述的一个与背景比较有显著差异的量。污染土壤水粗提液的 SOS/umu 试验评价结果显示所有样品均为阴性反应，对土壤水粗提液样品进行浓缩后，相对荧光值 R 比粗提液升高，但检测结果仍然为阴性（表 3-22）。由于土壤环境极为复杂，含量极低的污染物质也有可能被浓缩，因此检测土壤水提取液的浓缩液遗传毒性是潜在风险预测必需的，认为浓缩 15 倍可以较为可靠的评价水提取液的潜在风险（Eisentraeger et al.，2005）。

表 3-22　土壤水提取液遗传毒性风险的 SOS/umu 评价

样品编号	粗提液浓度/%					浓缩液浓度/%				
	95	75	50	25	10	95	75	50	25	10
FJS-01	0.9[a]	0.9	1.0	1.0	0.9	1.4	1.4	1.4	1.4	1.4
FJS-02	1.0	1.2	1.0	1.0	1.1	1.4	1.5	1.4	1.4	1.4
FJS-03	1.0	0.9	0.9	0.9	0.9	1.4	1.4	1.4	1.5	1.4
FJS-04	0.9	0.9	1.1	1.1	1.0	1.4	1.5	1.4	1.4	1.5
FJS-05	1.0	0.9	0.9	0.9	0.9	1.4	1.4	1.4	1.5	1.4
FJS-06	1.0	0.9	1.1	1.1	1.1	1.5	1.5	1.4	1.4	1.4
空白对照（H₂O）	2.5±0.1					4.5±0.1				
阳性对照 NaN₃（25ng/ml）	21.8±0.7					27.7±1.1				

注：a. 相对发光强度值（R）。下同。

但污染土壤二氯甲烷提取液的检测结果显示（表 3-23），FJS-02、FJS-03 和 FJS-04 的 R 值连续 3 个倍比稀释度都大于 2，结果为阳性；其中 FJS-04 的最大稀释度值为 6，毒性最强，而其他 2 个样品的毒性强度接近，与土壤中多氯联苯的含量一致，因此认为土壤二氯甲烷提取液中导致 SOS/umu 遗传阳性的物质是多氯联苯。SOS/umu 试验结果显示，污染土壤对地下水系统有潜在的遗传风险，其中 FJS-02、FJS-03 和 FJS-04 的潜在遗传风险较大；由于复合污染中的遗传物质种类和组成并不相同，所引起 SOS/umu 反应的剂量效应关系斜率不同，R 值并不能准确反映土壤的相对遗传毒性大小，同时考虑到不同的遗传毒性检测终点，德国标准所（DIN）和国际标准化组织（ISO）认为当 SOS/umu 试验结果为阴性时，有必要对样品进行艾姆斯试验（Ames Test）检测。

表 3-23　污染土壤二氯甲烷提取液遗传毒性的 SOS/umu 评价

样品编号	倍比稀释度							
	1	2	3	4	5	6	7	8
FJS-01	2.2	2.1	2.0	1.9	1.7	1.6	1.7	1.4
FJS-02	2.5	2.2	2.1	1.9	1.8	1.5	1.6	1.3
FJS-03	2.6	2.4	2.2	2.0	1.9	1.8	1.6	1.4
FJS-04	3.3	2.9	2.4	2.3	2.1	2.1	1.7	1.6
FJS-05	1.3	1.3	1.3	1.0	0.9	0.9	0.9	0.9
FJS-06	1.4	1.3	1.4	1.2	1.2	1.0	1.0	0.9
空白对照（DMSO）	2.5±0.0							
阳性对照 NaN₃（25ng/ml）	21.7±0.7							

3. 典型污染区土壤滞留毒性的沙门氏菌回复突变试验

沙门氏菌回复突变试验的具体步骤如下：先将提取液稀释为系列浓度后，分装到96孔板中，然后接种组氨酸缺陷型菌株鼠伤寒沙门氏菌（*Salmonella typhimurium*）TA100 于 96 孔板，37℃培养 5 天，统计回复突变反应数。每稀释度重复 3 次。空白对照：无菌水和无菌水稀释液；阳性对照：NaN$_3$（25ng/ml）和 B［a］P（0.4μg/ml）。阳性阀值为阳性对照值的 2 倍。阳性反应条件为连续 3 个稀释度大于阳性阈值，且供试样品浓度与突变菌落数存在显著剂量效应关系。

Ames 试验阳性结果的评价标准是：连续 3 个暴露浓度的突变数大于自发突变数的 2 倍，且暴露浓度与突变数存在剂量效应关系。表 3-24 结果显示，污染土壤水粗提液对 *Salmonella typhimurium* TA100 的回复突变在阳性阈值之下，说明粗提液中致突变物质的含量较低。

表 3-25 是污染土壤水提取浓缩液的遗传毒性 Ames 试验评价结果。不加 S9（某些前体致突变物的活化酶）的 Ames 试验中，除 FJS-04 外，所有样品结果都呈阳性；而加 S9 的试验中，FJS-02 结果为阴性，其余均为阳性。结果显示，土壤水提取液含有致突变物质，对生态系统具有潜在威胁。不加 S9 的试验中样品的致突变数受到样品浓度、样品来源和样品浓度交互作用的影响；而加 S9 的试验中样品的致突变能力受到样品来源、样品浓度及两者的交互作用的共同影响。

表 3-26 结果显示，所有污染土壤的二氯甲烷提取液都具有遗传毒性风险。不加 S9 试验中，阳性突变的倍比稀释度最大值为 8，出现在 FJS-04 和 FJS-05；加 S9 试验中，FJS-02 的阳性突变倍比稀释度最大值为 9。其中 FJS-04 和 FJS-05 样品中的多氯联苯含量远远低于 FJS-02，说明 FJS-04 和 FJS-05 中含有直接致突变物量较高，而后者则含有较高量的前体致突变物，这些突变物或前体突变物可能是除了多氯联苯以外的其他物质，前面的研究中也发现该污染区土壤中至少还存在多环芳烃污染物，这类污染物很多具有较强的致突变、致癌活性。

Ames 试验研究还发现，FJS-04、FJS-05 和 FJS-06 在加有 S9 体外活化酶的试验中，阳性突变最小稀释度小于不加 S9 的试验结果，说明某具有致突变能力的物质可在 S9 的代谢作用下毒性减弱，预示污染物进入生物体内可能会通过解毒酶的作用降低毒性。然而，FJS-01、FJS-02 和 FJS-03 的研究结果恰好相反，此 3 个污染土壤中具有的污染物经过生物代谢后会产生更大的毒性。

三、典型污染区稻田上覆水的生态和遗传毒性

1. 典型污染区稻田上覆水的明亮发光菌试验

农田灌溉水是土壤污染物质的可能来源，同时也是土壤污染物质的扩散途径之一，因此评价污染农田土壤灌溉水的生态和遗传毒性，在土壤污染物的横向传播途径上有重要意义。

表 3-24　污染土壤水粗提取液遗传毒性的艾姆斯（Ames）试验评价

项目	−S9						+S9					
	FJS-01	FJS-02	FJS-03	FJS-04	FJS-05	FJS-06	FJS-01	FJS-02	FJS-03	FJS-04	FJS-05	FJS-06
5	14±3	14±2	12±1	13±1	23±1*	14±4	7±3	9±1	14±3	15±1	8±1	15±0
25	15±0	15±3	15±1	15±1	13±3	14±1	11±1	15±1	22±4	20±2	17±4	12±2
50	14±1	13±1	13±3	15±0	14±3	13±1	15±6	20±4	16±1	17±1	24±4	20±6
75	14±2	14±1	14±1	14±0	13±1	16±4	15±1	13±6	30±8	11±3	18±3	19±1
87.5	15±1	16±1	14±1	13±3	15±1	18±2	13±6	10±2	24±6	14±6	26±5	19±8
回归分析	$R^2=0.095$, $F=2.16$, $p=0.172$	$R^2=0.241$, $F=4.49$, $p=0.060$	$R^2=0.225$, $F=3.70$, $p=0.083$	$R^2=0.122$, $F=2.53$, $p=0.143$	$R^2=0.073$, $F=1.87$, $p=0.202$	$R^2=0.092$, $F=0.07$, $p=0.793$	$R^2=0.109$, $F=2.35$, $p=0.157$	$R^2=0.099$, $F=0.01$, $p=0.914$	$R^2=0.416$, $F=8.84$, $p=0.014$	$R^2=0.027$, $F=0.71$, $p=0.419$	$R^2=0.539$, $F=13.89$, $p=0.004$	$R^2=0.219$, $F=4.08$, $p=0.071$
阴性对照（H_2O）	9±2						13±3					
阳性对照	65±6（NaN_3）						82±5（B［a］P）					
无菌对照	0						0					
阳性阈值	18						26					
样品来源	$F=1.05$, $p=0.403$, df=5						$F=5.88$, $p<0.001$, df=5					
样品浓度	$F=18.89$, $p<0.001$, df=5						$F=6.66$, $p<0.001$, df=5					
来源×浓度	$F=2.01$, $p=0.028$, df=25						$F=2.30$, $p=0.011$, df=25					

注：a. 阳性阈值为阴性对照突变数的 2 倍；b. 样品来源对突变数影响的方差分析；c. 样品浓度对突变数影响的方差分析；d. 样品来源和样品浓度交互作用对突变数影响的方差分析。

表 3-25　污染土壤浓缩液遗传毒性的艾姆斯（Ames）试验评价

项目	−S9						+S9					
	FJS-01	FJS-02	FJS-03	FJS-04	FJS-05	FJS-06	FJS-01	FJS-02	FJS-03	FJS-04	FJS-05	FJS-06
5	7±1	9±1	13±4	15±1	10±4	12±4	16±4	17±4	18±3	22±4	18±2	17±5
25	17±1	13±6	15±4	16±5	21±4*	18±0*	22±4	20±4	30±2*	33±1*	28±1*	25±8
50	20±6*	18±4*	24±1*	16±3	20±6*	25±1*	36±4*	20±6	42±4*	33±9*	37±1*	28±2*
75	27±3*	21±3*	22±4*	27±1*	20±1*	22±5*	49±9*	30±8*	51±3*	45±8*	50±1*	30±3*
87.5	23±6*	30±2*	32±4*	28±5*	27±4*	25±1*	52±10*	25±3	61±2*	54±4*	53±7*	41±3*
回归分析	$R^2=0.752$, $F=34.33$, $p<0.001$	$R^2=0.840$, $F=58.63$, $p<0.001$	$R^2=0.781$, $F=40.28$, $p<0.001$	$R^2=0.752$, $F=34.36$, $p<0.001$	$R^2=0.649$, $F=21.30$, $p=0.001$	$R^2=0.702$, $F=26.87$, $p<0.001$	$R^2=0.908$, $F=106.49$, $p<0.001$	$R^2=0.543$, $F=14.05$, $p=0.004$	$R^2=0.975$, $F=426.72$, $p<0.001$	$R^2=0.856$, $F=66.49$, $p<0.001$	$R^2=0.965$, $F=302.37$, $p<0.001$	$R^2=0.786$, $F=41.39$, $p<0.001$
阴性对照（H_2O）	9±2						13±3					
阳性对照	65±6（NaN_3）						82±5（B [a] P）					
无菌对照	0						0					
阳性阈值	18						26					
样品来源	$F=0.80$, $p=0.555$, df=5						$F=18.46$, $p<0.001$, df=5					
样品浓度	$F=55.44$, $p<0.001$, df=5						$F=106.57$, $p<0.001$, df=5					
来源×浓度	$F=1.48$, $p=0.140$, df=25						$F=3.05$, $p=0.0/1$, df=25					

注：a. 阳性阈值为阴性对照突变数的 2 倍；b. 样品来源对突变数影响的方差分析；c. 样品浓度对突变数影响的方差分析；d. 样品来源和样品浓度交互作用对突变数影响的方差分析。
* 突变数大于阳性阈值。

表 3-26　污染土壤二氯甲烷提取液遗传毒性的艾姆斯（Ames）试验评价ᵃ

项目	−S9						+S9					
	FJS-01	FJS-02	FJS-03	FJS-04	FJS-05	FJS-06	FJS-01	FJS-02	FJS-03	FJS-04	FJS-05	FJS-06
10	17±6	19±5	32±6	21±7	30±3	15±1	27±3	30±4	27±4	20±1	18±2	30±6
9	21±6	23±6	35±6	34±8	29±6	24±6	37±4	56±3*	33±4	32±4	25±1	38±6
8	26±6	25±2	33±5	55±5*	43±5*	36±3	27±1	73±5*	51±3*	43±17	27±4	66±2*
7	31±4	32±6	39±7	52±13*	47±3*	55±8*	34±1	74±1*	63±16*	46±4	35±2	54±7*
6	42±6*	45±1*	51±4*	69±4*	57±4*	53±2*	54±8*	73±17*	74±8*	57±4*	54±8*	53±9*
5	36±11	50±11*	67±13*	43±4*	53±7*	41±4	67±4*	72±6*	80±4*	65±6*	63±2*	69±9*
34	37±1	73±18*	52±4*	61±16*	70±6*	47±16*	64±25*	81±4*	81±4*	68±6*	70±8*	70±1*
2	46±6*	47±1*	72±8*	85±4*	82±8*	52±6*	55±17*	91±1*	87±6*	81±6*	75±17*	68±8*
1	55±1*	82±11*	90±8*	89±6*	71±10*	66±11*	54±6*	94±1*	96±0*	96±0*	81±4*	72±11*
0	62±8*	79±7*	93±4*	95±2*	76±7*	79±5*	67±6*	96±0*	96±0*	96±0*	83±9*	78±4*
回归分析	$R^2=0.63$, $F=32.93$, $p<0.001$	$R^2=0.50$, $F=19.78$, $p<0.001$	$R^2=0.67$, $F=38.88$, $p<0.001$	$R^2=0.52$, $F=21.89$, $p<0.001$	$R^2=0.37$, $F=12.27$, $p=0.003$	$R^2=0.54$, $F=22.96$, $p<0.001$	$R^2=0.21$, $F=5.91$, $p=0.020$	$R^2=0.36$, $F=11.89$, $p=0.003$	$R^2=0.39$, $F=13.35$, $p=0.002$	$R^2=0.58$, $F=27.26$, $p<0.001$	$R^2=0.46$, $F=16.92$, $p=0.001$	$R^2=0.31$, $F=9.37$, $p=0.007$
阴性对照（H_2O）			21±6						24±4			
阳性对照			65±6（NaN_3）						82±5（B[a]P）			
无菌对照			0						0			
阳性阈值			42						48			
样品来源			$F=26.56$, $p<0.001$, df=5						$F=31.62$, $p<0.001$, df=5			
样品浓度			$F=83.28$, $p<0.001$, df=9						$F=85.86$, $p<0.001$, df=9			
来源×浓度			$F=2.76$, $p<0.001$, df=45						$F=2.55$, $p<0.001$, df=45			

注：a. 以二氯甲烷提取液为原液倍比稀释倍数；b. 阳性阈值为阴性对照突变数的 2 倍；c. 样品来源对突变数影响的方差分析；d. 样品浓度对突变数影响的方差分析；e. 样品来源和样品浓度交互作用对突变数影响的方差分析。

* 突变数大于阳性阈值。

表 3-27　稻田上覆水水生态毒性的明亮发光菌试验（LBT）评价

样品编号	回归分析				EC_{50}	毒性等级
	方程	R	F	p		
FJW-01	$T=144.461-1.566C$	0.904	25.253	<0.001	60	中毒
FJW-02	$T=137.806-1.221C$	0.976	256.903	<0.001	71	微毒
FJW-03	$T=123.045-1.165C$	0.947	237.253	<0.001	63	中毒
FJW-04	$T=147.968-1.339C$	0.976	223.861	<0.001	72	微毒
FJS-05	$T=156.176-1.364C$	0.969	200.521	<0.001	78	微毒
FJW-06	$T=144.581-1.251C$	0.910	62.2974	<0.001	75	微毒

注：T 表示相对发光率；C 为倍比稀释度。

典型污染区土壤稻田上覆水经过 LBT 试验检测，所有样品的发光强度均和对照值接近，没有统计学差异，判断结果均为阴性。稻田上覆水样品浓缩 15 倍后的生态毒性评价结果如表 3-27 所示。研究显示稻田上覆水 FJW-01 和 FJW-03 具有中等毒性，土壤污染物分析显示 FJS-01 中多氯联苯和铜、镉等主要污染物的含量较其他样品含量低，但稻田上覆水浓缩液检出其具有中等生态毒性，预示通过灌溉水途径可能会导致 FJS-01 土壤的污染程度加大；而 FJW-03 土壤中各种目标污染物的含量都较高，稻田上覆水样品的毒性风险也较大，预示该地区的农田土壤环境承担着较大的生态风险。其他样品浓缩液的毒性等级为微毒，显示这些灌溉水也对土壤环境具有潜在的生态风险。

2. 典型污染区稻田上覆水的大肠杆菌紧急修复试验

SOS/umu 对稻田上覆水和 15 倍浓缩液的检测结果见表 3-28。稻田上覆水经滤纸简单过滤后，即可作为检测液。6 个典型区污染土壤灌溉水的 SOS/umu 相对荧光值均在 1.0 左右，不同样品和不同浓度之间都没有差异，说明稻田上覆水对 E. colipSK（lac，trp）-EGFP-RecA' 的遗传毒性影响较小。稻田上覆水潜在遗传毒性通过浓缩 15

表 3-28　稻田上覆水遗传毒性风险的 SOS/umu 评价

样品编号	粗提液浓度/%					浓缩液浓度/%				
	95	75	50	25	10	95	75	50	25	10
FJW-01	0.9	1.1	1.0	1.1	0.9	1.2	1.2	1.2	1.2	1.2
FJW-02	1.0	1.0	1.1	1.0	1.1	1.2	1.2	1.2	1.2	1.2
FJW-03	1.1	1.0	1.1	0.9	1.0	1.2	1.2	1.2	1.2	1.2
FJW-04	0.9	1.0	1.1	1.0	0.9	1.3	1.2	1.2	1.2	1.2
FJW-05	1.0	1.1	0.9	0.9	0.9	1.2	1.2	1.2	1.2	1.2
FJW-06	1.0	1.0	1.0	1.0	1.0	1.2	1.2	1.2	1.2	1.2
空白对照（H_2O）	2.5 ± 0.1					4.5 ± 0.1				
阳性对照 NaN_3（25ng/mL）	21.8 ± 0.7					27.7 ± 1.1				

表 3-29 典型污染区稻田上覆水遗传毒性的 Ames 试验评价

项目	−S9						+S9					
	FJS-01	FJS-02	FJS-03	FJS-04	FJS-05	FJS-06	FJS-01	FJS-02	FJS-03	FJS-04	FJS-05	FJS-06
5	10±6	6±4	7±1	8±1	6±5	7±4	16±4	21±3	21±8	17±3	19±4	26±3*
25	24±11	13±1	19±1	12±11	7±4	12±2	15±1	30±6*	34±4*	28±0*	31±4*	24±1
50	14±2	16±1	18±5	12±3	19±15	12±2	21±3	31±2*	33±2*	36±3*	29±4*	35±1*
75	16±1	18±1	18±1	13±3	14±6	18±1	33±6*	27±3*	27±1*	38±1*	33±3*	27±1*
87.5	19±3	12±2	15±5	17±2	17±4	12±3	33±9*	29±10*	34±6*	39±6*	32±9*	25±6
回归分析	$R^2=0.073$, $F=1.86$, $p=0.202$	$R^2=0.386$, $F=7.91$, $p=0.018$	$R^2=0.265$, $F=4.96$, $p=0.050$	$R^2=0.321$, $F=6.19$, $p=0.032$	$R^2=0.250$, $F=4.66$, $p=0.056$	$R^2=0.402$, $F=8.39$, $p=0.016$	$R^2=0.754$, $F=34.63$, $p<0.001$	$R^2=0.298$, $F=5.66$, $p=0.039$	$R^2=0.329$, $F=6.38$, $p=0.030$	$R^2=0.830$, $F=54.71$, $p<0.001$	$R^2=0.521$, $F=12.98$, $p=0.005$	$R^2=0.149$, $F=2.92$, $p=0.118$
阴性对照（H_2O)	9±2						13±3					
阳性对照			65±6（NaN_3)						82±5（B [a] P)			
无菌对照	0						0					
阳性阈值	18						26					
样品来源	$F=1.38$, $p=0.257$, df=5						$F=2.99$, $p=0.023$, df=5					
样品浓度	$F=8.35$, $p<0.001$, df=25						$F=33.22$, $p<0.001$, df=5					
来源×浓度	$F=0.91$, $p=0.596$, df=25						$F=1.90$, $p=0.038$, df=25					

注: a. 阳性阈值为阴性对照突变数的 2 倍; b. 样品来源对突变数影响的方差分析; c. 样品浓度对突变数影响的方差分析; d. 样品来源和样品浓度交互作用对突变数影响的方差分析。

*突变数大于阳性阈值。

表 3-30　典型污染区稻田上覆水浓缩液遗传毒性的 Ames 试验评价

−S9

项目	FJS-01	FJS-02	FJS-03	FJS-04	FJS-05	FJS-06
5	13±1	12±0	13±9	12±1	18±3	16±4
25	27±6*	37±1*	33±3*	36±3*	25±1*	32±1*
50	35±13*	25±1*	32±4*	33±15*	31±4*	48±2*
75	45±11*	28±5*	47±1*	36±8*	30±2*	41±4*
87.5	52±13*	35±2*	50±10*	29±6*	27±4*	25±6*
回归分析	$R^2=0.78$, $F=40.89$, $p<0.001$	$R^2=0.34$, $F=6.70$, $p=0.027$	$R^2=0.77$, $F=38.12$, $p<0.001$	$R^2=0.18$, $F=3.42$, $p=0.094$	$R^2=0.19$, $F=3.51$, $p=0.091$	$R^2=0.07$, $F=1.86$, $p=0.203$
阴性对照（H_2O）			9±2			
阳性对照			65±6（NaN_3）			
无菌对照			0			
阳性阈值			18			
样品来源			$F=2.32$, $p=0.063$, df$=5$			
样品浓度			$F=30.37$, $p<0.001$, df$=25$			
来源×浓度			$F=2.02$, $p=0.026$, df$=25$			

+S9

项目	FJS-01	FJS-02	FJS-03	FJS-04	FJS-05	FJS-06
5	16±4	22±4	22±1	21±8	17±8	19±1
25	22±4	29±1*	35±2*	29±8*	26±4	21±3
50	45±1*	33±2*	41±4*	30±6*	42±6*	54±6*
75	50±12*	39±1*	43±8*	47±16*	53±1*	67±8*
87.5	48±1*	51±12*	69±3*	61±2*	46±6*	66±3*
回归分析	$R^2=0.73$, $F=30.48$, $p<0.001$	$R^2=0.84$, $F=60.39$, $p<0.001$	$R^2=0.32$, $F=6.14$, $p=0.033$	$R^2=0.82$, $F=50.64$, $p<0.001$	$R^2=0.52$, $F=12.80$, $p=0.005$	$R^2=0.85$, $F=62.79$, $p<0.001$
阴性对照（H_2O）			13±3			
阳性对照			82±5（B [a] P）			
无菌对照			0			
阳性阈值			26			
样品来源			$F=6.86$, $p<0.001$, df$=5$			
样品浓度			$F=81.78$, $p<0.001$, df$=5$			
来源×浓度			$F=2.10$, $p=0.021$, df$=25$			

注：a. 阳性阈值为阴性对照突变数的 2 倍；b. 样品来源对突变数影响的方差分析；c. 样品浓度对突变数影响的方差分析；d. 样品来源和样品浓度交互作用对突变数影响的方差分析。

* 突变数大于阳性阈值。

倍的稻田上覆水浓缩液检测，发现所有处理和浓度的相对荧光强度基本一致，相对荧光强度小于 2，反应为阴性。SOS/umu 试验没有检测到典型污染区稻田上覆水及其浓缩液的急性遗传毒性和潜在环境风险。

由于生物试验对污染物的响应具有专一性，综合考虑各个试验的评价结果，才能对污染环境风险做出准确的判断。因此，应对典型区稻田上覆水进行 Ames 试验研究，根据两者的试验结果对遗传风险进行评价。

3. 典型污染区稻田上覆水的沙门氏菌回复突变试验

稻田上覆水 Ames 试验遗传毒性评价结果（表 3-29）显示，不加 S9 的试验中，所有样品的突变数都在阳性阈值之下，结果为阴性；而加 S9 的试验中，6 个稻田上覆水样品在不同稀释度上都有超过阳性阈值的突变数，其中 FJS-02，FJS-04 和 FJS-05 样品满足 Ames 试验阳性反应判断标准，因此这 3 个样品具有前体或突变物存在，对环境具有遗传风险。加 S9 试验的方差分析显示，反应结果受到样品来源、样品浓度以及两者间的交互作用的共同影响。

稻田上覆水浓缩液在不加 S9 试验的遗传毒性评价结果如表 3-30 所示，6 个样品中 FJS-04、FJS-05、FJS-06 的样品浓度和突变数没有显著剂量效应关系，反应结果为阴性，其他 3 个样品结果为阳性。加 S9 的稻田上覆水浓缩液检测结果则均为阳性反应。

综合以上生态和遗传毒性评价结果，认为典型污染区稻田上覆水具有潜在的生态和遗传风险，应引起足够重视。

参 考 文 献

段学军，闵航. 2004. 镉胁迫下稻田土壤微生物基因多样性的 DGGE 分子指纹分析. 环境科学，25（1）：122-126.

冷欣夫，邱星辉. 2001. 细胞色素 P450 酶系的结构、功能与应用前景. 北京：科学出版社.

王晓蓉，罗义，施华宏，等. 2006. 分子生物标志物在污染环境早期诊断和生态风险评价中的应用. 环境化学，25（3）：320-325.

张倩茹，周启星，张惠文，等. 2004. 乙草胺-铜离子复合污染对黑土农田生态系统中土著细菌群落的影响. 环境科学学报，26（2）：326-332.

Arnaud C，Saint-Denis M，Narbonne J F，et al. 2000. Influences of different standardized test methods on biochemical responses in the earthworm *Eisenia fetida andrei*. Soil Biology and Biochemistry，32：67-73.

Baun A，Andersen J S，Nyholm N. 1999. Correcting for toxic inhibition in quantification of genotoxic response in the umuC test. Mutation Research，441：171-180.

Behnisch P A，Hosoe K，Sakai S. 2001. Combinatorial biochemical analysis of dioxin and dioxin-like compounds in waste recycling，feed food，humans wildlife and the environment. Environment International，27：441-442.

Binelli A，Ricciardi F，Riva C，et al. 2006. New evidences for old biomarkers: Effects of several xenobiotics on EROD and AChE activities in Zebra mussel (*Dreissena polymorpha*). Chemosphere，62：510-519.

Bulich A A. 1982. Practical and reliable for monitoring the toxicity of aquatic sample. Process Biochemistry，17：45-47.

Burrows L A，Edwards C A. 2002. The use of integrated soil microcosms to predict effects of pesticides on soil ecosystems. European Journal of Soil Biology，38：245-249.

Cerda H，Delincée H，Haine H，et al. 1997. The DNA 'comet assay' as a rapid screening technique to control irradiated food. Mutation Research，375：167-181.

Cizmas L，McDonald T J，Phillips T D，et al. 2004. Toxicity characterization of complex mixtures using biological and chemical analysis in preparation for assessment of mixture similarity. Environ Sci Technol. 38：5127-5133.

Collins A R. 2004. The comet assay for DNA damage and repair：Principles，applications，and limitations. Mol Biotechnol，26：249-261.

Debus R，Hund K. 1997. Development of analytical methoes for the assessment of ecotoxicological relevant soil contamination. Part B：Ectoxicological analysis in soil and soil extracts. Chemosphere，35：239-261.

Dewir Y H，ChakrabartyD，Ali M B，et al. 2006. Lipid peroxidation and antioxidant enzyme activities of Euphorbia millii hyperhydric shoots. Environmental and Experimental Botany，58：93-99.

Eisentraeger A，Hund-Rinke K，Roembke J. 2005. Assessment of Ecotoxicity of Contaminated Soil Using Bioassays. Manual for Soil Analysis. Margesin R，Schinner F. (eds.). Springer-Verlag Berlin Heidelberg，321-359.

Fisher T，Crane M，Callaghan A. 2003. Induction of cytochrome P-450 activity in individual *Chironomus riparius* Meigen larvae exposed to xenobiotics. Ecotoxicol Environ Safety，54：1-6.

Galgani F，Bocquene G，Truquet P H，et al. 1992. Monitoring of pollutant biochemical effects on marine organisms of the French coasts. Oceanologica Acta，15：52-61.

Guiliani F，Koller T，Würgler F E，et al. 1996. Detection of genotoxic activity in native hospital waste water by the umuC test，Mutat. Res. 368：49-57.

Haasch M L，Prince R. 1993. Caged and wild fish：induction of hepatic cytochrome P450 as an environmental biomonitor. Environ Toxicol Chem，12：885-889.

Haeseler F，Blanchet D，Druelle V，et al. 1999. Ecotoxicological assessment of soils of former manufactured gas plant sites：Bioremediation potential and pollutant mobility. Environ Sci Technol，33：4379-4384.

Hajime O，Ozaki K，Yoshikawa H. 2005. Identification of cytochrome P450 and glutathione-S-transferase genes preferentially expressed in chemosensory organs of the swallowtail butterfly，*Papilio xuthus* L. Insect Biochemisry and Molecular Biology，3：837-846.

Haque A，Ebing W. 1988. Uptake and accumulation of pentachlorophenol and sodium pentachlorophenate by earthworms from water and soil. Sci Total Environ，68：113-125.

Kubátová A，Dronen L C，Hawthorne S B. 2006. Genotoxicity of polar fractions from a herbicide-contaminated soil does not correspond to parent contaminates. Environmental Toxicology and Chemistry，25：1742-1745.

Lee R F，Steinert S. 2003. Use of the single cell gel electrophoresis/comet assay for detecting DNA damage in aquatic (marine and freshwater) animals. Mutation Research，544：43-64.

Leigh M B，Fletcher J S，Fu X O，et al. 2002. Root turnover：An important source of microbial substrates in rhizosphere remediation of recalcitrant contaminants. Environ Sci Technol，36：1579-1583.

Little J W，Mount D W. 1982. The SOS regulatory system of Escherichia coli. Cell，29：1-22.

Lukkari T，Taavitsainen M，Soimasuo M，et al. 2004. Biomarker responses of the earthworm *Aporrec-

todea tuberculata to copper and zinc exposure: Differences between populations with and without earlier metal exposure. Environmental Pollution, 129: 377-386.

Lynch J M, Whipps J M. 1990. Substrate flow in the rhizosphere. Plant Soil, 129: 1-10.

Martin F L, Piearce T G, Hewer A, et al. 2005. A biomarker model of sublethal genotoxicity (DNA single-strand breaks and adducts) using the sentinel organism *Aporrectodea longa* in spiked soil. Environmental Pollution, 138: 307-315.

Ma W. 2005. Critical body residues (CBRs) for ecotoxicological soil quality assessment: Copper in earthworms. Soil Biology and Biochemistry, 37: 561-568.

Møller P. 2006. Assessment of reference values for DNA damage detected by the comet assay in human blood cell DNA. Mutation Research, 612: 84-104.

Moretti M, Marcarelli M, Villarini M, et al. 2002. In vitro testing for genotoxicity of the herbicide terbutryn: Cytogenetic and primary DNA damage. Toxicol In Vitro, 16: 81-88.

Oruc E O, Sevgiler Y, Uner N. 2004. Tissue-specific oxidative stress responses in fish exposed to 2, 4-D and Azinphosmethyl. Comparative Biochemistry and Physiology C: Pharmacology Toxicology and Endocrinolog, 137: 43-51.

Rae T D, Schmidt P J, Pufahl R A, et al. 1999. Undetectable intracellular free copper: The requirement of a copper chaperone for superoxide dismutase. Science, 284: 805-808.

Ramadass P, Meerarani P, Toborek M, et al. 2003. Dietary flavonoids modulate PCB-induced oxidative stress, CYP1A1 induction, and AhR-DNA binding activity in vascular endothelial cells. Toxicological Sciences, 76: 212-219.

Rao S S, Burnison B K, Efler S, et al. 1995. Assessment of genotoxic potential of pulp mill effluent and an effluent fraction using Ames mutagenicity and umu-C genotoxicity assays. Environ Toxicol Water Qual, 10: 301-305.

Saint-Denis M, Narbonne J F, Arnaud C, et al. 1999. Biochemical responses of the earthworm *Eisenia fetida Andrei* exposed to contaminated artificial soil: Effects of benzo (a) pyrene. Soil Biology and Biochemistry, 31: 1837-1846.

Saint-Denis M, Narbonne J F, Arnaud C, et al. 2001. Biochemical responses of the earthworm *Eisenia fetida andrei* exposed to contaminated artificial soil: effects of lead acetate. Soil Biology and Biochemistry, 33 (3): 395-404.

Sheirs J, Coen D, Covaci A, et al. 2006. Genotoxicity in wood mice (*Apodemus sylvaticus*) along a pollution gradient exposure-, age and gender-related effect. Environmental Toxicology and Chemistry, 25: 2154-2162.

Snyder M J. 2000. Cytochrome P450 enzymes in aquatic invertebrates: Recent advances and future directions. Aquat Toxicol 48: 529-547.

Östling O, Johanson K J. 1987. Bleomycin, in contrast to gamma irradiation, induces extreme variation of DNA strand breakage from cell to cell. International Journal of Radiation Biology, 52: 683-691

Vander O R, Beyer J, Vermeulen N P E. 2003. Fish bioaccumulation and biomarkers in environmental risk assessment: a review. Environmental toxicology and pharmacology, 13: 57-149.

Wesp H F, Tang X, Edenharder R. 2000. The influence of automobile exhausts on mutagenicity of soils: Contamination with, fractionation, separation, and preliminary identification of mutagens in the Salmonella/reversion assay and effects of solvent fractions on the sister-chromatid exchanges in human lymphocyte cultures and in the in vivo mouse bone marrow micronucleus assay. Mutation Research, 472: 1-21.

第四章 废旧电容器污染农田土壤的物理-化学修复

污染物进入环境后，受各种因素影响，在不同介质中会发生一系列的转化，最终进入土壤中，严重威胁着人类和其他生物的健康。因此，如何去除土壤环境中的污染物成为人们急需解决的问题。有机污染土壤的修复方法包括物理修复、化学修复和生物修复。通常，与生物修复相比，物化修复具有修复周期短、见效迅速、污染物去除彻底等特点，尤其适用于场地有机污染土壤的修复。本章以废旧电容器污染土壤的典型污染物多环芳烃、多氯联苯和重金属为目标污染物，介绍了两种典型物理化学修复方法：低温等离子体氧化修复法和络合蒸发修复法。

第一节 多环芳烃污染土壤的低温等离子体氧化修复

等离子体是指电离度大于 0.1%，且其正负电荷相等的电离气体。它是由大量的电子、离子、中性原子、激发态原子、光子和自由基等组成，电子和正离子的电荷数相等，整体表现出电中性，它不同于物质的三态（固态、液态和气态），是物质存在的第四种形态（林和健和林云琴，2005）。根据电源性质以及电极的几何形状、气体放电产生的机理、气体的压强范围把非平衡等离子体的放电类型分成辉光放电（glow discharge）、射频放电（radio frequency discharge）、微波放电（microwave discharge）、电晕放电（corona discharge）和介质阻挡放电（DBD dielectric- barrier discharge）。本研究是采用介质阻挡放电产生低温等离子体，介质阻挡放电（dielectric-barrier discharge，DBD）又称无声放电，属于高气压下的非热平衡放电，这种放电的击穿和其他放电的相似之处在于外电场作用下的电子从电场中获得能量，通过电子与周围原子分子的碰撞，电子把自身能量转移给它们，使其激发电离，产生电子雪崩。（Kogelschatz et al.，1997；Kogelschatz，2003；Fridman et al.，2005）。

当气体间隙上的外电场电压超过气体的击穿电压时，在气体间隙中就会发生放电，产生的电子和正离子在外加电场的作用下分别向阳极和阴极移动，由于电子的质量与正离子相比要小很多，且气体间隙一般为 mm 量级，因此可以认为正离子在放电空间是不动的（刘璐等，2008）。介质阻挡放电产生的低温等离子体主要特征是高能量电子温度 $10^4 \sim 10^5$ K 即平均电子能量 $0 \sim 10\mathrm{eV}$，适当控制反应条件可以使一般情况下难以实现或速度很慢的化学反应变得十分快速。低温等离子体与载气分子碰撞并电离和激发生成高振动激发态或电子激发亚稳态 N_2、强氧化性物质（如 $\cdot O$、$\cdot OH$、$\cdot HO_2$、O_3），然后便引发了一系列复杂的物理、化学反应，使复杂大分子污染物转变为简单小分子安全物质，或使有毒有害物质转变成无毒无害或低毒低害的物质，从而轻易地去除电离能为 $3 \sim 6\mathrm{eV}$ 的有机物（Bai et al.，2010）。

采用的介质阻挡放电反应器见图 4-1。内径 21mm、外径 24mm 的石英管，其中心用一直径为 4mm 的不锈钢棒作为高压电极。管外以不锈钢网（135mm，其长度控制放电区域长度）紧密缠绕，作为低压电极。介质阻挡放电反应器无任何外部加热。电源（CTP-2000K，南京苏曼电子有限公司）为能够提供正弦电压峰—峰值为（Up-p）0～40kV，频率 7.5～30kHz 可调的交流高压电源，放电频率控制在 15kHz。在两个放电电极之间充满某种工作气体，并将其中一个电极用绝缘介质覆盖，当两电极间施加足够高的交流电压时，电极间的气体会被击穿而产生放电，即产生了介质阻挡放电。本节首先设计并研制了低温等离子体装置，包括反应釜式低温等离子体和转盘式低温等离子体，然后以多环芳烃（PAHs）为研究对象，探讨这两种低温等离子体对污染土壤中PAHs 去除效果的优化条件和中间产物，为 PAHs 高污染土壤的快速治理提供理论依据。

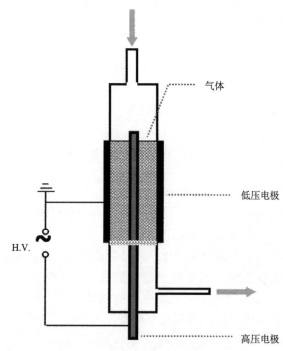

图 4-1　等离子体发生装置示意图

一、低温等离子体装置设计与研制

1. 反应釜式低温等离子体设备设计

由于通常运用的筒状式低温等离子体装置单次处理土量较少且操作较为繁琐，因此在此基础上设计并研制了反应釜式低温等离子体设备，设计示意图如图 4-2 所示。低温等离子体反应装置由等离子体电源（CTP-2000K，南京苏曼电子有限公司）、介质阻挡放电装置（DBD-150，南京苏曼电子有限公司）和反应釜构成。等离子体电源输出功率为 0～2000W，频率调节范围 5～30kHz，输出电压调节范围为 0～30kV。介质阻挡放电装置由高压电极、接地电极以及不锈钢底座等组成。石英反应釜（底部为不锈钢质）直径为 150mm，两介质之间的距离为 8mm。

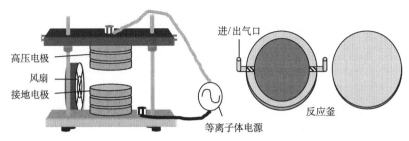

图 4-2　反应釜式低温等离子体设备设计示意图

反应釜式低温等离子体设备如图 4-3 所示。具体操作步骤：第一步，将筛选后的自然风干污染土壤放入反应釜中，并使之均匀覆盖在反应釜容器底部，再将反应釜盖板盖在容器上；第二步，将反应釜置于接地电极之上，通过旋转不锈钢柱的螺帽调节高压电极的高度使之与反应釜紧密贴合，再拧紧绝缘板两侧的螺母使之保持固定；第三步，如果需要营造除空气以外的其他放电气氛，可以将所需的气体通过反应釜进气口进入反应体系，再经出气口排出；第四步，将聚四氟乙烯绝缘板上的接线柱与低温等离子体电源相接，将不锈钢底座上的接线柱与地线相接，开启低温等离子体电源并将输出功率设置为 1kW，开启降温风扇；第五步，保持良好的放电状态，使介质阻挡放电产生低温等离子体与反应体系中已有的 O_2、N_2 和少量水等分子生成 ·OH、H·、O·、O_3、HO_2· 等活泼自由基，直至这些自由基与污染物分子完全反应，再调节功率低于 200W 后关闭电源。

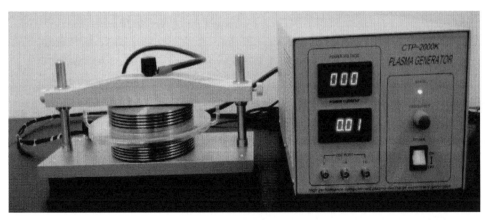

图 4-3　反应釜式低温等离子体设备

与筒状式低温等离子体设备相比，反应釜式低温等离子设备优化了等离子体反应器结构和等离子体电源，单次处理土量由 5g 增加到 30g，土壤处理时间由小时量级缩短到分钟量级，简化了土壤进样和出样的操作。

2. 转盘式低温等离子体设备设计

为满足将来中试及工程应用的要求，连续进样低温等离子体设备成为主流趋势，因为连续进样处理装置在一定程度上实现了持续工作和自动化。因此，本研究与南京某公司共同设计了履带式低温等离子体设备，如图 4-4 所示。

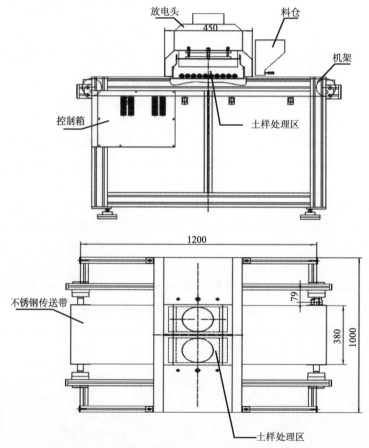

图 4-4　履带式低温等离子体装置设计示意图

虽然此设计在原理上没有问题，但传送带的原本属性存在一定的使用缺陷：

（1）所使用的不锈钢传送带为日本进口材料和工艺，但在等离子产生区域，由于钢带表面受热不均将使钢带发生形变，钢带出现不平整，从而使传送带无法平整地运动。此外，放电间隙也不均匀，这可能导致土壤的处理存在问题。

（2）在上图的结构中，不锈钢传送整体装置对环境的要求比较高，当有颗粒状土壤进入机械结构部分时，将产生破坏性结果（如杠坏传送带等）。

在此基础上，提出一种新的土壤样品传送方式——转盘式传送，设计示意图如图4-5所示。该低温等离子体装置由等离子体发生器、进样传送系统、气体处理系统、操作控制系统和集料仓组成。该低温等离子体放电电源输出功率为 0～5kW，频率调节范围 5～50kHz，输出电压调节范围为 0～30kV。放电装置是由 10 组电极组成，电极辐状式排列，每组放电宽度为 300mm。放电电极放置于空心刚玉陶瓷管中，两者之间的空气循环制冷散热。进样传送系统由可调下料仓和旋转台装置构成，转盘（材质为 A3 钢）直径为 900mm，通过变频调节其旋转速度。由于是实验室小试装置，产生的尾气较少，因此本装置是通过可调节风机排臭氧等尾气。

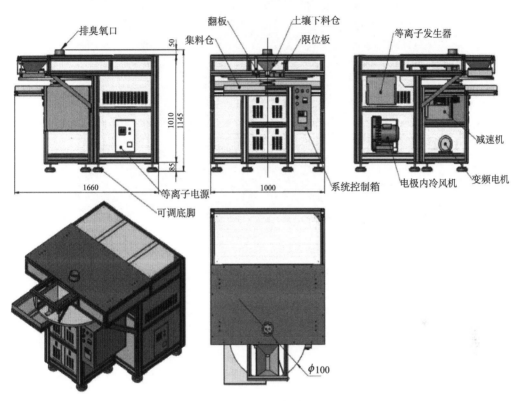

图 4-5　转盘式低温等离子体装置结构示意图

该转盘式低温等离子体装置（如图 4-6 所示）操作步骤如下：

（1）在确保电源供电无误正常后，将装置各结构组件调整到最佳状态；

（2）在开机前，接好排风管道，将风机 AC220 V 插头插入 AC220 V，风机工作；

（3）控制下料口调节手柄关闭下料口，将待处理的土壤样品导入下料仓内，调节操作面板上的定时器，设定所需的处理时间；

（4）检查地线是否可靠连接标准大地与急停开关按钮是否弹起后，打开总电源开关，将配电箱的电机开关旋钮右旋至水平位置转盘运转，旋转变频器上的旋钮控制转盘速度；

（5）调节下料口手柄使待处理土壤样品落至转盘上，并通过定量板使土壤样品均匀平铺转盘表面；

（6）按操作面板上的绿色启动按钮，放电开始，调节主机面板上的输出功率；

（7）定时器上的处理时间到，放电电极停止工作即本次实验操作结束。

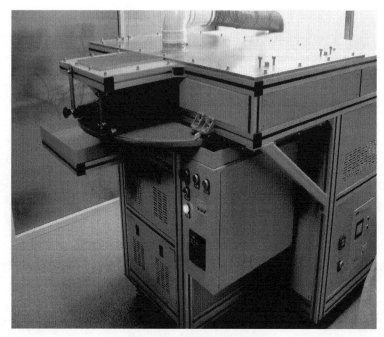

图 4-6　转盘式低温等离子体装置

转盘式低温等离子体设备单次处理土量再次增加并在一定程度上实现了连续进样，且解决了放电电极长时间工作引起的发热问题。此外，该设备对实验过程中产生的 O_3 等尾气进行了初步处理。然而，该设备作为实验室研究的一个小试装置，要实现低温等离子体设备中试及产业化还需进一步研究。

二、多环芳烃（PAHs）污染土壤低温等离子体修复技术及条件优化研究

1. 处理时间对多环芳烃（PAHs）去除效果的影响

采用反应釜式低温等离子体设备处理 PAHs 污染土壤时，随着处理时间的增加，三种不同粒径的污染土壤中 PAHs 浓度均显著下降（图 4-7）。在处理时间为 15min 时，三环、四环、五环、六环和总 PAHs 去除率分别为 67.0%～77.9%、96.2%～98.7%、89.7%～98.7%、96.8%～100% 和 97.1%～98.5%，苯并［a］芘去除率高达 99.9%。

采用转盘式低温等离子体设备处理 PAHs 污染土壤时，随着处理时间的增加，三种不同粒径的污染土壤中 PAHs 浓度均有不同程度下降（图 4-8）。在处理时间为 15min 时，总 PAHs 去除率低于 35%。在相同处理时间时，反应釜式低温等离子体设备对土壤中 PAHs 的去除率远远高于转盘式低温等离子体设备。这可能是因为转盘式低温等离子体设备处理的土量远大于反应釜式低温等离子体设备，在 0～15min 内产生的自由基、激发态原子、激发态分子等活性物质与能量有限，致使污染土壤中的 PAHs 去除率不高。因此，在已有的实验结果上进一步研究处理时间对转盘式低温等离子体设备去除土壤中 PAHs 效果的影响。

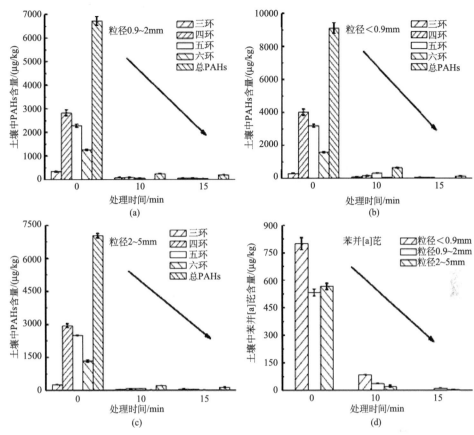

图 4-7　处理时间对反应釜式低温等离子体设备去除 PAHs 效果的影响

随着处理时间的增加，土壤中 PAHs 浓度呈显著下降趋势（图 4-9）。在处理时间为 90min 时，三环、四环、五环、六环和总 PAHs 去除率分别为 54.5％、70.5％、65.2％、99.1％和 72.7％，苯并［a］芘去除率高达 80.4％。

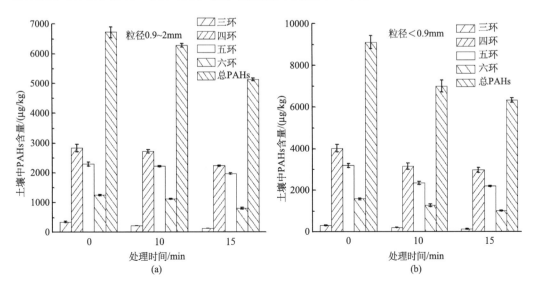

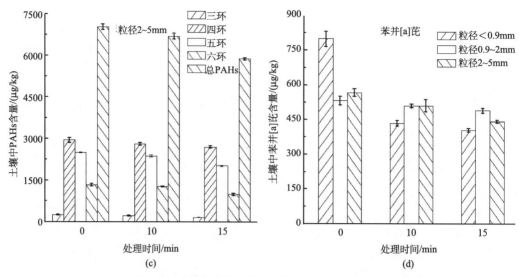

图 4-8　处理时间对转盘式低温等离子体设备去除 PAHs 效果的影响

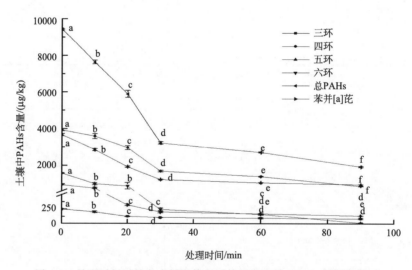

图 4-9　处理时间对转盘式低温等离子体设备去除 PAHs 效果的影响

不同字母表示不同处理之间差异达显著水平（$p < 0.05$）

2. 放电功率、土壤粒径等影响因素对多环芳烃（PAHs）去除效果的影响

由于处理时间、放电功率、土壤粒径等因素对低温等离子体处理 PAHs 污染土壤有较大影响（刘增俊，2009；罗飞，2011）。鉴于此，采用正交试验法，设计表如表 4-1 所示，研究了不同因素组合条件下，低温等离子体技术对重度污染土壤中 PAHs 的去除效果，以期为进一步研究高 PAHs 污染土壤的修复提供技术支撑。

表 4-1　试验处理正交表

样品处理编号	因素			
	A（处理时间/min）	B（放电功率/kW）	C（土壤粒径/mm）	D（土壤含水量/%）
1	30	2	＜0.9	3.5
2	60	2	0.9～2	5
3	90	2	2～5	6.5
4	30	3	0.9～2	6.5
5	60	3	2～5	3.5
6	90	3	＜0.9	5
7	30	4	2～5	5
8	60	4	＜0.9	6.5
9	90	4	0.9～2	3.5

从图 4-10 和表 4-2 可以看出，不同处理条件下土壤中 PAHs 含量均降低，其中土壤粒径＜0.9mm 的处理 1、处理 6 和处理 8 的总 PAHs 分别降至 3069.6μg/kg、1723μg/kg 和 1729.8μg/kg，去除率分别为 55.4%、75.0% 和 74.9%；三环去除率为 52.3%～90.6%；四环降至 821.0～1520.6μg/kg，去除率为 54.8%～75.6%；五环降至 579.6～986.1μg/kg，去除率为 56.1%～74.2%；六环去除率为 57.1%～72.8%。

土壤粒径为 0.9～2mm 的处理 2、处理 4 和处理 9 的总 PAHs 分别降至 2405.9μg/kg、2657.3μg/kg 和 1548.4μg/kg，去除率分别为 59.6%、55.4% 和 74.0%；三环去除率为 64.1%～79.1%；四环降至 784.9～1366.7μg/kg，去除率为 53.9%～73.5%；五环降至 497.9～844.5μg/kg，去除率为 55.3%～73.7%；六环去除率为 57.4%～75.1%。

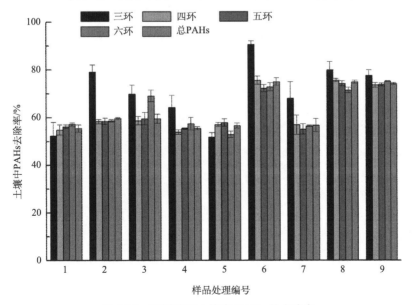

图 4-10　不同处理土壤中 PAHs 的去除率

表 4-2　低温等离子体氧化修复处理后土壤中 PAHs 的含量

（单位：μg/kg）

多环芳烃	PAHs	样品处理编号								
		1	2	3	4	5	6	7	8	9
萘	Nap	—	—	—	—	—	—	—	—	—
苊烯	Acy	0.9±0.5	0.4±0.1	0.3±0.0	0.4±0.1	0.6±0.1	0.3±0.1	0.5±0.1	0.3±0.1	0.3±0.1
苊	Ace	1.6±0.3	0.1±0.0	0.1±0.1	0.4±0.3	0.1±0.0	0.1±0.1	0.1±0.0	0.2±0.2	0.4±0.4
芴	Flu	6.6±2.5	0.6±0.4	0.9±0.2	2.5±1.3	0.8±1.2	0.3±0.2	0.8±0.3	1.8±1.5	2.0±0.8
菲	Phe	164.8±22.3	68.6±8.6	74.1±9.5	116.4±15.8	120.5±2.8	33.3±5.0	78.5±17.3	71.4±11.6	72.7±7.5
蒽	AnT	14.1±2.1	5.5±1.3	6.2±0.9	9.7±1.3	8.6±1.3	2.9±0.6	6.9±1.6	5.4±0.7	5.4±0.2
荧蒽	FluA	588.6±40.6	467.7±10.9	472.3±23.0	529.3±11.5	510.4±8.5	301.9±22.9	498.1±52.1	313.9±5.7	306.6±11.5
芘	Pyr	490.0±28.4	391.9±8.3	396.3±17.4	432.2±5.3	400.9±6.5	238.8±9.5	407.7±41.0	250.3±5.5	238.7±6.7
苯并[a]蒽	BaA	220.6±4.0	192.0±10.2	196.6±11.6	209.2±7.6	196.6±7.0	128.4±5.6	198.4±15.0	122.8±1.9	117.5±3.9
䓛	Chry	221.4±1.3	185.2±8.2	187.5±10.9	196.1±11.3	193.2±4.9	153.6±31.1	202.1±21.3	134.1±17.2	122.2±12.4
苯并[b]荧蒽	B[b]F	425.1±9.4	338.1±3.3	368.5±24.1	373.0±12.7	403.8±17.9	276.6±14.9	391.7±18.8	258.9±12.5	244.2±9.9
苯并[k]荧蒽	B[k]F	332.2±7.3	259.5±22.4	288.0±18.8	280.6±8.5	315.5±14.0	216.1±11.6	306.8±14.2	202.4±9.7	179.9±8.7
苯并[a]芘	B[a]P	216.4±1.4	172.6±8.5	110.5±7.6	168.2±4.6	103.9±15.3	106.6±9.6	188.9±14.5	106.5±3.2	58.4±2.3
二苯并[a,h]蒽	DBA	189.8±6.4	152.0±3.7	125.1±6.0	150.2±11.4	191.7±5.1	118.3±10.1	168.1±5.6	128.4±7.2	94.5±5.5
苯并[g,h,i]苝	B[ghi]P	12.4±0.7	15.9±2.1	13.6±0.9	22.7±0.3	24.0±7.5	11.0±0.6	15.2±0.3	11.8±3.3	15.4±1.1
茚并[1,2,3-cd]芘	IP	185.1±4.7	155.7±1.6	124.4±13.8	166.5±10.3	188.8±6.2	119.4±7.6	184.0±5.4	121.7±5.3	90.3±4.3
3环	3-ring	188.0±22.3	75.2±10.1	81.8±10.3	129.4±18.5	130.6±5.3	36.9±5.9	86.7±19.0	79.1±13.2	80.8±8.2
4环	4-ring	1520.6±69.5	1236.8±26.6	1252.6±53.9	1366.7±27.8	1301.1±23.7	822.7±58.5	1306.3±122.6	821.0±22.1	784.9±30.4
5环	5-ring	986.1±17.2	786.1±25.1	814.3±51.4	844.5±5.3	847.2±31.4	625.6±33.6	902.6±42.6	579.6±25.3	497.9±12.2
6环	5-ring	374.9±5.4	307.7±4.0	249.6±19.4	316.7±19.4	380.6±11.1	237.7±15.2	352.1±2.5	250.1±9.8	184.8±1.3
总量		3069.6±102.5	2405.9±19.1	2480.0±118.3	2657.3±38.7	2659.4±65.1	1723.0±111.2	2647.7±167.0	1729.8±49.1	1548.4±26.9

　　土壤粒径为 2~5mm 的处理 3、处理 5 和处理 7 的总 PAHs 分别降至 2480.0μg/
kg、2659.4μg/kg 和 2647.7μg/kg，去除率分别为 59.5%、56.5% 和 56.7%；三环去
除率为 51.7%~69.8%；四环降至 1252.6~1306.3μg/kg，去除率为 56.9%~58.7%；
五环降至 814.3~902.6μg/kg，去除率为 55.1~59.5%；六环去除率为52.8%~69.1%。

　　方差分析结果（表 4-3）表明，处理时间、放电功率和土壤粒径均能极显著影响总
PAHs 的去除率（$p<0.01$），而土壤含水量影响不显著，即在供试条件下，土壤含水
量对修复效应影响不大。从图 4-10 可知，处理 6、处理 8 和处理 9 的 PAHs 总量去除率
没有显著性差异，但显著高于其他处理。对小颗粒（粒径 <0.9mm）污染土壤而言，
PAHs 总量去除率最大时处理时间 60min、放电功率 4kW、土壤含水量 6.5%，或处理
时间 90min、放电功率 3kW、土壤含水量 5%；中颗粒（粒径 0.9~2mm）污染土壤总
PAHs 去除率最大时处理时间 90min、放电功率 3kW、土壤含水量 3.5%。

表 4-3　PAHs 去除率的方差分析表

	方差来源	偏差平方和	自由度	方差估计值	F	$F_{0.05}$	$F_{0.01}$
	A	843.59	2	421.80	137.53**	3.55	6.01
	B	490.82	2	245.41	80.02**		
	C	528.50	2	264.25	86.16**		
总 PAHs	D	15.26	2	7.63	2.49		
	误差	36.80	18	3.7			
	总和	1914.97	26				
	A	1437.57	2	718.78	42.51**	3.55	6.01
	B	325.68	2	162.84	9.63**		
	C	704.36	2	352.18	20.83**		
三环	D	1584.20	2	792.10	46.85**		
	误差	304.35	18	16.91			
	总和	4356.17	26				
	A	899.80	2	449.90	117.61**	3.55	6.01
	B	590.55	2	295.27	77.19**		
	C	565.18	2	282.59	73.87**		
四环	D	14.20	2	7.10	1.86		
	误差	61.21	18	3.83			
	总和	2130.94	26				
	A	765.45	2	382.73	173.68**	3.55	6.01
	B	425.51	2	212.76	96.55**		
	C	451.07	2	225.54	102.35**		
五环	D	5.68	2	2.84	1.29		
	误差	39.67	18	2.20			
	总和	1687.39	26				

	方差来源	偏差平方和	自由度	方差估计值	F	$F_{0.05}$	$F_{0.01}$
六环	A	1148.50	2	574.25	264320**	3.55	6.01
	B	242.05	2	121.02	55.68**		
	C	267.84	2	133.92	61.61**		
	D	90.57	2	45.28	20.83**		
	误差	39.12	18	2.17			
	总和	1788.08	26				

注：A 为处理时间，B 为放电功率，C 为土壤粒径，D 为土壤含水量。

** $p < 0.01$。

三环和六环 PAHs 去除率方差分析结果表明，处理时间、放电功率、土壤粒径和土壤含水量四因素均能极显著影响 PAHs 去除率；而对于四环和五环 PAHs，处理时间、放电功率、土壤粒径均能极显著影响 PAHs 去除率，但土壤含水量影响不显著。这可能与土壤中四环与五环 PAHs 含量以及本身的特性有关，四环和五环 PAHs 含量相对较高且与土壤颗粒结合紧密（Sims et al.，1981；He et al.，2009），导致活性基团的多少对其去除率影响显著，同时处理时间越长、放电功率越大，使得活性基团与 PAHs 相互作用越充分，从而 PAHs 去除率越高。所有试验处理中，除三环 PAHs 外，处理 5、处理 8 和处理 9 中其他环数多环芳烃去除率之间没有显著差异，且显著高于其他处理。三环 PAHs 去除率以处理 6 最高，高达 90.6%。综上，对不同环数 PAHs 而言，小颗粒污染土壤中处理 8 的多环芳烃去除率最高，中颗粒污染土壤中处理 9 的 PAHs 去除率最高，而大颗粒污染土壤中处理 3 的 PAHs 去除效果较高。

苯并 [a] 芘（B [a] P）作为高环 PAHs 中难挥发和难降解的强致癌物质，由于其分布广泛、性质稳定，已成为国内外环境监测的重要目标之一。相应的，不同修复技术对土壤中 B [a] P 的去除效果也成为该技术成功与否的判断参照。图 4-11 给出了不同处理对 B [a] P 的去除率。从图 4-11 和表 4-2 可以看出，处理 9 对土壤中 B [a] P 去除率最高，显著高于其他处理。处理 8 小颗粒（粒径 < 0.9mm）土壤中 B [a] P 的浓度为 106.5μg/kg，去除率达到 78.2%；处理 9 土壤（粒径 0.9～2mm）中 B [a] P 的浓度为 58.4μg/kg，去除率高达 84.5%；处理 5 大颗粒（粒径 2～5mm）中 B [a] P 的浓度为 103.9μg/kg，去除率达到 74.5%。方差分析结果（表 4-4）表明，处理时间、放电功率、土壤粒径和土壤含水量均是影响 B [a] P 去除效果优劣的影响因素，且达到极显著水平。苯并 [a] 芘是一种高分子量 PAHs，水-有机膨润土分配系数通常为 $10^5 \sim 10^6$，易被土壤有机碳强烈吸附导致其在土壤中的生物有效性降低，在土壤中残留持久并难以降解（Irwin et al.，1997）。因此，苯并 [a] 芘的去除效果与低温等离子体产生的活性物质多少密切相关，而处理时间、放电功率、土壤粒径和土壤含水量四者均能影响活性物质的产生。

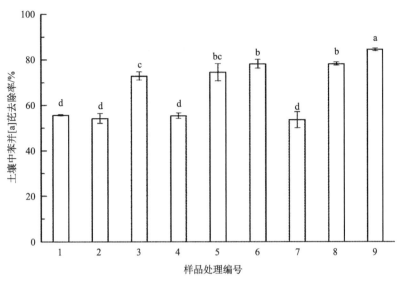

图 4-11 不同处理苯并 [a] 芘去除率

不同字母表示不同处理之间差异达显著水平（$p < 0.05$）

表 4-4 苯并 [a] 芘去除率方差分析表

方差来源	偏差平方和	自由度	方差估计值	F	$F_{0.05}$	$F_{0.01}$
A	2547.93	2	1273.96	275.46**	3.55	6.01
B	612.98	2	306.49	66.27**		
C	163.09	2	81.55	17.63**		
D	437.61	2	218.80	47.31**		
误差	83.25	18	4.62			
总和	3844.86	26				

注：A 为处理时间，B 为放电功率，C 为土壤粒径，D 为土壤含水量。

** $p < 0.01$。

第二节 重金属污染土壤的络合蒸发修复

络合蒸发修复技术，是利用金属络合反应的基本原理，而开发的一种针对重金属污染土壤的新型物化修复技术。该修复技术通过向土壤中添加一定量络合剂，使之与土壤中的重金属离子发生络合反应，使其从土壤颗粒中溶出，进入土壤溶液；再利用自然光照升温或人工加热，使土壤表面水分蒸发，并带动含有重金属络合离子的土壤溶液向表层迁移；通过在土壤表面覆盖吸附介质，直接吸收土壤溶液中的重金属或使之在其表面蒸发结晶，从而达到去除土壤中重金属的目的。本章以长江三角洲某典型重金属污染农田土壤为研究对象，研究络合蒸发修复对土壤中重金属的去除效果及其影响因素，以期获得络合蒸发技术对重金属污染土壤的修复效应与优化条件，为进一步开展田间应用提供参数依据与科学指导。

供试土壤的系统分类为铁聚水耕人为土，土壤 pH 为 4.83，有机质含量为 33.8g/kg，全氮、全磷、全钾分别为 1.72g/kg、0.66g/kg 和 22.6g/kg，全量 Cu、Cd 浓度分别为 297mg/kg 和 10.7mg/kg，有效态（0.1mol/L HCl 提取）Cu、Cd 含量分别为 191mg/kg 和 7.20mg/kg。

一、不同络合剂的提取修复效果

从图 4-12 可以看出，与修复前相比，各处理土壤中 Cu 全量均有所降低。其中，采用 EDTA 处理效果最好，其土壤中 Cu 全量明显低于其他处理。而酒石酸、柠檬酸、苹果酸、草酸处理中土壤 Cu 全量与对照 CK 接近，说明这四种络合剂所结合并去除的 Cu 主要以水溶态为主。

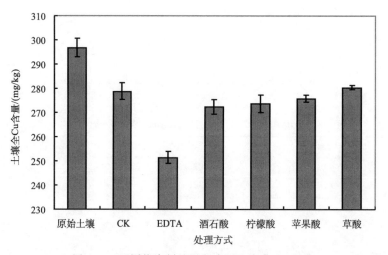

图 4-12　不同络合剂处理方式下土壤全 Cu 含量

对土壤有效态 Cu 进行分析后发现，各处理土壤中有效态 Cu 的含量，与全量的变化趋势基本一致，以 EDTA 处理中土壤有效态 Cu 含量下降最为明显（图 4-13）。将其与全量 Cu 对比后发现，除 CK 外，各处理中有效态 Cu 的下降程度要高于全量的变化，该现象表明，一定量络合剂的添加，反而使土壤中部分 Cu 被固定，进而在一定程度上减弱了其活性，从而使其环境风险有所降低。

而对各处理土壤中 Cd 的全量与有效态进行测定后发现，其变化规律与 Cu 基本相似（图 4-14 与图 4-15），仍以 EDTA 修复去除效果最好，去除率可达 50％左右。同时发现草酸对土壤中的 Cd 也具有良好的修复效应。

络合蒸发修复，络合剂的选择极为重要。EDTA 是螯合剂的代表性物质，能和碱金属、稀土元素和过渡金属等形成稳定的水溶性络合物，由于具有 6 个配位原子，因此络合能力很强；而酒石酸、柠檬酸、苹果酸和草酸均为小分子有机酸，其配位原子仅有 2～3 个，相对络合能力偏弱，故络合提取效率不及 EDTA。此外，由于络合剂的添加，一方面在土壤溶液中可将重金属离子络合溶出，并随着水分蒸发向土表迁移进而在滤纸

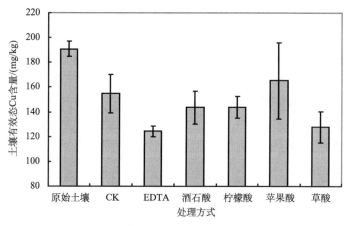

图 4-13　不同络合剂处理方式下土壤有效态 Cu 含量

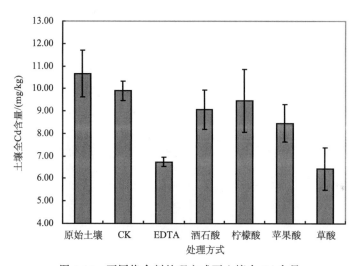

图 4-14　不同络合剂处理方式下土壤全 Cd 含量

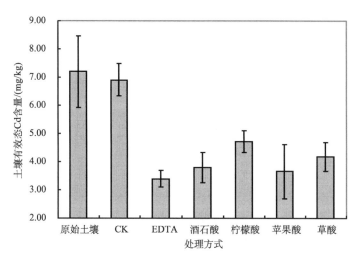

图 4-15　不同络合剂处理方式下土壤有效态 Cd 含量

上富集；另一方面当水分蒸发完全时，未能富集于滤纸上的重金属离子被多余的络合剂包裹成为有机金属配合物，由于配合物表面官能团与土壤中黏土矿物或有机质作用而被其吸附，一定程度上也减少了有效态重金属含量，降低了重金属离子的迁移性（周东美等，2000）。综合络合能力以及去除效果，EDTA 修复效应相对较好，因此，确定选用 EDTA 作为修复用络合剂，并用于进行后续进一步的试验研究。

二、不同吸附材料的修复效应

本书选用了多孔滤纸、尼龙网和纱布三种土壤吸附介质，经过络合蒸发处理后，分别测定其处理条件下土壤中 Cu、Cd 含量，结果表明，由于不同介质吸附重金属能力不同，使土壤中残留的重金属含量存在一定差异（图 4-16 和图 4-17）。由图可知，使用多孔滤纸和纱布作为土表吸附介质时，土壤中 Cu、Cd 的残留量相对接近，而当使用尼龙网作为吸附介质时，土壤中 Cu、Cd 残留量均高于其余两种处理。土壤中重金属全量与有效态变化趋势基本一致。

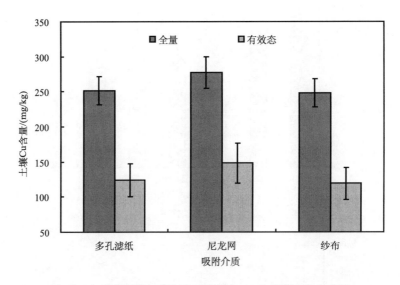

图 4-16　不同吸附介质处理下土壤中 Cu 全量及有效态含量

吸附介质覆盖于土壤表面，主要功能如下：①吸附土壤溶液中络合溶出的重金属；②当水分蒸发时，重金属络合离子在表面结晶从而与土壤分离达到去除修复的目的。实验结果表明，滤纸和纱布的效果要明显好于尼龙网。一方面，由于滤纸和纱布主要由纤维素构成，纤维素是一种天然高分子化合物，具有一定的亲水性，当水分在其表面蒸发的同时又不断吸收土壤溶液，带动重金属向上迁移并被其吸附富集，从而达到对土壤中重金属的去除修复效应。另一方面，当表面水分蒸发时，土壤溶液中的金属离子以络合态盐的形式在表层结晶，无论滤纸纱布或是尼龙网，其结构基本均为网状，具有较大的比表面积，可以作为结晶体的依附介质，进而使重金属离子与土壤分离，因此尼龙网虽

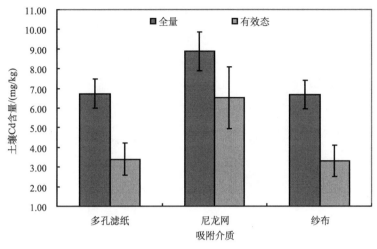

图 4-17　不同吸附介质处理下土壤中 Cd 全量及有效态含量

不具备较强吸水及吸附能力，但也能具有一定的修复效果。然而，当表层水分蒸发后，尼龙网会干燥起皱导致与土壤接触不够紧密，加之其吸水能力差，使得之后难以作为结晶依附材料进一步去除土壤重金属离子，故仍有部分在表层土壤结晶，未能达到修复目的。综上考虑，滤纸与纱布是本研究中较好的表层吸附介质，综合操作性与实际耐用性，在室内模拟试验中采用滤纸作为吸附介质，当投入实际工程应用时，可考虑使用纱布等经久耐用的纤维制品。

三、水分控制对修复效果的影响

不同水分控制条件对土壤重金属的修复效果见图 4-18 与图 4-19，由图可知，30 % 含水量与淹水条件下，对于土壤全 Cu 含量的影响并不大，而淹水状态对于有效态 Cu 的去除效果要优于常规含水量；而对于 Cd，无论全量或是有效态，淹水条件更利于络合蒸发修复。

在实验过程中，由于土壤最终状态为水分完全蒸干，因此，无论初始条件下土壤水分如何，对最终的土壤水分含量不会造成任何影响，其主要影响体现于络合蒸发过程中。一方面，土壤水分含量决定了土壤溶液的体积，进而影响络合溶液在土壤中的扩散性与均匀性，以及和重金属离子的结合程度；另一方面，土壤含水量高低也决定了其蒸发完全所需消耗的时间。

显然，土壤水分含量越高，溶液与土壤的混合越均匀，同时络合剂与重金属离子的结合也越充分，也更利于其蒸发提取。但实验结果表明，两种水分控制条件对于全 Cu 含量影响并不大，而对 Cd 和有效态 Cu 的降低则产生一定影响，这一现象说明，土壤水分条件主要针对可络合溶出的重金属离子，并增强其迁移性从而在蒸发过程中易于被表面介质吸附，因此对实验中有效态 Cu 以及迁移活性相对较强的 Cd 的去除效果存在一定差异。但是，淹水条件相对于常规含水量的处理中，土壤重金

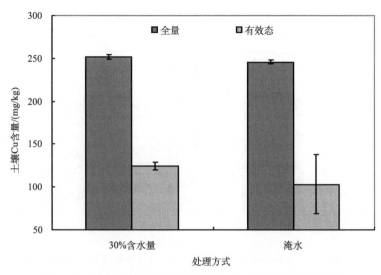

图 4-18　不同水分控制条件下土壤中 Cu 全量及有效态含量

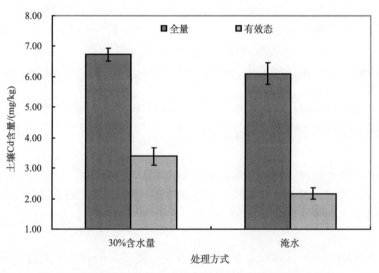

图 4-19　不同水分控制条件下土壤中 Cd 全量及有效态含量

属的去除率并未表现出相当大的差异，这一结果表明，当土壤含水量达到 30％时，其络合剂溶液与土壤的混合已趋向均匀，与重金属离子的结合也较为充分，同样也具备良好的修复效果，且蒸发速率明显高于淹水条件。综上所述，两种水分控制条件各具利弊，因此，实际应用中土壤水分条件的选择应视实际要求而定，若需较为彻底去除土壤中重金属，则宜提高土壤含水量；若需修复措施在短期内迅速见效，则只需控制其保持常规含水量即可。

四、络合剂添加方式对修复效果的影响

当络合剂添加总量一定时，由于添加方式的不同，其对土壤重金属的去除修复效果也不尽相同（图 4-20 和图 4-21）。由图可知，以直接添加络合剂溶液的方式其修复效果要优于添加固体络合剂再加水混匀的方式。采用固体直接添加方式进行修复，对提高修复效率未有显著影响。而无论是溶液一次添加或分次添加，其土壤中重金属残留量均显著降低，Cu 全量降至 200mg/kg 以下，有效态含量在 75mg/kg 左右；Cd 全量降至 5.0mg/kg 以内，有效态在 2.1mg/kg 左右，与修复前相比，全量 Cu、Cd 的去除率可分别达 37.0 ％和 56.9 ％，而有效态 Cu、Cd 的去除率可分别达到 60.7 ％和 69.4 ％，修复效果显著。

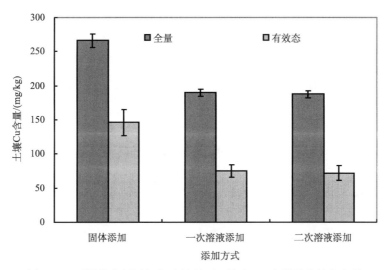

图 4-20　不同络合剂添加方式处理下土壤中 Cu 全量及有效态含量

由此可见，络合剂的添加方式对修复效果也有一定程度的影响。采用 EDTA 固体直接添加虽然操作简便，省去了配置溶液的过程，但修复效率却反而有所降低。虽然添加固体后再加水混匀使之在投放量和含水量上与溶液添加方式保持了一致，但实际上是一个 EDTA 先溶解于土壤溶液再进而扩散的过程，该过程在土壤体系中进行时必然因为复杂的土壤组成，很难达到扩散的均一性，从而影响其对土壤中重金属离子的络合溶出效果，由此造成其修复效果不佳，土壤中重金属的残留量偏高。而溶液直接添加显然更利于络合剂在土壤体系中的扩散以及与土壤中重金属离子的有效结合。

利用多次蒸发，其修复效果在单次蒸发的基础上有明显提升，尤其是对土壤中有效态重金属的去除效果显著，而在络合剂添加量一定的情况下，无论是一次性络合剂添加后多次加水蒸发或是多次络合剂添加后蒸发，其对土壤中重金属的去除率基本一致。该现象说明，络合剂以溶液形式进入土壤并混合完全时，其多次蒸发后的修复效果主要与

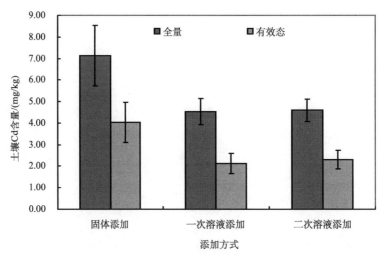

图 4-21　不同络合剂添加方式处理下土壤中 Cd 全量及有效态含量

总添加量相关，而受添加方式影响不大，结合操作性与应用性考虑，若该方法用于实地修复时，以一次添加络合剂后多次加水蒸发进行修复的方式较为可行。

第三节　多氯联苯-重金属复合污染土壤的络合蒸发修复

采用络合蒸发修复技术可有效去除土壤中重金属 Cu 与 Cd，并减少其有效态含量，降低其迁移活性，从而达到污染物去除与毒性风险降低的修复效果，是一种具有科学研究价值与实际应用前景的修复措施。本节针对废旧电容器污染农田土壤中多氯联苯与重金属的复合污染状况，研究了络合蒸发修复对污染土壤中重金属和多氯联苯的去除效果及其影响因素，以期获得络合蒸发技术对废旧电容器拆解区污染农田土壤的修复效应与优化条件，为进一步开展田间应用提供参数依据与科学指导。

一、修复前后土壤中 Cu、Cd、多氯联苯（PCBs）的含量变化

采用络合蒸发技术修复后各处理中 Cu、Cd、PCBs 的含量见表 4-5。由表可知，土壤含水量升高有利于土壤中 Cu 与 Cd 的去除，但当含水量大于 50％ 时，其去除效果并不存在显著差异，且与 30％ 含水量相比，其对重金属去除效率的提升也较为有限，对土壤中 Cu、Cd 的最高去除率分别为 30.9％ 和 45.5％。而对于 PCBs，虽然与修复前相比，其在土壤中的含量存在显著减少，但各处理间差异不大，且无特定变化规律。

从表 4-5 可以看出，并非土壤含水量越高修复效果越好。通过 50％ 与 70％ 含水量处理对比发现两者土壤中 Cu 和 Cd 的含量较为接近，含水量对于去除效果的影响几乎未能体现。实验过程中发现，当含水量为 50％ 时，土壤已经近似泥浆状，而当含水量达到 70％ 时，土壤表面已形成约 0.5cm 的水层，在此状态下，可以认为土壤与水已充

分混合，同时络合剂在土壤中也已得到充分扩散，并与土壤中的重金属离子络合溶出，因此使得去除效果趋于平稳。

表 4-5　不同处理修复后土壤中 Cu、Cd、PCBs 的含量

土壤含水量	Cu/(mg/kg)		Cd/(mg/kg)		PCBs/(μg/kg)	
	修复处理	空白对照	修复处理	空白对照	修复处理	空白对照
30%	301±1a	393±4a	6.61±0.02a	9.65±0.09a	266±42a	281±64a
50%	280±2b	382±5a	6.24±0.10b	9.60±0.12a	275±43a	220±39a
70%	279±4b	374±2a	6.10±0.20b	9.38±0.16a	258±32a	263±46a

注：表中同一列不同字母表示存在显著性差异（$p < 0.05$）。

而对于 PCBs，由于其正辛醇-水分配系数高，亲脂性强，在水中基本不溶（孟庆昱等，2000），因此，在不添加有机溶剂的情况下，土壤含水量多少并不对其分离去除产生影响，而其含量减少的原因主要在于蒸发过程。本书采用烘箱恒温加热方式，而 PCBs 又属于半挥发性有机物，因此在蒸发过程中，会有部分 PCBs 因挥发作用与土壤分离而进入至大气环境中，从而使得土壤中 PCBs 含量降低。由于 PCBs 是一组有机氯化合物，共有 209 种同分异构体，因其苯环上氯原子取代数量与位置的不同而在物化性质上差异较大（Safe management of PCBs，1989）。低氯代组分蒸汽压相对略高，易于挥发；而高氯代组分蒸汽压低，与土壤结合较为稳定，不易去除（Sawney，1986）。与修复前相比，土壤中低氯代 PCBs 显著减少而高氯代组分含量则几乎无变化。又因 PCBs 挥发与土壤中无机溶剂多少无直接联系，因此无论是添加络合剂的处理还是只加水的空白对照，处理之间均未体现有差异性，且不同含水量条件也未产生影响，导致处理间土壤中 PCBs 的变化趋势无特定规律。

二、不同水分管理条件下 Cu、Cd 的迁移规律

为了进一步研究添加了络合剂后土壤中 Cu、Cd 在不同水分管理条件下的迁移规律，采用土壤表面与盆底各附一张滤纸的方式分别收集表面蒸发与下渗的土壤溶液，并因水分蒸发被滤纸吸收富集，通过测定滤纸吸附量即可获得该条件下 Cu、Cd 迁移形式的初步规律。结果如图 4-22 与图 4-23 所示。

由图可知，不同水分控制条件下，其土表蒸发富集量与下渗淋出量存在明显差异。当含水量为 30% 时，其迁移形式基本以土壤表面富集为主；当含水量为 50% 时，两种迁移形式兼有，但仍以表面富集为主；当含水量为 70% 时，则基本以下渗淋出形式进行。Cu 与 Cd 的迁移规律基本一致，但对于活性相对较强的 Cd 而言，土壤含水量对其迁移形式的影响规律更为典型。

此外，当土壤含水量分别为 50% 与 70% 时，其滤纸上 Cu 与 Cd 的总残留量较为接近，且均高于 30% 含水量的处理。这一结果也反过来验证了之前 50% 与 70% 含水量处理条件下对土壤的修复效果基本差别不大这一现象。进而说明当土壤含水量高于 50% 时，络合效应已经较为充分，此时水分管理控制对其影响主要体现在迁移形式上，而对于去除效应影响不大。

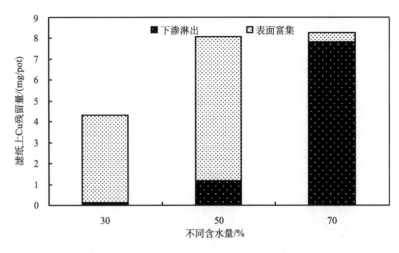

图 4-22　不同含水量条件下 Cu 的迁移形式

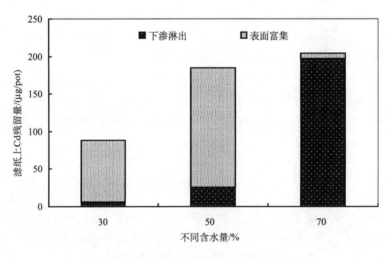

图 4-23　不同含水量条件下 Cd 的迁移形式

三、修复方式对土壤养分的影响

　　土壤养分含量是评价土壤肥力的重要指标，若将修复后的土壤用于农业生产，则需对土壤养分含量及修复措施所造成的流失量进行分析。测定分析结果表明，使用络合蒸发对土壤进行修复，不可避免地会使土壤中养分产生一定流失，而含水量对于养分流失状况更是有着直接的影响（表 4-6）。由表可知，随着含水量的增加，土壤中水解氮、有效磷和速效钾的流失率逐渐提升。

表 4-6　修复后各处理土壤的养分含量

土壤含水量/%	水解氮		有效磷		速效钾	
	含量/(mg/kg)	流失率/%	含量/(mg/kg)	流失率/%	含量/(mg/kg)	流失率/%
30	182±7a	1.5	9.76±0.24a	5.2	172±10a	8.7
50	165±3b	10.6	9.07±0.19b	11.9	146±5b	22.3
70	117±5c	36.9	7.25±0.35c	29.6	110±8c	41.5

注：表中同一列不同字母表示存在显著性差异（$p < 0.05$）。

　　土壤肥力是土壤为植物生长提供和协调营养条件和环境条件的能力，是土地生产力的基础，也是农业生产的根本。在评价土壤肥力的过程中，有效态土壤养分是一个重要的指标，主要包括土壤水解氮、有效磷和速效钾等，有效态土壤养分是土壤中被植物利用最直接的一部分养分，同时又由于其活性高，受环境影响变化较大。对土壤水解氮、有效磷和速效钾的测定分析，对修复工艺参数的选择具有重要的指导意义。由于EDTA 是一种较强的螯合剂，其添加入土壤后，在络合溶出重金属离子的同时，也会不加选择的带动一部分养分元素随之迁移，从而产生一定的养分流失，进而影响修复后的土壤肥力。结果表明，在络合剂添加与土壤水分管理双重影响下，土壤中存在一定的养分流失现象，其中，土壤含水量是一个主要影响因子，同时，由于 EDTA 的化学稳定性，其进入土壤后必将长期残留，对土壤养分流失的潜在影响亦不可忽视。因此，需根据修复后土壤用途选择适当的修复工艺，特别是对于农田土壤，采用络合蒸发进行修复后需关注养分变化并进行及时施肥补充以保证修复后正常农业生产需求。

参 考 文 献

林和健，林云琴. 2005. 低温等离子体技术在环境工程中的研究进展. 环境技术，1：21-24.

刘璐，孙岩洲，张峰. 2008. 大气压下影响介质阻挡放电的因素分析. 绝缘材料，41（5）：52-55.

刘增俊. 2009. 污染土壤中多环芳烃的微生物降解和低温等离子体氧化修复作用研究. 南京：中国科学院南京土壤研究所，69-94.

罗飞. 2011. 滴滴涕废弃生产场地健康风险评估与土壤低温等离子体修复技术研究. 南京：中国科学院南京土壤研究所，94-99.

孟庆昱，褚少岗，徐晓白. 2000. 多氯联苯的环境吸附行为研究进展. 科学通报. 45（15）：1572-1583.

周东美，王慎强，陈怀满. 2000. 土壤中有机污染物-重金属复合污染的交互作用. 土壤与环境，9（2）：143-145.

Bai Y，Chen J，Yang Y，et al. 2010. Degradation of organophosphorus pesticide induced by oxygen plasma：Effectsof operating parameters and reaction mechanisms. Chemosphere，81（3）：408-414.

Fridman A，Chirokov A，Gutsol A J. 2005. Non-thermal atmospheric pressure discharges. Journal of Physics D- Applied Physics，38：R1-24.

He F，Zhang Z，Wan Y，et al. 2009. Polycyclic aromatic hydrocarbons in soils of Beijing and Tianjin region：Vertical distribution，correlation with TOC and transport mechanism. Journal of Environmental Sciences，21（5）：675-685.

Irwin R J，Van M M，Stevens L，et al. 1997. Environmental contaminantsencyclopedia. Nantional Park Kogelschatz U，Eliasson B，Egli W. Dielectric-barrier discharges：Principle and applications Journal de Physique IV, 7 (C4): 47-66.

Kogelschatz U. 2003. Dielectric-barrier discharges: Their history, discharge physics, and industrial applications. Plasma Chemistry and Plasma Processing, 23: 1-46.

Sawney B L. 1986. Chemistry and properties of PCBs in relation to environmental effects. In: Waid John S, ed. PCBs and the environment. Florida: CRC Press, 47-64.

Sims R C, Overcash M R. 1981. Fate of polynuclear aromatic compounds (PNAs) in soil-plant systems. Residue Reviews, 88: 1-68.

第五章　废旧电容器污染农田土壤的植物修复

植物修复（Phytoremediation）是以植物忍耐和富集某种或某些有机或无机污染物为理论基础，利用植物或植物与微生物的共生体系，清除环境中污染物的一种环境污染治理技术。植物修复的对象可包括重金属、有机物和放射性核素等。植物修复有机污染土壤是近二十年兴起的一种污染土壤修复技术，因其具有经济、实用、美观、操作简单、低成本、少土壤扰动等优点，是一种很有潜力的绿色修复技术，并受到越来越多的关注。Chekol 等（2004）采用 7 种植物修复 PCBs（Acroclor 1248）污染土壤，结果发现，处理 120 天后，种植植物的土壤中 PCBs 含量降低 67%～77%，而空白对照处理土壤中 PCBs 含量仅降低 18%，说明种植植物对于 PCBs 污染土壤有良好的修复效果。因此，本章介绍不同植物对土壤多氯联苯（PCBs）或其与重金属的去除效果，及其对 PCBs 各同系物的作用，以期为废旧电容器污染农田土壤的植物修复提供技术支撑。

第一节　多氯联苯污染农田土壤的植物修复

一、龙葵对多氯联苯（PCBs）污染土壤的修复效应

龙葵（*Solanum nigrum*），茄科，一年生草本，高 30～60cm。茎直立，上部多分枝，稀被白色柔毛。叶互生，卵形，长 2.5～10cm，宽 1.5～5.5cm，全缘或每边具不规则的波状粗齿，先端尖锐，基部楔形或渐狭至柄，叶柄长达 2cm。花序短蝎尾状或近伞状，侧生或腋外生，有花 4～10 朵，花序梗长 1～2.5cm；花细小，柄长约 1cm，下垂；花萼杯头，绿色，5 浅裂；花冠白色，辐射状，5 深裂，裂片卵状三角形，约 3cm；雄蕊 5，花药顶端孔裂；子房上位，卵形，花柱中部以下有白色绒毛。浆果球形，直径约 8mm，熟时黑色。种子多数，近卵形，压扁状。花果期 9～10 月。具有很强的抗逆境能力。

采用室内盆栽实验研究了龙葵对 PCBs 污染土壤的修复效果，发现龙葵种植 50 天后，对照土壤和处理土壤中 PCBs 的浓度较修复前均有所下降。从去除率来看，对照土壤中 PCBs 的去除率为 12.3%±3.6%，而种植龙葵的土壤中 PCBs 的去除率为 20.1%±0.3%，比对照提高了 8%左右（图 5-1）。因此，种植龙葵可以在一定程度上增强污染土壤中 PCBs 的去除效果。从各同系物变化来看（图 5-2），除了 PCB180 变化较小以外，其余各同系物的浓度在修复后均有了一定程度的下降，其中 PCB101、PCB118、PCB153 的去除效果较之其他更显著。

龙葵培养 50 天后，龙葵的不同器官都能积累 PCBs（图 5-3），各器官对 PCBs 的积

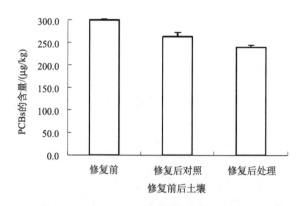

图 5-1　龙葵修复前后土壤中多氯联苯（PCBs）含量的变化

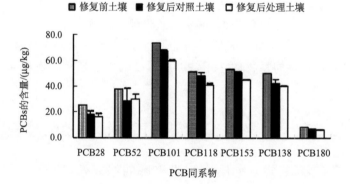

图 5-2　龙葵修复前后土壤各同系物含量的变化

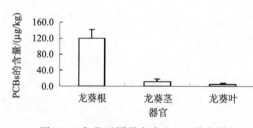

图 5-3　龙葵不同器官中 PCBs 的含量

累浓度为根＞茎＞叶，PCBs 在根、茎和叶中的积累量分别为 120μg/kg、12.7μg/kg 和 5.4μg/kg。不同器官中同系物的组成不同（图 5-4），除 PCB180 外，各同系物在不同器官中的浓度也存在根＞茎＞叶的规律。根中 PCBs 含量相对较高的是 PCB52、PCB101、PCB118、PCB138 和 PCB153，茎和叶主要积累少量的 PCB28、PCB52、PCB118、PCB138 和 PCB180。可见，龙葵根部能够积累土壤中的 PCBs，少量 PCBs 可能会向地上部转移。

　　综上所述，龙葵对 PCBs 污染土壤具有一定的修复效应，可以通过一些强化措施提高 PCBs 的生物可利用性，增强 PCBs 由根向地上部转移，提高其对 PCBs 污染土壤的修复效率。此外，龙葵是重金属 Cd 的超积累植物，因此可以运用其修复 PCBs 和 Cd 复合污染的土壤。

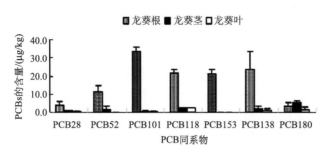

图 5-4　龙葵不同器官中 PCBs 同系物的组成

二、鱼腥草对多氯联苯（PCBs）污染土壤的修复效应

鱼腥草（*Herba Houttuyniae*），三白草科。因叶的挥发油中含鱼腥草素（癸酰乙醛）而有腥气，故俗称鱼腥草。多年生草本，地下茎发达，通过地下茎扦插繁殖，高 30～50cm，全株有腥臭味；茎上部直立，常呈紫红色，下部匍匐，节上轮生小根。叶互生，薄纸质，有腺点，背面尤甚，卵形或阔卵形，长 4～10cm，宽 2.5～6cm，基部心形，全缘，背面常呈紫红色；掌状叶脉 5～7 条；叶柄长 1～3.5cm，无毛；托叶膜质长 1～2.5cm，下部与叶柄合生成鞘。花小，夏季开，无花被，排成与叶对生、长约 2cm 的穗状花序；总苞片 4 片，生于总花梗之顶，白色，花瓣状，长 1～2cm；雄蕊 3 枚，花丝长，下部与子房合生；雌蕊由 3 个合生心皮所组成。蒴果近球形，直径 2～3mm，顶端开裂。

如图 5-5 所示，种植鱼腥草 90 天后，对照和处理土壤中 PCBs 的浓度较修复前均有所下降，但种植鱼腥草下降更多。对照和种植鱼腥草对污染土壤中 7 种指示性 PCBs 总量的去除率分别为 11.6％和 22.8％，显然较之对照，种植鱼腥草可以将去除率提高 11％左右，有利于 PCBs 污染土壤的修复。就各同系物而言，对照和处理土壤中 PCB 的浓度均比修复前有所降低，但种植鱼腥草对 PCBs 各同系物的去除率更高（图 5-6）。

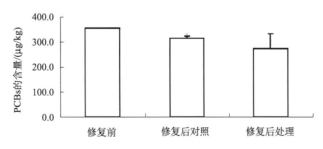

图 5-5　鱼腥草修复前后土壤中 PCBs 含量的变化

如图 5-7 所示，鱼腥草培养 90 天后，地下茎和地上部都有积累 PCBs，且 PCBs 在地下茎中的浓度高于地上部，含量分别为 113.0μg/kg 和 46.1μg/kg。各同系物的浓度

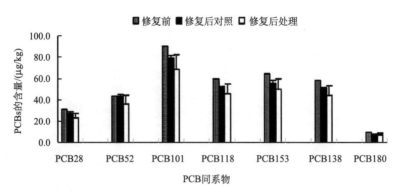

图 5-6　鱼腥草修复前后土壤中 PCBs 同系物含量的变化

也都存在地下茎高于地上部的规律。积累相对较高的是 PCB52、PCB101、PCB118、PCB138 和 PCB153。

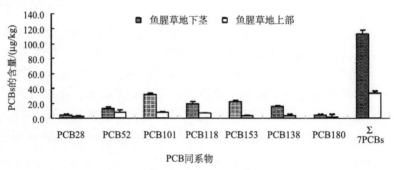

图 5-7　鱼腥草体内 PCBs 的含量与组成

　　综上所述，要保障鱼腥草的安全种植，必须控制土壤及大气中 PCBs 污染。此外，地下茎发达，繁殖迅速的鱼腥草可以作为 PCBs 污染土壤的修复材料，可以通过一些措施，促进其生长繁殖，提高其生物量，或增强 PCBs 向地上部转移，以提高其对 PCBs 污染土壤的修复效率。

第二节　紫花苜蓿对多氯联苯污染土壤的田间原位修复

　　本节以长江三角洲某典型污染区 PCBs 复合污染农田土壤为对象，采用田间小区试验研究紫花苜蓿对 PCBs 复合污染土壤的修复效率，并采用土壤酶活性分析法和基于土壤核酸提取的 PCR-DGGE 技术对修复植物根际土壤微生物群落结构多样性进行动态分析，以期为进一步研发 PCBs 污染土壤的植物修复技术并揭示根际微生物的协同修复机理提供科学依据。

　　供试农田土壤为水稻土，土壤系统分类命名为铁聚水耕人为土。土壤初始 pH 为4.35，平均 PCBs 浓度为 312.5μg/kg。由于土壤酸化严重，不适合修复植物的生长，故在植物修复试验开始之前对该实验区进行了预处理，即向土壤中施加酸性改良剂石灰，并加以翻耕搅拌等农艺措施。经过为期 1 个月的预处理，土壤 pH 升为 5.74，初始 PCBs 浓度降低为 191.0μg/kg，已基本满足修复植物生长需求。其他土壤基本理化性质参数如下：有机质含量为 34.5g/kg，黏土含量 253.5g/kg，全氮、全磷、全钾分别为 1.87g/kg、0.49g/kg 和 24.9g/kg，有效磷 11.9g/kg，速效钾 106.0mg/kg。

田间试验开始于 2007 年 9 月，共设 2 个处理：①未种植紫花苜蓿的对照（CK）；②种植紫花苜蓿（P）。每个处理均设 4 次重复，每个小区面积为 1.8m×1.8m，随机区组排列。试验为期 2 年，分别于 2008 年 9 月和 2009 年 9 月采样分析。

一、土壤中多氯联苯（PCBs）的浓度与同系物特征

不同处理下土壤中 PCBs 总量的变化见表 5-1。种植紫花苜蓿修复 1 年（2008 年采样）和 2 年后（2009 年采样），土壤中 PCBs 的总量与未种植的对照相比均有显著降低（$p < 0.05$）。此外，无论是对照组还是修复组，第 2 年土壤中 PCBs 的浓度均显著低于第 1 年的。在种植紫花苜蓿的处理中，在修复后的第 1 年和第 2 年土壤中 PCBs 总量的去除率分别为 31.4% 和 78.4%，显著高于对照组的 12.3% 和 31.4%。

表 5-1　不同处理下土壤中 PCBs 浓度的变化

	对照		种植紫花苜蓿	
	浓度/(μg/kg)	去除率/%	浓度/(μg/kg)	去除率/%
起始（2007 年）	191.0±9.7 a	0	191.0±9.7 a	0
第 1 年（2008 年）	167.5±9.2 b	12.3±0.4	131.0±5.5 c	31.4±0.6
第 2 年（2009 年）	131.1±5.4 c	31.4±0.7	41.3±3.9 d	78.4±0.9

注：同一列中不同字母表示差异显著（$p < 0.05$）。

在 2 年的田间修复过程中，土壤中不同 PCBs 同系物的组成变化见图 5-8。由图可知，与对照相比，种植紫花苜蓿可显著促进低氯联苯中二氯联苯的降解，同时也提高了土壤中四氯、五氯甚至更高氯代联苯的比例。此外，无论是种植植物的修复组还是未种植的对照组，土壤中二氯联苯的含量都随着修复时间的增加而不断降低。

二、紫花苜蓿各组织的生物量与多氯联苯（PCBs）富集量

试验进行期间每年对修复植物的生物量（以干重计）以及植物组织对 PCBs 的富集量进行动态检测，结果如表 5-2 所示，紫花苜蓿地上部的平均生物量从第 1 年的 2.2g/株显著增加到第 2 年的 9.3g/株，与此同时，紫花苜蓿地上部对土壤中 PCBs 的富集量在修复试验进行 2 年后也显著增加（$p < 0.05$）。但紫花苜蓿根部的生物量以及对 PCBs 的累积量在 2 年间的变化均不显著。

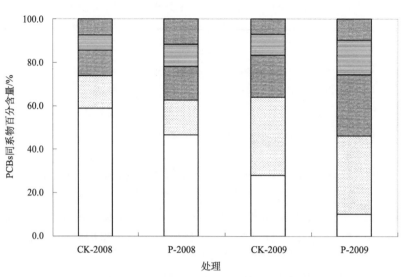

图 5-8　不同处理下土壤中 PCBs 同系物百分含量的变化

CK 为未种植的对照；P 为种植紫花苜蓿；各处理后的数字表示年份

表 5-2　紫花苜蓿地上部和根部的生物量以及对 PCBs 的富集量

年份	植物生物量/(g/株)			PCBs 的富集量/(μg/株)		
	根部	地上部	总计	根部	地上部	总计
2008	2.0±0.3 a	2.2±0.2 b	4.2 b	0.14 a	0.05 b	0.19 b
2009	3.0±1.4 a	9.3±2.7 a	12.3 a	0.20 a	1.86 a	2.06 a

注：同一列中不同字母表示差异显著（$p < 0.05$）。

图 5-9 表示紫花苜蓿各部位中 PCBs 的含量和积累量。从图 5-9 可以看出，紫花苜蓿植株地上部、根、根瘤均对 PCBs 存在不同程度的富集作用，不同组织部位中 PCBs 的含量呈极显著差异（$p < 0.01$），表现为根瘤＞根＞地上部。植物根部 PCBs 的浓度远高于茎叶，这可能与 PCBs 为疏水性有机污染物，易被植物地下部组织表面强烈吸附而难以被植物吸收转运有关。

此外，还发现紫花苜蓿根部生长有大量的根瘤，植物根、根瘤中 PCBs 的浓度分析结果表明，紫花苜蓿根瘤中 PCBs 含量可达 713.0μg/kg，显著高于根部 PCBs 含量 249.7μg/kg。这可能与植物组织中脂类物质的不均一分布有关。有研究表明，植物组织中有机污染物的积累浓度与其脂类物质含量呈正相关关系（Barbour et al，2005；林道辉等，2003）。本书通过对紫花苜蓿根、根瘤中脂质含量进行分析，结果发现紫花苜蓿根、根瘤中脂类物质含量分别为 3.95％和 7.04％，与其对 PCBs 的富集浓度表现出相同趋势。可见，脂质含量是影响植物组织吸收富集 PCBs 的一个主要因素。

从图 5-9 还可知，紫花苜蓿不同组织部位对 PCBs 的积累量也具有极显著差异（$p < 0.01$），表现为根＞地上部＞根瘤。但是，根瘤中 PCBs 的积累量仅为 0.05μg/株，这

主要与紫花苜蓿单株根瘤生物量低，仅 0.064g/株，只占植物单株根生物量的 0.4％左右相关。可见，紫花苜蓿根瘤对 PCBs 具有很强的富集能力，但由于其生物量较低，根部仍是紫花苜蓿富集 PCBs 的主要部位。

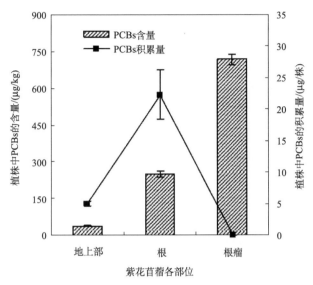

图 5-9　紫花苜蓿各部位对 PCBs 的富集作用

图 5-10 表示紫花苜蓿各部位及土壤、大气颗粒物 PM_{10} 中 PCBs 同系物的分布特征。从图 5-10 可知，紫花苜蓿根、根瘤中 PCBs 与土壤中 PCBs 组分分布形式相似，其中 PCBs 组分约 70％左右为低氯组分（＜6 个氯原子的 PCBs 组分），且主要以 4 氯和 5 氯组分为主，4 氯以下组分仅占根、根瘤中 PCBs 组分的 9.0％和 9.2％。但这与紫花苜蓿地上部茎叶中 PCBs 组分分布有明显不同，茎叶中 PCBs 组分约 97.5％为低氯组分，以 2 氯和 3 氯 PCBs 组分为主，分别占地上部 PCBs 组分的 39.8％和 40.9％。紫花苜蓿植

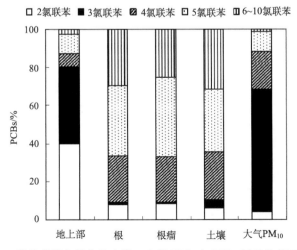

图 5-10　紫花苜蓿各部位及土壤、大气 PM_{10} 中 PCBs 同系物的百分含量

物地上部的 PCBs 与大气颗粒物 PM$_{10}$ 中 PCBs 分布形式有所不同。植物地上部 5 氯以上（含 5 氯）PCBs 组分所占比例与大气颗粒物 PM$_{10}$ 相似，但 2 氯代 PCBs 组分所占比例显著高于大气颗粒物 PM$_{10}$，这可能一方面与低氯代 PCBs 组分溶解度相对较高，更容易被植物所吸收代谢，并随植物体内的蒸腾流或汁液向上迁移有关，另一方面与低氯代 PCBs 组分易挥发，且植物叶片含有大量脂质成分如蜡质、色素等，因而由土壤中挥发出的低氯代 PCBs 组分会被植物地上部截留有关。

三、紫花苜蓿根和根瘤中多氯联苯（PCBs）的形态分布

采用改进的 3 步连续提取方法，研究了紫花苜蓿地下部根、根瘤对土壤中 PCBs 的吸着和吸收。该连续提取法获得的 3 种不同 PCBs 形态分别为：①松散附着在植物组织表面及处于植物组织自由空间水溶液中的 PCBs；②与植物组织牢固吸着的 PCBs；③进入植物组织内部的 PCBs。

图 5-11 显示了紫花苜蓿根和根瘤中 PCBs 的形态分布。由图 5-11 可知，紫花苜蓿根和根瘤中 PCBs 的形态分布相似，它们中 PCBs 的形态约有 78% 表现为强吸着态，19% 左右表现为弱吸着态，仅 2% 左右的 PCBs 进入植物组织内部，表现为强吸着态 PCBs 组分＞弱吸着态 PCBs 组分＞进入植物组织内部的 PCBs 组分。可见，大部分 PCBs 只是被植物组织紧密吸附，而很难穿越内皮层的障碍，进入植物组织内部。焦杏春等（2007）也发现相似结果，可能是由于 PCBs 疏水性较强，易被根表紧密吸附。Dietz 等（2001）和 Wild 等（2005）研究也发现，疏水性有机污染物主要吸附于植物根系表面或与根表细胞壁紧密结合，很难进入植物细胞内部。

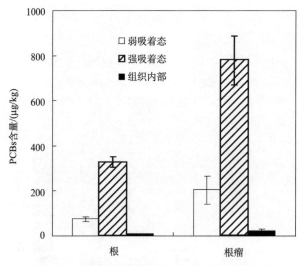

图 5-11　紫花苜蓿根和根瘤中 PCBs 的形态分布

进一步对紫花苜蓿根和根瘤中不同形态 PCBs 的同系物组成进行分析，发现紫花苜蓿根和根瘤中不同形态 PCBs 的同系物组成相似。因此，以紫花苜蓿根为例，说明不同

形态 PCBs 的同系物组成，其结果如图 5-12 所示。由图 5-12 可知，通过 CaCl$_2$ 溶液提取所得到的弱吸着态 PCBs 均为 4 氯以下（含 4 氯）的 PCBs 组分，大约 50％为 2 氯代 PCBs 组分，第 2 步经过丙酮和正己烷混合溶液提取得到的强吸着态 PCBs 中约 40％为高氯 PCBs 组分（≥6 个氯原子的 PCBs 组分），且高氯 PCBs 组分仅在强吸着态 PCBs 中出现，而经过第 3 步提取得到的进入植物根组织内部的 PCBs 组分中则仅出现 2 氯代的 PCB8。可见，随 PCBs 氯代数目增加，其亲脂性与疏水性逐渐增强，更易被植物组织紧密吸附，仅水溶性相对较高的 2 氯代组分可能进入植物组织内部，随植物体内的蒸腾流或汁液向上迁移。Wang 等（1994）也发现，除 2 氯苯外，其他氯苯化合物均被胡萝卜表皮紧密吸附，不能进入胡萝卜内部。

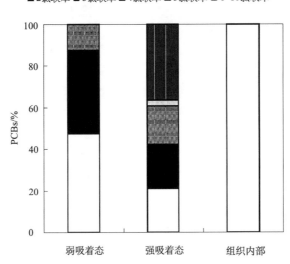

图 5-12　紫花苜蓿根中不同形态 PCBs 的同系物组成

四、紫花苜蓿根、根瘤中脂肪组织的鉴定

植物中的脂肪组织遇苏丹Ⅲ染液可呈橙红色或鲜红色，根据这一化学染色方法，可以鉴定植物组织中脂类物质的存在。图 5-13 为紫花苜蓿根、根瘤经过苏丹Ⅲ化学染色前后的显微图。由图 5-13 可见，经苏丹Ⅲ化学染色后，紫花苜蓿根仅表皮和外皮层薄壁细胞呈现红色，其他部位细胞可能由于大部分发生木质化，脂溶性成分相对减少，因此并没有发生颜色变化；紫花苜蓿根瘤则除表皮、外皮层薄壁细胞呈红色外，其含菌组织由于含有大量脂类物质也呈现红色。由此可见，与紫花苜蓿根相比，根瘤中存在大量脂类物质，实际测定结果也表明，紫花苜蓿根瘤中脂类物质含量为 7.04％，远高于根中脂类物质含量 3.95％。同时，紫花苜蓿根、根瘤组织中的脂溶性成分均主要分布在表皮及外皮层薄壁细胞，脂类物质在植物组织中的这种不均一分布，也可能是高脂溶性化合物 PCBs 易紧密吸附于植物表皮而难以向植物内部分配的一个原因。

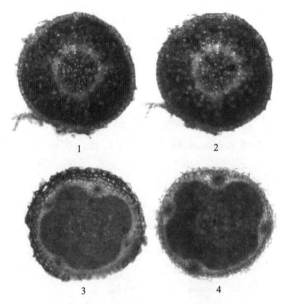

图 5-13　紫花苜蓿根、根瘤的脂肪组织化学染色
1. 染色前根横切面；2. 染色后根横切面；3. 染色前根瘤横切面；4. 染色后根瘤横切面

五、种植紫花苜蓿对土壤脱氢酶和荧光素二乙酸酯酶活性的影响

土壤脱氢酶和荧光素二乙酸酯酶是用于评价土壤微生物总体活性的常用酶学指标。土壤脱氢酶常用于表征土壤的物质和能量转化过程，由图 5-14（a）可知，种植紫花苜蓿 1 年后，植物根际土壤脱氢酶活性与对照组相比显著增加（$p < 0.05$），种植 2 年后，种植紫花苜蓿的土壤中脱氢酶活性为对照组中的 1.1 倍。而荧光素二乙酸酯酶活性与脱氢酶呈现相同的趋势（图 5-14（b）），经过 2 年的植物修复，紫花苜蓿根际土壤中荧光素酶活性为 37.7μg 荧光素/（g 干土·20min），显著高于对照组的 20.8 μg 荧光素/（g 干土·20min）（$p < 0.05$）。

六、种植紫花苜蓿对土壤微生物群落结构多样性的影响

采用 PCR-DGGE 法研究土壤中土著细菌群落结构多样性的变化动态，细菌 16S rRNA 基因片段的指纹图谱见图 5-15（a）。由图可知，在种植紫花苜蓿处理（P）的泳道中比未种植的对照组（CK）新增了许多电泳条带，此外，在修复后第 2 年（2009 年）的泳道中，电泳条带数也显著高于修复后第 1 年（2008 年）的数量。各处理之间的细菌群落结构聚类分析结果如图 5-15（b）所示，对照组和种植紫花苜蓿修复 2 年后的处理中土壤微生物多样性可聚为一类，其相似度为 0.82；种植紫花苜蓿修复 1 年后的土壤微生物多样性与之相比相似度略低，为 0.76；而未种植的对照组在 1 年后的土壤微生物群落结构因与前两个聚类相似度均较低而在聚类图中自成一簇。

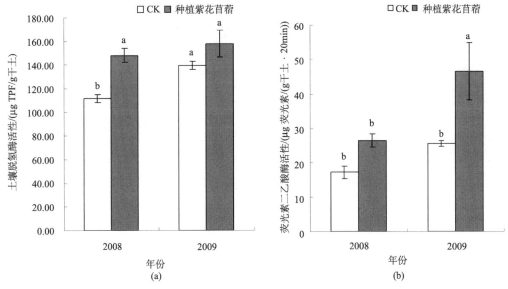

图 5-14　不同处理下土壤脱氢酶（a）和荧光素二乙酸酯酶（b）活性的动态变化

不同字母表示有显著性差异（$p < 0.05$）

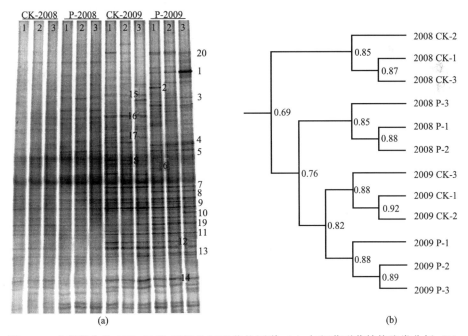

图 5-15　土壤微生物 16S rRNA 基因 DGGE 指纹图谱（a）与细菌群落结构聚类分析（b）

（a）图中 CK 为未种植的对照；P 为种植紫花苜蓿；各处理后的数字表示年份；（b）图中 2008、
2009 为年份，CK 表示未种植的对照组，P 为种植紫花苜蓿处理。

　　通过软件对 DGGE 指纹图谱进行数字化后，计算各处理的土壤微生物群落结构丰富度、多样性与均一度，结果见表 5-3。种植紫花苜蓿修复 2 年后的根际土壤微生物多样性 Shannon 指数为 3.77，显著高于种植 1 年后的 3.59 和对照组 1 年后的 3.38（$p <$ 0.05），与对照组 2 年后相比略有增加但统计学差异不显著。丰富度的结果与多样性指数的结果呈现一致的趋势，所有处理中土壤微生物均一度的变化并不显著，各处理中均一度指数均大于 0.99。

表 5-3　不同处理下土壤微生物的丰富度、多样性与均一度变化

处理	多样性指数（H）	丰富度（S）	均一度
CK-2008	3.38±0.02 d	29±0.58 d	＞0.99
P-2008	3.59±0.01 c	36±0.58 c	＞0.99
CK-2009	3.73±0 ab	42±0 ab	＞0.99
P-2009	3.77±0.01 a	43±0.58 a	＞0.99

注：CK 为未种植的对照；P 为种植紫花苜蓿；各处理后的数字表示年份；同一列中不同字母表示差异显著（$p <$ 0.05）。

　　如图 5-15A 所示，在种植紫花苜蓿修复 2 年后的处理中发现许多新增的条带，推测这些土著微生物可能与土壤中 PCBs 的降解有关。选择了 20 条明亮且边缘清晰的 DGGE 条带进行 16S rRNA 基因片段测序分析，其中 19 条序列测序成功，将这 19 条序列提交 Genbank 并与之进行序列同源性比对，结果见表 5-4。19 条序列分别与 *Actinobacteria*、*Chloroflexi*、*Bacteroidetes* 以及 *Proteobacteria* 属的微生物具有较高的同源性，且其中多数属于目前尚不可培养的微生物。已有文献表明，*Actinobacteria* 属和 *Chloroflexi* 属中的多种微生物属于联苯降解菌，能够参与土壤中 PCBs 的降解代谢（Bedard，2008；Correa et al.，2010），这一结果显示种植紫花苜蓿可显著改变植物根际土壤的微生物群落结构与多样性，促进联苯降解菌的生长与活性。

第三节　多氯联苯-重金属复合污染农田土壤的植物修复

　　植物修复，因其生物量大，对特定污染物具有显著的提取积累效应，且对生态环境干扰小，有利于土壤生态等功能的恢复，同时又可改善景观，成为一种重要的生物修复技术措施。但目前研究较多的植物修复技术多针对单一污染物，而对于多种污染物共存情况，尤其是有机-无机复合污染土壤类型的植物修复研究并不多。研究中所用到的修复植物，也多为对某一特定污染物有明显的修复去除作用：如豆科植物紫花苜蓿用于 PCBs 污染土壤的植物修复（Chekol，2001；Teng et al.，2010）；海州香薷对铜具有较强的耐受富集能力（Song et al.，2004）；伴矿景天则是一种镉锌的超积累植物（吴龙华等，2006），而上述植物是否对多氯联苯和铜镉复合污染土壤也具有一定的修复效应，目前尚少见报道。鉴于此，本节采用紫花苜蓿、海州香薷以及伴矿景天作为供试植物，进一步评价其对多氯联苯、铜、镉复合污染土壤的修复效应，以期为研发多氯联苯、铜、镉复合污染土壤的植物修复技术提供科学依据。

表 5-4　DGGE 条带测序与序列同源性比对分析结果

编号	GenBank 登录号	GenBank 中最相似微生物	相似度/%	系统分类
1	HM197731	*Flavobacterium* sp.	100	*Bacteroidetes*
2	HM197732	*Microbacterium* sp.	100	*Actinobacteria*
3	HM197733	Uncultured *Micrococcus* sp.	99	*Actinobacteria*
4	HM197734	Uncultured *Bacteroidetes* bacterium	97	*Bacteroidetes*
5	HM197735	Uncultured *Chloroflexi* bacterium	95	*Chloroflexi*
6	HM197736	Uncultured bacterium	100	TM7
7	HM197737	Uncultured *Sphingomonadaceae* bacterium	100	*Proteobacteria*
8	HM197738	Uncultured *Flexibacteraceae* bacterium	98	*Bacteroidetes*
9	HM197739	Uncultured bacterium	98	*Chloroflexi*
10	HM197740	*Rhodobacter* sp.	100	*Proteobacteria*
11	HM197741	Uncultured *Lysobacter* sp.	100	*Proteobacteria*
12	HM197742	*Rhodococcus* sp.	98	*Actinobacteria*
13	HM197743	Uncultured *Actinomycetales* bacterium	100	*Actinobacteria*
14	HM197744	Uncultured *Actinobacterium*	100	*Actinobacteria*
15	HM197745	Uncultured *Legionella* sp.	95	*Proteobacteria*
16	HM197746	Uncultured *Chloroflexi* bacterium	100	*Chloroflexi*
17	HM197747	*Streptomyces* sp.	98	*Actinobacteria*
18	HM197748	Uncultured bacterium	99	*Gemmatimonadetes*
19	HM197749	Uncultured bacterium	96	*Chloroflexi*

一、不同植物对土壤中多氯联苯（PCBs）、铜、镉的修复效果

供试土壤采自长江三角洲某典型 PCBs、铜、镉复合污染区域，土壤 pH 为 7.32，有机质含量为 60.2g/kg，全氮、全磷、全钾分别为 1.94g/kg、0.55g/kg 和 20.6g/kg，21 种 PCBs 总浓度为 948μg/kg，全量 Cu、Cd 浓度分别为 4058mg/kg 和 5.97mg/kg，盐酸可提取态 Cu、Cd 含量分别为 2110mg/kg 和 4.30mg/kg。设置盆栽试验，90d 后收获。从表 5-5 可以看出，紫花苜蓿、海州香薷和伴矿景天对土壤中 PCBs、Cu、Cd 的总量均有不同程度的去除作用，其修复效果均表现为伴矿景天（S）＞海州香薷（E）＞紫花苜蓿（A）。对 PCBs 而言，紫花苜蓿（A）、海州香薷（E）、伴矿景天（S）均显示出较好的修复效果，其对土壤中 PCBs 的去除率分别达 48.9%、68.5% 和 76.8%，显著高于对照处理（CK）的 19.7%（$p < 0.05$），并以种植伴矿景天（S）对土壤中 PCBs 的去除效果最好。而对于重金属 Cu 和 Cd，以伴矿景天（S）的去除效果最为显著（$p < 0.05$）；海州香薷（E）仅对土壤中 Cu 的去除效果明显；此外，种植紫花苜蓿（A）虽然对两种重金属均有一定程度的去除，但与对照组相比，重金属含量的降低并不显著。紫花苜蓿虽然对 PCBs 污染土壤具备一定的修复潜力，但高浓度的重金属污染对其种子发芽及幼苗生长具有毒害作用（Peralta-Videa et al.，2004），从而在一定程度上限制了紫花苜蓿在多氯联苯-重金属复合污染土壤修复中的应用。而海州香薷与伴矿景天均采自矿区，这 2 个物种可能已经发生了与污染环境相适应的抗性进化，因此对重金属污染土壤具有一定的耐受性，并通过对土壤中的 Cu 与 Cd 进行活化或吸收从而达到良好的去除及修复效应。伴矿景天对土壤中 PCBs、Cu 和 Cd 都具有良好的去除效果，因此在多氯联苯-重金属复合污染土壤修复中具备一定的应用潜力。

表 5-5　不同植物修复后土壤中 Cd、Cu、PCBs 的含量与去除率

处理	Cd		Cu		PCBs	
	含量/(mg/kg)	去除率/%	含量/(mg/kg)	去除率/%	含量/(mg/kg)	去除率/%
对照	5.78±0.16a	3.2	3130±847a	22.8	762±121a	19.7
紫花苜蓿	5.35±0.48ab	10.5	2476±1166ab	39.0	484±180ab	48.9
海州香薷	5.14±0.38ab	14.0	1544±644b	62.0	298±97b	68.5
伴矿景天	4.28±0.27b	28.4	1330±206b	67.2	220±48b	76.8

注：不同字母表示有显著性差异（$p < 0.05$）。

植物对土壤中重金属的修复作用主要通过根际分泌物对其进行活化进而提高其迁移活性以便吸收富集，因而，在此过程中，由于迁移性的提高，部分活化的重金属离子因盆栽水分管理等因素影响而产生淋溶流失。本实验过程中发现，盆钵底部存在有明显的 Cu 等金属离子析出现象。因此，种植修复植物不仅可以有效地活化并吸收富集土壤中重金属离子，同时也在一定程度上增强了其迁移活性，加速其淋溶流失，进而使其去除修复效果得到进一步提高。

二、不同处理下土壤与植物体中多氯联苯（PCBs）组分及富集状况

通过对修复前后土壤中 PCBs 同系物的组成变化进行分析（图 5-16），可知该污染土壤中 PCBs 组成主要以低氯代（氯原子数≤5）同系物为主，低氯 PCBs 占土壤中 PCBs 总量的 90% 左右。由图 5-16 可知，与修复前的原始土壤及对照组相比，3 种修复植物处理下土壤中低氯联苯组分的总量均显著降低（$p < 0.05$）。而对于高氯联苯，除伴矿景天处理（S）外，其余各处理中含量变化均不大。这可能因为一方面植物根系更易于吸收和转运疏水性较弱的低氯代 PCBs 组分；另一方面，植物根际的好氧细菌也优先对低氯代 PCBs 组分进行好氧降解，从而使土壤中低氯组分的总量降低。而高氯组分则因其生物可降解性较低而在土壤中逐渐累积，或可能通过植物提取等方式从土壤中转移去除。

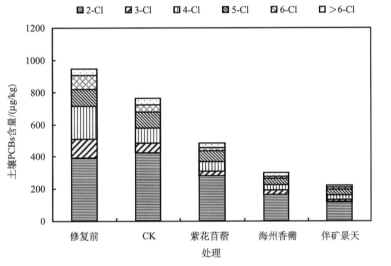

图 5-16　不同处理下土壤中 PCBs 组分及含量变化

对植物各组织中 PCBs 含量进行分析，结果表明，在 3 种修复植物的茎叶与根中，均存在不同程度的 PCBs 积累，且不同类型的修复植物对 PCBs 的吸收积累量存在显著差异（表 5-6）。其中地上部组织对 PCBs 积累差异最为显著，其富集能力顺序依次为伴矿景天＞海州香薷＞紫花苜蓿，这可能与不同类型植物对 PCBs 的吸收转运方式及能力不同有关。

表 5-6　不同处理下植物地上部与根中 PCBs 含量

处理	地上部 PCBs 含量/($\mu g/kg$)	根中 PCBs 含量/($\mu g/kg$)
紫花苜蓿	64.4±19.6c	76.8±18.5
海州香薷	128±38b	110±30
伴矿景天	324±99a	—

注：不同字母表示不同处理之间差异达显著水平（$p < 0.05$）。

通过对植物各组织中 PCBs 同系物的百分含量进行分析可知，不同植物所积累的 PCBs 同系物的组成也有所不同（图 5-17）。无论在地上部还是根部组织中，PCBs 组成均以高氯代同系物居多，这可能与植物对 PCBs 吸收及代谢特性有关。Wilken 等（1995）研究指出，随着苯环氯化程度的提高，PCBs 的毒性增大，植物的代谢效率则相应降低。因此，对于低氯代 PCBs 组分，植物可通过自身的解毒机制与降解酶，进行代谢降解；而高氯代 PCBs 组分生物可降解性较低，不利于被根际土壤微生物以及植物体内的解毒代谢机制所降解，从而在植物体内逐渐富集积累。

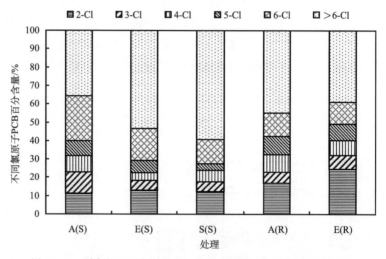

图 5-17　不同处理下植物地上部与根中 PCBs 同系物的百分含量
A(S)表示紫花苜蓿地上部，E(S)表示海州香薷地上部，S(S)表示伴矿景
天地上部，A(R)表示紫花苜蓿根部，E(R)表示海州香薷根部

三、修复植物对多氯联苯（PCBs）提取效率的影响

植物对 PCBs 的直接吸收代谢是植物修复 PCBs 污染土壤的一个主要机制（White et al.，2006），其修复效率与植物体中富集的 PCBs 浓度以及植物体生物量密切相关。由表 5-7 可知，不同种类修复植物之间的生物量存在显著差异，其中地上部的生物量之间存在极显著差异。由于复合污染土壤中存在高浓度铜镉，对紫花苜蓿种子发芽及生长存在一定胁迫作用（Peralta-Videa et al.，2004），而海州香薷作为一种对铜具有高耐性和较强富集能力的修复植物，在铜镉污染土壤中可以大量快速生长（彭红云等，2005），因此紫花苜蓿的地上部生物量明显低于海州香薷。伴矿景天属于浅根系景天科植物，仅能采集地上部，且植株个体较为矮小，因此其总生物量最低。因此，在本实验中，尽管植物体内富集的 PCBs 含量可达 64.4～324μg/kg，但由于总体生物量均不高，不同种类植物对 PCBs 的提取修复效率均比较低，仅为 0.09%～0.24%。有研究表明，在室内盆栽条件下，植物提取修复技术对土壤中 PCBs 的去除贡献率普遍较低（Zeeb et al.，2006），这说明对土壤 PCBs 的去除主要还是依靠植物与根际微生物的联合降解作用。

表 5-7　不同处理植物的生物量　　　　　　（单位：gdw/pot）

处理	地上部	根
紫花苜蓿	3.78±1.19b	2.57±0.70
海州香薷	10.62±0.53a	2.26±0.57
伴矿景天	1.78±0.18c	

注：不同字母表示不同处理之间差异达显著水平（$p<0.05$）。

　　紫花苜蓿、海州香薷、伴矿景天这 3 种修复植物对于复合污染土壤中的 PCBs、Cu和 Cd 均具有不同程度的修复效应，其中伴矿景天处理的修复效果最好，其对土壤中PCBs、Cu、Cd 的去除率分别达到 76.8%、67.2 %、28.4 %，表明伴矿景天是一种在PCBs-重金属复合污染土壤修复方面具有良好潜力的植物。不过，有关伴矿景天对多氯联苯与重金属复合污染土壤的修复机理及田间修复应用等仍有待进一步深入研究。

参 考 文 献

焦杏春，陶澍，卢晓霞，等. 2007. 水稻根系中多环芳烃的动态变化. 环境科学学报，27（7）：1203-1208.

林道辉，朱利中，高彦征. 2003. 土壤有机污染植物修复的机理与影响因素. 应用生态学报，14（10）：1799-1803.

彭红云，杨肖娥. 2005. 香薷植物修复铜污染土壤的研究进展. 水土保持学报，19（5）：195-199.

王新，贾永锋. 2009. 紫花苜蓿对土壤重金属富集及污染修复的潜力. 土壤通报，40（4）：932-935.

吴龙华，周守标，毕德，等. 2006. 中国景天科植物一新种——伴矿景天. 土壤，38（5）：632-633.

Barbour J P，Smith J A，Chiou C T. 2005. Sorption of aromatic organic pollutants to grasses from water. Environ Sci Technol，39：8369-8373.

Bedard D L. 2008. A case study for microbial degradation：Anaerobic bacterial reductive dechlorination of polychlorinated biphenyls-from sediment to defined medium. Annual Reviews of Microbiology，62：253-270.

Chekol T，Vough L R. 2001. A study of the use of Alfalfa（*Medicago sativa* L.）for the phytoremediation of organic contaminants in soil. Remediation，11（4）：89-101.

Chekol T，Vough L R，Chaney R L. 2004. Phytoremediation of polychlorinated biphenyl contaminated soils：The rhizosphere effect. Environ Int，30（6）：799-804.

Correa P A，Lin L S，Just C L，et al. 2010. The effects of individual PCB congeners on the soil bacterial community structure and the abundance of biphenyl dioxygenase genes. Environment International . 36（8）：901-906.

Dietz A C，Schnoor J L. 2001. Advances in phytoremediation. Environ Health Perspect，109：163-168.

Peralta-Videa J R，Rosa G，Gonzalez J H，et al. 2004. Effect of the growth stage on the heavy metal tolerance of alfalfa plant. Advances in Environmental Research，8：679-685.

Shen C F，Tang X J，Cheema S A，et al. 2009. Enhanced phytoremediation potential of polychlorinated biphenyl contaminated soil from e-waste recycling area in the presence of randomly methylated-β-cyclodextrins. J Hazard Mater，172（2/3）：1671-1676.

Song J，Zhao F J，Luo Y M，et al. 2004. Copper uptake by *Elsholtzia splendens* and *Silene vulgaris* and assessment of copper phytoavailability in contaminated soils. Environmental Pollution，128：307-315.

Teng Y, Luo Y M, Sun X H, et al. 2010. Influence of arbuscular mycorrhiza and Rhizobium on phytore-mediation by alfalfa of an agricultural soil contaminated with werthered PCBs: A field study. International Journal of Phytoremediation, 12: 516-533.

Wang M J, Jones K C. 1994. Uptake of chlorobenzenes by carrots from spiked and sewage sludge-amended soil. Environ Sci Technol, 26: 1260-1267.

White J C, Parrish Z D, Isleyen M, et al. 2006. Influence of citric acid amendments on the availability of weathered PCBs to plant and earthworm species. International Journal of Phytoremediation, 8 (1): 63-79.

Wiegel J, Wu Q. 2000. Microbial reductive dehalogenation of polychlorinated biphenyls. FEMS Microbiology Ecology, 32 (1): 1-15.

Wild E, Dent J, Thomas G O, et al. 2005. Direct observation of organic contaminant uptake, storage, and metabolism within plant roots. Environ Sci Technol, 39: 3695-3702.

Wilken A, Bock C, Bokern M, et al. 1995. Metabolism of different PCBs congeners in plant cell cultures. Environ Toxico Chem, 14 (12): 2017-2022.

Zeeb B A, Amphlett J, Rutter A, et al. 2006. Potential for phytoremediationofpolychlorinated biphenyl-(PCB) -contaminated soil. International Journal of Phytoremediation, 8 (3): 199-221.

第六章　废旧电容器污染农田土壤的微生物修复

微生物修复（microbial remediation）是指利用天然存在的或人工培养的功能微生物群，在适宜环境条件下，促进或强化微生物代谢功能，从而达到降低有毒污染物活性或将污染物降解为无毒物质的生物修复技术。微生物修复的实质是生物降解，微生物能以有机污染物为唯一碳源和能源或者与其他有机物质进行共代谢作用而降解目标污染物（Jencova et al.，2004）。自 Ahmed 和 Focht 首先于 1973 年发现可以降解单氯和双氯联苯的两种无色菌以来，至今已筛选出上百种多氯联苯（PCBs）的降解菌，种类涉及细菌、真菌等，不同微生物可以利用不同的酶催化对 PCBs 的降解，形成不同的降解途径，土壤中 PCBs 的微生物降解主要通过好氧降解、厌氧降解以及厌氧-好氧的协同降解作用。好氧降解与厌氧降解途径具有一定的互补性，一般来说，低氯联苯的微生物降解主要是通过好氧的联苯双加氧酶途径，而对于高氯联苯，因其稳定性高、疏水性更强，更易于被厌氧微生物以厌氧还原的方式降解。在此过程中，高氯联苯苯环上的 Cl 原子在还原脱氯酶的作用下，逐渐被 H 原子所取代，形成毒性更低、更易被好氧微生物降解的低氯联苯。本章重点介绍游离态苜蓿根瘤菌对多氯联苯的降解效应和机理以及微生物对多氯联苯污染土壤的强化修复，为 PCBs 污染土壤的微生物修复提供科学依据。

第一节　游离态苜蓿根瘤菌对多氯联苯的降解效应

根瘤菌是一类广泛分布于土壤中的革兰氏阴性细菌，与相应的豆科植物及少数非豆科植物根系共生，能将空气中的分子态氮还原为植物可利用的氨，同时根瘤菌则从豆科植物获得其生长繁殖所需的能量和营养物质。作为土壤中一种常见的固氮微生物，根瘤菌具有游离态和共生态两种生活方式。Damaj 和 Ahmad（1996）首次研究发现，游离态的根瘤菌能够耐受并且转化多氯联苯（PCBs）。随后的研究发现游离态的根瘤菌能够耐受并且转化多种土壤污染物质（Zahran，1999），如 PCBs（Damaj and Ahmad，1996；Ahmad et al.，1997）、TNT（Labidi et al.，2001）、硝酸盐肥料、阿特拉津（Bouqard et al.，1997；Mehmannavaz et al.，2001）、二苯并噻吩（Frassinetti et al.，1998）和安息香酸盐（Song et al.，2000）。本节以中华苜蓿根瘤菌 Sinorhizobium meliloti 作为供试菌株，采用休眠细胞降解体系研究该菌株对 PCB28 的降解能力，探讨其对 PCB28 转化的中间产物及代谢途径，并采用微域实验研究中华苜蓿根瘤菌（S. meliloti）生物强化对 PCBs 复合污染土壤的修复效应。

一、中华苜蓿根瘤菌休眠细胞对 PCB28 的降解动态

$S.\ meliloti$ 休眠细胞对 PCB28 的降解动态如图 6-1 所示。由图 6-1 可知，经过 6 天的生物降解，各处理中 PCB28 的浓度与起始浓度相比均有所降低，但实验组与对照组之间仍存在显著性差异（$p < 0.05$），降解后 PCB28 的最终浓度分别为 0.20mg/L 和 0.91mg/L。$S.\ meliloti$ 休眠细胞对 PCB28 的降解率在培养的第 1、3、6 天分别可达 34.6%、52.4% 和 77.4%，降解率随时间延长而逐渐提高。在加入灭活菌液的对照组中，PCB28 的浓度也有所下降，这可能是因为 PCB28 属于低氯联苯，在提取纯化过程中易挥发或发生光解等非生物因素造成的。

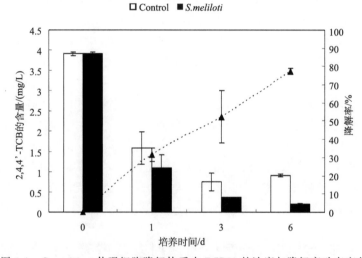

图 6-1　$S.\ meliloti$ 休眠细胞降解体系中 PCB28 的浓度与降解率动态变化

Damaj 和 Ahmad（1996）曾采用苜蓿根瘤菌 $Rhizobium\ meliloti$ Zb57 菌株降解 2,2'-、3,3'-以及 4,4'-DCB 混合物，结果表明在有葡萄糖作为共代谢基质的情况下，Zb57 对这三种二氯联苯的降解率仅分别为 3%、8%、8%。徐莉（2008）采用液体摇瓶法研究 $S.\ meliloti$ 在不需要外加碳源的情况下，能够以 PCBs 为唯一碳源和能源，转化降解多种 PCBs 同系物。游离态 $S.\ meliloti$ 对 2,4,4'-TCB 的降解能力随底物浓度增加而提高，最高可达 98%。

二、游离态 $S.\ meliloti$ 对 2,4,4'-TCB 的代谢产物分析

在对 $S.\ meliloti$ 休眠降解体系进行提取分析时，溶液中有黄色代谢中间产物生成，对该代谢产物萃取纯化后采用 GC-MS 定性分析。图 6-2（a）和图 6-2（b）分别为对照组和实验组代谢产物的 GC-MS 全扫描总离子流图。从图中可以看出，与对照组相比，降解组在 6.1min 处产生了一个新的色谱峰，图 6-2（c）为该物质的质谱图，通过对质谱

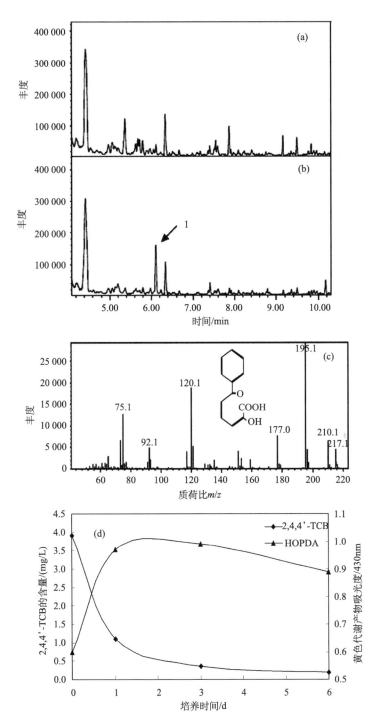

图 6-2　根瘤菌 *S. meliloti* 休眠细胞对 2,4,4'-TCB 的代谢中间产物分析

（a）对照组的 GC 色谱图；（b）实验组降解 6 天后的 GC 色谱图；（c）图（b）中 1 号色谱峰的质谱图，

（d）2,4,4'-TCB 与其代谢产物 HOPDA 的质量平衡图

图的解析可知，该物质的分子离子峰为 m/z 217，同时含有 2 个主要的碎片离子峰 m/z 210 和 m/z 195。碎片离子峰 m/z 120 和 m/z 75 提示该物质被离子源轰击后分别有苯乙酮和苯环的碎片产生。根据对质谱图中分子离子以及碎片离子的解析，结合质谱中化学键断裂及原子重排规律，初步将该代谢产物推断为 2-羟基-6-氧-6-苯基己二烯酸（HOPDA）。图 6-2（d）为 $S. meliloti$ 休眠降解体系中 2,4,4'-TCB 的降解速率与代谢产物 HOPDA 生成速率的动态变化。在降解发生的第 1 天，2,4,4'-TCB 的降解速率与 HOPDA 的生成速率相当，此后，中间产物 HOPDA 因被微生物进一步代谢转化而浓度逐渐降低。这表明 $S. meliloti$ 可能是以经典的联苯双加氧酶 BPH 途径对 2,4,4'-TCB 进行好氧降解代谢。

综上所述，作为一种共生固氮微生物，根瘤菌也可以在游离的状态下参与对 PCBs 的降解代谢，这将为 PCBs 污染土壤的微生物修复提供安全、优质、高效的降解菌资源，为 PCBs 污染土壤的田间原位修复提供广阔的应用前景。

第二节　根瘤菌制剂对多氯联苯污染土壤的生物修复作用

有研究表明添加萜烯类化合物可促进土壤中 PCBs 的降解，如向污染土壤中添加橘子皮、桉树叶、松针、常春藤叶等能显著降低土壤中 PCBs 的含量（Hernandez et al.，1997）。Tandlich 等（2001）研究还发现萜烯能够诱导 $Pseudomonas stutzeri$（施氏假单胞菌，从 PCBs 污染土壤中筛选出）降解土壤中 PCBs。鉴此，为了强化根瘤菌对土壤中 PCBs 的降解作用，采用根瘤菌与橙皮粉制成微生物制剂，添加到 PCBs 污染土壤中，探讨根瘤菌制剂对土壤中 PCBs 的降解效应。

一、橙皮粉对土壤中 PCBs 的降解效果

从图 6-3 可以看出，加入橙皮粉后，土壤中 PCBs 含量在 30 天时显著降低，且橙皮粉加入量越大，效果越好。在 30 天时，当橙皮粉加入量为 10% 时，土壤中 PCBs 的降解率高达 63%。橙皮粉能有效降解土壤中的 PCBs，主要原因有二：一方面，橙皮中含有大量萜烯类化合物，该物质对 PCBs 有降解作用；另一方面，橙皮为酸性物质，加入土壤后会促进真菌生长。实验过程中可以观察到，加入橙皮粉的处理 3 天后就能看到土壤真菌开始生长，7 天时，真菌已经覆盖住土壤表面。土壤真菌，尤其是白腐真菌，能够降解土壤中的 PCBs。

二、根瘤菌制剂对土壤中 PCBs 的降解效果

根据菌液与橙皮用量的不同，制备 4 种根瘤菌制剂。制剂 A：10% 菌液＋2% 橙皮。制剂 B：10% 菌液＋5% 橙皮。制剂 C：20% 菌液＋2% 橙皮。制剂 D：20% 菌液＋5% 橙皮。由图 6-4 可以看出，4 种根瘤菌制剂对土壤中 PCBs 均有一定的降解效果，在 30 天时其降解率达到 50.7%～70.7%，与对照组相比，有极显著的差异（$p<0.01$）。从

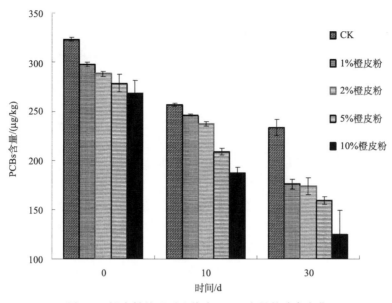

图 6-3　橙皮粉处理后土壤中 PCBs 含量的动态变化

菌剂组成看，菌液加入量相同时，橙皮粉含量高者对土壤中 PCBs 的降解率显著高于橙皮粉含量低者，即处理 B 土壤 PCBs 降解率显著高于处理 A，处理 D 高于处理 C；当橙皮粉含量相同时，菌液含量高者，其对土壤 PCBs 的降解率高于菌液含量低者。这说明该根瘤菌制剂的组成成分中橙皮粉与根瘤菌能共存，且能同时作用于土壤中的 PCBs。

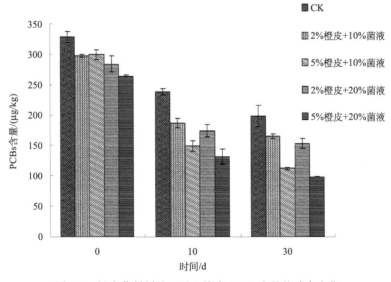

图 6-4　根瘤菌制剂处理后土壤中 PCBs 含量的动态变化

橙皮粉加入土壤后，促进土壤中土著微生物生长，有利于橙皮对土壤中 PCBs 的降解。根瘤菌制剂施入 PCBs 污染土壤后，能有效降解土壤中的 PCBs，与单独施加游离的根瘤菌或橙皮粉相比，根瘤菌制剂的降解效果更好，这说明根瘤菌与橙皮粉组合后对土壤中 PCBs 的降解是一种协同作用。由此可见，根瘤菌制剂成本低廉，环境友好，既能实现橙皮的废弃物利用，又能够有效降解土壤中的 PCBs，是一类具有应用前景的生物修复材料。

第三节　多氯联苯污染农田土壤的微生物强化修复

一、接种根瘤菌对 PCBs 污染土壤的生物强化修复

采用微域实验研究 *S. meliloti* 对 PCBs 复合污染土壤的生物强化修复效率。经过 30 天的 *S. meliloti* 生物强化修复后，各处理污染土壤中 PCBs 的含量残留量见表 6-1。与未接种的对照相比，接种根瘤菌显著促进了复合污染土壤中 PCBs 总量的降低，而接种 20% 根瘤菌的处理对 PCBs 总量的去除效果又显著高于接种 10% 的处理。

表 6-1　不同处理下土壤微域中 21 种 PCBs 混合物总量浓度的变化

时间/d	对照		10% 接种量		20% 接种量	
	浓度/(μg/kg)	降解率/%	浓度/(μg/kg)	降解率/%	浓度/(μg/kg)	降解率/%
原始	335.9±9.1	0	335.9±9.1	0	335.9±9.1	0
0	328.1±9.1	2.5±2.3b	317.8±9.9	5.4±3.0b	296.4±11.6	11.8±3.5a
5	293.9±1.8	12.5±0.5c	270.0±2.8	19.6±0.8b	246.5±5.2	26.6±1.5a
10	238.2±4.6	29.1±1.4c	182.5±3.8	45.7±1.1b	156.0±7.3	53.5±2.2a
20	206.9±3.3	38.4±1.0c	178.4±1.5	46.9±0.4b	146.0±4.4	56.5±1.3a
30	198.0±17.6	41.1±5.2b	135.1±14.3	59.8±4.3a	126.7±3.9	62.3±1.2a

注：表中数据是以 21 种 PCBs 同系物的总量计算，并以平均值±标准偏差的形式给出。同一行中不同的字母代表在数值上存在显著差异（$p < 0.05$）。

从对不同 PCBs 同系物的降解效果来看，接种 *S. meliloti* 可显著促进土壤中所有 PCBs 同系物（21 种）的降解。如图 6-5 所示，在未接种的对照组中，仅有 5 种同系物的去除率超过 50%；而在 *S. meliloti* 接种的处理中，有 14 种 PCBs 同系物的去除率达到 50% 以上。由图 6-5 还可知，无论是对照组还是 *S. meliloti* 接种的处理，PCB126 和 PCB200 这两种同系物的去除率在修复实验进行 30 天后均达到 100%，但通过比较这两种同系物在各处理土壤中的消减动态发现，接种 *S. meliloti* 可加快土壤中 PCB126 和 PCB200 的降解，在未接种的对照组中，这两种同系物的完全去除需要 20 天，而在 *S. meliloti* 接种的处理中，这一时间已缩短为 10 天。

各处理土壤中可培养的细菌、真菌以及联苯降解菌数量见表 6-2。结果显示，与未接种的对照相比，所有接种 *S. meliloti* 的处理均显著提高了土壤中的细菌、真菌以及联苯降解菌总量。此外，接种 20% *S. meliloti* 处理中的土壤细菌总量显著高于接种 10% 的处理（$p < 0.05$），这提示 *S. meliloti* 对土壤中 PCBs 的生物强化修复效率可能与其接种浓度有关。

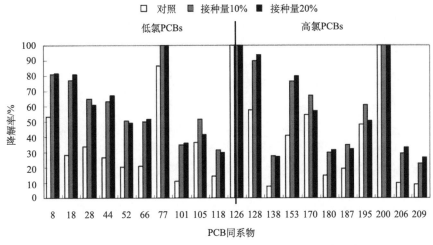

图 6-5　不同处理下土壤中各 PCBs 同系物的百分降解率

表 6-2　各处理下土壤中可培养细菌、真菌以及联苯降解菌的数量

土壤微生物	对照	10%接种量	20%接种量
细菌（$\times 10^7$ cfu/g）	0.7 ± 0.6b	2.7 ± 0.6b	7.3 ± 3.1a
真菌（$\times 10^6$ cfu/g）	0.4 ± 0.1b	1.4 ± 0.3a	1.5 ± 0.3a
联苯降解菌（$\times 10^5$ MPN/g）	0.4 ± 0.1b	1.8 ± 0.4a	2.5 ± 0.7a

注：表中的数据格式为平均值±标准偏差，同一行中不同的字母代表在数值上存在显著差异（$p < 0.05$）。

二、有机物料对 PCBs 污染土壤的土著微生物强化修复

以 PCBs 典型污染区的农田表层土壤为研究对象，设计两种有机物料即猪粪厩肥（PM）和秸秆残体（RS），研究土壤中有机物料含量在 0～10％范围时其对 PCBs 污染土壤生物修复的强化作用。

1. 有机物料类别对土著微生物降解 PCBs 的影响

如图 6-6 所示，加入猪粪厩肥（PM）和水稻秸秆（RS）后，经过 90d 的模拟培养，在四种实验处理下，土壤中 PCBs 浓度与对照组相比均有不同程度的下降。加入 PM 的四种处理，与培养前相比，土壤中 PCBs 浓度下降范围是 8.9％～22.5％，而加入 RS 处理组中下降范围是 7.2％～18.5％，前者平均比后者高 3.1％，说明 PM 的效果总体要好于 RS。此外，将 PM 和 RS 灭菌处理后，拌入土壤中（PM 和 RS 在土壤中的含量均为 10％），结果发现，与未灭菌 PM 和 RS 作相同处理的比较，土壤中 PCBs 的降解率分别下降了 13.8％和 4.6％（见图 6-6），说明 PM 和 RS 中的微生物也参与了土壤中 PCBs 的降解。两种有机肥使土壤中 PCBs 的浓度降低，可能有以下三个方面的原因：首先，两种有机肥的施用增加了土壤养分，增加了土壤固有微生物的活性，加强

了微生物对土壤中 PCBs 的代谢。土壤有机质的含量由对照组的 71.7g/kg 增加到最高的 102.8g/kg，土壤中总氮从 4.6mg/kg 增加到最高的 6.0mg/kg，pH 升高大约 2 个单位。有机肥的施用还能对土壤质地、土壤湿度以及土壤电导率等其他理化性质参数产生影响 （Canali et al.，2004；Zaller and Köpke，2004）。土壤有机质和总氮的增加有利于土壤微生物营养状况的改善，使其活性增强。有研究表明：土壤微生物生物量与土壤有机质和总氮之间有显著的相关性，土壤基础呼吸与土壤中有机质相关性更强 （Hofman et al.，2004）。施用猪粪的土壤和仅仅施用无机肥的土壤相比较，土壤中脱氢酶、过氧化氢酶、脲酶、磷酸酶等土壤酶活性显著提高 （Plaza et al.，2004）。这些变化都增加了土壤微生物的代谢功能，无疑对土壤中 PCBs 降解起到促进作用。其次，造成土壤中 PCBs 浓度降低的原因可能是有机物料本身含有的微生物提高了土壤微生物的种群丰度和数量，而这些微生物可能对土壤中 PCBs 的降解起到积极作用。第三，有可能土壤中 PCBs 和加入的有机物料发生了化学作用，使 PCBs 中原来不可生物利用或较难生物利用部分转变成可生物利用部分，从而为土壤微生物所降解 （Miya and Firestone，2001）。

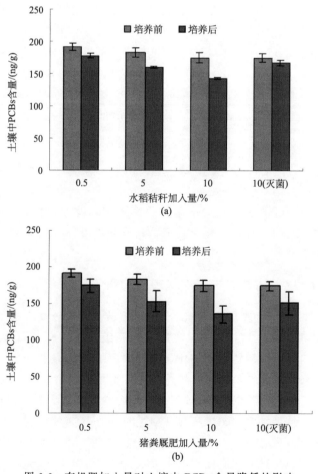

图 6-6　有机肥加入量对土壤中 PCBs 含量降低的影响

　　同时从图 6-6 中可以看出，在前三种处理中（除灭菌外），土壤中 PCBs 的降解率均随有机物料在土壤中含量的增加而增加，有机肥含量在 10％时的降解率为有机肥含量在 0.5％时的 2.5 倍。

　　图 6-7 显示了在 PM 和 RS 作用下，土壤中 PCBs 同系物的降解特征。与对照组相比，A1～A3 和 B1～B3 处理中 3 氯以下（含 3-Cl）同系物的比例有不同程度的减少，而 5 氯和 6 氯同系物的比例变化不大，基本上与 PCBs 在土壤中的降解率变化相吻合，这也符合 PCBs 降解规律，即在好氧条件下低氯同系物较高氯同系物易降解。但在各处理中 PCBs 同系物组成比例上未有明显差异（$p > 0.05$），仍然是以 4～6 氯同系物为主，约占 PCBs 总量的 80％，说明实验处理对土壤中 PCBs 的组成特征影响不大，根据本书对污染区的土壤调查，残留在土壤中的 PCBs 以 4～6 氯为主，这主要与我国在 20 世纪七八十年代生产的 PCBs 组成有直接关系。

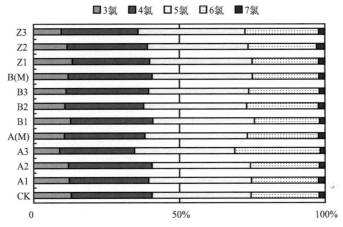

图 6-7　不同处理下 PCBs 同系物组成

CK 为对照；A1～A3 为加猪粪厩肥好氧处理，浓度分别为 0.5％，5％，10％，A（M）为加灭菌猪粪厩肥（10％），好氧处理；B1～B3 为加水稻秸秆，浓度分别为 0.5％，5％，10％，B（M）为加灭菌水稻秸秆（10％）；Z1～Z3 为加猪粪厩肥，先淹水厌氧处理，随后好氧处理，浓度分别为 0.5％，5％，10％

2. 厌氧—好氧连续处理对 PCBs 污染土壤修复的影响

　　在结合有机肥加强土壤中 PCBs 代谢研究的基础上进行厌氧—好氧连续处理。在经过 45 天的淹水厌氧培养后，加入猪粪厩肥再在好氧条件下培养 45 天，土壤中 PCBs 的含量为 117.63～149.56ng/g，降解率随着猪粪厩肥在土壤中含量的增加而增加，从 17.5％升至 32.7％，平均达 24.0％。与加入等量猪粪厩肥一直在好氧条件下培养 90 天的土壤相比，土壤中 PCBs 的降解率平均提高 8.1％，差距最大的达到 12.9％（见图 6-8），这充分说明在用有机肥进行好氧降解之前，厌氧处理是降解土壤中 PCBs 的有效途径。再从残留 PCBs 的组成成分看（见图 6-7），厌氧处理组的 Z1 中，3 氯以下同系物占总 PCBs 的比例总体上要略高于对照组，而高氯代同系物的比例要略低于对照组，说明在 45 天的淹水厌氧处理中，还原脱氯有效。而 Z2、Z3 中的情况与 Z1 不同，可能是由于猪粪厩肥加入量较大，在实验后期，低氯代同系物已被降解，结合 Z3 和 A3 的比较结果，这也说明水旱轮作的农业耕作措施可能有利于农田土壤中残留 PCBs 的生物降解。

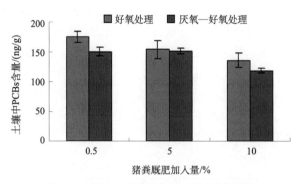

图 6-8　厌氧、好氧处理下 PCBs 降解比较

3. 有机物料对污染土壤中 PCBs 的微生物强化修复后土壤中微生物种群结构的变化

磷脂脂肪酸图（PLFA profile）常被用来研究复杂群落中微生物的多样性（Ponder and Tadros，2002；Hackl et al.，2005），磷脂是所有生活细胞细胞膜的基本组分，PLFA 是磷脂的组分，具有结构多样性和高的生物学特异性，可用于了解微生物群落结构（钟文辉和蔡祖聪，2004）。对几种实验土壤中提取的细菌 PLFA 进行了定性和定量分析，以研究不同处理下微生物种群结构的变化，结果见图 6-9。

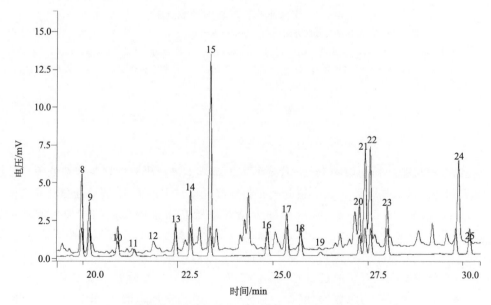

图 6-9　土壤细菌部分脂肪酸甲脂色谱峰与标准品色谱图比较分析

从表 6-3 中可以看出，细菌的一些特征脂肪酸如 i-15∶0、15∶0、i-16∶0、16∶1^9、i-17∶0 等均可检测到，在不同处理之间各种磷脂脂肪酸占各自总磷脂脂肪酸的比例变化不大，其中 16∶0 占总量的比例较大，说明好氧细菌含量较丰富，这主要由于在实验期后半段均在好氧条件下培养，抑制了厌氧菌的生长。应用层次聚类分析法（hierarchical cluster analysis，HCA）对各磷脂脂肪酸的物质的量分数进行了分析，结果如图 6-10 所示。从图中可以看出，A3 和 Z3 与其他处理组之间区别较大，说明这两个处理组中细菌群落结构与其他处理组间的差异较大，而通过上面的分析也发现在 A3 和 Z3 处理中 PCBs 降解率最高，说明土壤中细菌群落组成的差异和土壤中 PCBs 的降解有关。

表 6-3　土壤中 PLFAs 的组成比例　　　　　　　（单位：mol%）

峰号	PLFA	CK	A1	A2	A3	A4	Z1
2	2-OH 10∶0	0.37	0.36	0.37	0.42	0.43	0.28
3	12∶0	0.55	0.37	1.00	0.81	0.38	0.50
4	13∶0	0.25	0.23	0.22	0.17	0.17	0.19
5	2-OH 12∶0	0.26	0.82	0.19	2.23	0.22	0.20
6	3-OH 12∶0	0.99	1.01	0.92	2.08	0.48	0.48
7	14∶0	1.95	1.82	2.10	1.69	1.80	2.03
8	i-15∶0	5.75	6.79	8.57	5.15	7.85	7.39
9	a-15∶0	2.89	3.95	5.39	3.03	3.98	4.37
10	15∶0	1.33	1.23	1.38	0.86	1.37	1.38
11	2-OH 14∶0	1.92	1.71	1.54	0.94	1.49	1.66
13	i-16∶0	3.05	3.26	3.53	2.03	3.87	3.26
14	16∶1^9	4.47	3.17	3.75	3.30	4.37	4.29
15	16∶0	16.81	19.63	21.50	12.77	21.45	20.90
16	i-17∶0	2.95	3.28	3.87	1.51	2.67	2.48
17	17∶0$^\triangle$	4.35	3.91	3.99	2.64	3.72	4.12
18	17∶0	2.37	2.55	2.39	1.21	2.19	2.32
19	2-OH 16∶0	10.22	5.35	7.36	34.73	5.70	10.06
20	18∶2^{9,12}	3.58	1.87	1.59	2.60	3.19	2.26
21	c-18∶1^9	8.88	8.42	6.27	5.68	9.05	7.61
22	t-18∶1^9	7.74	7.76	6.45	4.98	7.89	7.20
23	18∶0	4.01	4.64	4.30	2.66	4.08	3.81
24	19∶0$^\triangle$	13.98	16.80	12.52	7.88	12.57	12.08
25	19∶0	0.45	0.30	0.21	0.16	0.24	0.35
26	20∶0	0.91	0.80	0.61	0.47	0.83	0.82
峰号	PLFA	Z2	Z3	B1	B2	B3	B4
2	2-OH 10∶0	0.31	0.00	0.35	0.34	0.58	0.31
3	12∶0	0.45	0.36	0.40	0.23	0.36	0.28
4	13∶0	0.29	0.14	0.19	0.12	0.19	0.16
5	2-OH 12∶0	0.24	0.00	0.34	0.10	0.16	0.12

续表

峰号	PLFA	Z2	Z3	B1	B2	B3	B4
6	3-OH 12：0	6.30	4.61	0.56	0.27	0.41	0.29
7	14：0	1.71	1.63	1.62	1.55	1.71	1.66
8	i-15：0	5.05	7.95	6.55	11.25	9.35	10.34
9	a-15：0	2.20	2.88	4.08	3.78	3.23	3.97
10	15：0	1.02	1.03	1.11	1.13	1.50	1.35
11	2-OH 14：0	15.70	1.37	1.49	1.24	2.02	1.38
13	i-16：0	2.34	3.35	3.19	3.03	5.74	4.00
14	16：1^9	3.71	5.22	3.56	4.03	3.12	4.44
15	16：0	13.07	17.03	18.94	18.08	19.83	19.08
16	i-17：0	1.72	2.56	4.34	3.42	2.65	2.98
17	17：0$^\triangle$	3.95	4.82	4.03	3.74	2.71	3.77
18	17：0	2.72	1.97	2.18	2.42	1.80	1.87
19	2-OH 16：0	8.24	7.77	10.61	10.83	12.71	7.46
20	18：2^{9,12}	2.21	4.28	3.25	2.23	1.80	3.08
21	c-18：1^9	6.46	7.59	7.18	7.87	6.23	9.36
22	t-18：1^9	5.87	7.44	6.35	6.75	5.96	6.72
23	18：0	3.19	3.20	3.59	4.18	4.41	4.44
24	19：0$^\triangle$	12.35	14.16	14.74	12.31	12.29	11.93
25	19：0	0.15	0.13	0.31	0.30	0.28	0.23
26	20：0	0.78	0.50	1.04	0.82	0.98	0.78

　　注：峰序号和色谱图对应，PLFAs命名按以下顺序：总碳原子数，双键数，从分子甲基末端数的双键位置；前缀 i 代表反异构分支，△代表环丙基脂肪酸，前缀 c、t 分别代表双键的顺式和反式结构。1 号峰和 12 号峰在土壤中未测出。

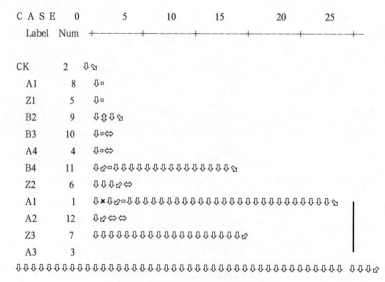

图 6-10　PLFA 数据的聚类分析

三、调控因子强化土著微生物对 PCBs 污染土壤的修复

通过室内模拟试验，设计以不同碳源、碳氮比、水分及通透性为调控因子，对强化土著微生物对 PCBs 长期复合污染土壤的修复进行初步研究。试验设计见表 6-4。

表 6-4　试验处理及编号

代号	碳源	碳或氮水平/(g/kg)	C∶N 比	水分	扰动
Tck	无	0	未调	60%WHC	无
T1	淀粉	0.2	未调	60%WHC	无
T2	淀粉	1.0	未调	60%WHC	无
T3	淀粉	5.0	未调	60%WHC	无
T4	葡萄糖	0.2	未调	60%WHC	无
T5	葡萄糖	1.0	未调	60%WHC	无
T6	葡萄糖	5.0	未调	60%WHC	无
T7	琥珀酸钠	0.2	未调	60%WHC	无
T8	琥珀酸钠	1.0	未调	60%WHC	无
T9	琥珀酸钠	5.0	未调	60%WHC	无
T10	尿素	0.6	10∶1	60%WHC	无
T11	葡萄糖	7.8	25∶1	60%WHC	无
T12	葡萄糖	18.6	40∶1	60%WHC	无
T13	无	0	未调	淹水，1cm 水层	无
T14	无	0	未调	60%WHC	有

1. 不同碳源条件下土壤中 PCBs 含量及微生物区系的动态变化

从图 6-11 可以看出，土壤中可提取态 PCBs 含量随时间的推移逐渐减少。试验结束（第 90 天）时，加入碳素的各个处理土壤中 PCBs 含量均低于对照（CK）。图 6-11 (a) 表明，与 CK 相比，加入淀粉后第 30 天，处理土壤中 PCBs 含量出现明显降低，其中低碳水平处理（C 0.2g/kg，T1）最为显著（$p < 0.05$），这可能与低剂量淀粉易于被土著微生物所利用，激活了土著微生物的活性，从而促进了 PCBs 的降解有关。第 60 天和第 90 天时，加入淀粉的土壤中 PCBs 含量均显著低于 CK。从图 6-11 (b) 可以看出，加入葡萄糖的土壤中可提取态 PCBs 含量在整个时间段均明显低于 CK，其中以低水平处理效果最为明显。在加入琥珀酸钠的处理中，3 个碳氮比水平处理土壤中 PCBs 含量在第 60 天和第 90 天明显低于对照（$p < 0.05$），其中低碳水平处理（T7）效果最为明显〔见图 6-11 (c)〕。

加入不同碳源后供试土壤的微生物区系动态变化如图 6-12 所示。从图 6-12 (a) 可以看出，培养至第 10 天时，添加共代谢底物琥珀酸钠处理的供试土壤中，细菌数量增加较为明显，其中 T8（C 1.0g/kg）处理最大，细菌数量达 6.48×10^8 cfu/g 干土；培

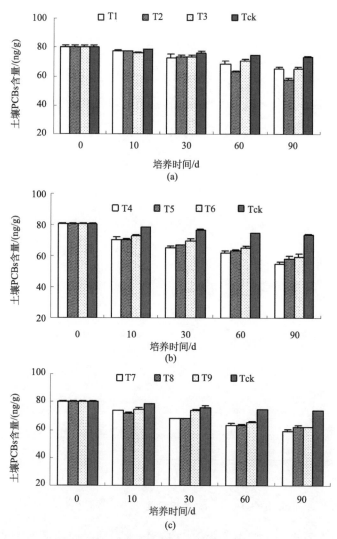

图 6-11　不同碳素条件对土壤中可提取态 PCBs 含量的影响

处理及编号见表 6-4

养至第 30 天，各个处理的细菌数量均有所下降，这与添加外源的碳源消耗以及微生物群落的生长特性有关。培养至第 60 天，各个处理的细菌数量又出现一个高峰期，尤其是高剂量的琥珀酸钠处理（T8 和 T9）细菌数量最多。从图 6-12（b）可以看出，除处理 T9 外，在第 60 天之前，随着培养时间延长，供试土壤真菌数量有所增加，至第 60 天时真菌数量达到最高（13.6×10^5 cfu/g 干土），其中葡萄糖处理和低剂量琥珀酸钠处理较为明显。从图 6-12（c）可以看出，培养至第 10 天时，随着淀粉施用量增加，供试土壤中放线菌数量呈现显著增长的趋势（$p < 0.05$），这与放线菌对淀粉碳源有选择性利用有关。葡萄糖处理的土壤中放线菌数量也有所增加，但增加不明显。而施用琥珀酸钠处理对供试土壤中放线菌数量的影响也不明显，甚至随着培养时间的延长其放线菌数量有所降低。

可见，添加琥珀酸钠和葡萄糖碳源能明显改善供试土壤中土著微生物的营养条件，促使细菌和真菌的生长繁殖，尤其是第 60 天时细菌和真菌数量增长最为明显，从而加快了供试土壤中 PCBs 的降解（见图 6-11），这一结果表明 PCBs 污染土壤中存在的降解微生物类群主要有细菌和真菌两大类。

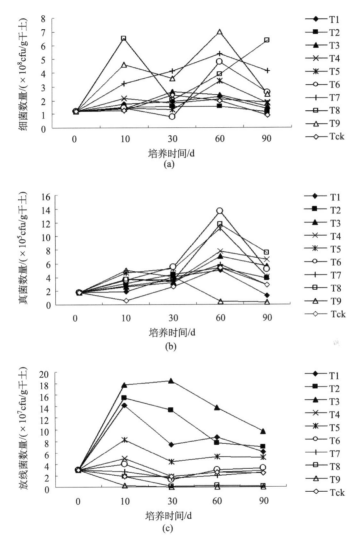

图 6-12　不同碳素条件下供试土壤微生物区系的动态变化

处理及编号见表 6-4，下同

2. 不同碳氮比条件下土壤中 PCBs 含量及微生物区系的动态变化

图 6-13 显示了不同碳氮比条件下供试土壤中 PCBs 含量的动态变化。从图 6-13 可以看出，3 个不同碳氮比的调节处理均不同程度地降低了供试土壤中 PCBs 的含量。培养至第 10 天时，与 Tck 相比，供试土壤中 PCBs 含量出现了明显下降趋势，其中 C∶N 比为 25∶1 处理（T11）的 PCBs 含量明显低于其他两个处理（T10 和 T12）（$p <$

0.05）；培养至第 30 天、第 60 天、第 90 天，T10 处理（C/N＝10∶1）的 PCBs 含量低于处理 T11（C/N＝25∶1）、处理 T12（C/N＝40∶1），但第 60 天，处理 T10 与 T11 差异未达显著水平（$p > 0.05$），而培养至第 90 天时，T10 处理（C/N＝10∶1）土壤中 PCBs 含量显著低于处理 T11、处理 T12 及对照（Tck），且各处理之间差异均达显著水平（$p < 0.05$）。可见，调节土壤 C∶N 比能促进供试土壤中 PCBs 的降解，其中 C∶N 为 10∶1 的降解效果好于 C∶N 为 25∶1 和 40∶1 的处理效果，这可能与土壤微生物利用碳氮营养源，合成其本身体内的碳氮比有关。一般情况下真菌 C/N 比为 10～15，而细菌 C/N 比为 3.5 左右（Jun et al.，2004）。

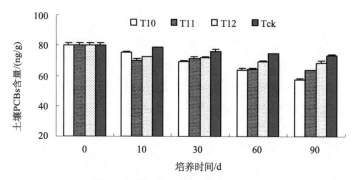

图 6-13　不同碳氮比条件对土壤中可提取态 PCBs 含量的影响

不同碳氮比条件下供试土壤的微生物区系动态变化如图 6-14 所示。从图中可以看出，培养至第 10 天时，不同碳氮比条件下供试土壤的真菌数量出现增加，一直延续到第 60 天其数量达到最高峰，其中处理 T11（C/N＝25∶1）最为明显。而 T10 处理（C/N＝10∶1）和处理 T11（C/N＝25∶1）的土壤细菌和放线菌数量在第 10 天时也出现明显增加，但此后土壤细菌和放线菌数量出现了不同程度的增减波动，未表现出明显的变化。

3. 不同水分和人为扰动条件下土壤中可提取态 PCBs 含量及微生物区系的动态变化

图 6-15 显示了水分和扰动对供试土壤中 PCBs 含量动态变化的影响。与非淹水处理（Tck）相比，淹水处理（T13）土壤中可提取态 PCBs 含量有不同程度的下降趋势。淹水 30 天时，两处理间 PCBs 含量未表现出显著性差异（$p > 0.05$）；但在第 60 天和第 90 天时，淹水处理（T13）与对照（Tck）土壤中 PCBs 含量差异达显著水平（$p < 0.05$）。

从图 6-15 还可看出，试验培养至第 30 天和第 60 天时，扰动处理（T14）与非扰动处理（Tck）供试土壤中可提取态 PCBs 含量达显著水平差异（$p < 0.05$），而第 90 天时扰动处理极显著低于非扰动处理和淹水处理（$p < 0.01$）。可见，改善 PCBs 污染土壤的通透性，有利于土壤中 PCBs 的降解。

水分和扰动条件下供试土壤微生物区系的动态变化如图 6-16 所示。水分过多，即淹水条件下（T13）不利于供试土壤中好氧微生物的生长与繁殖，其细菌、真菌和放线

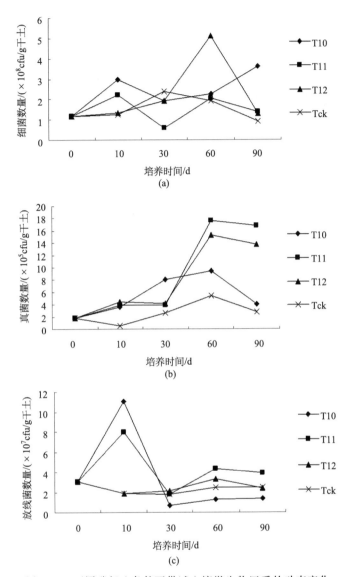

图 6-14　不同碳氮比条件下供试土壤微生物区系的动态变化

菌数量均表现出明显下降趋势，尤其是真菌数量降低较为突出，这可能是导致淹水状态下供试土壤中 PCBs 降解十分缓慢的重要原因之一。而扰动处理（T14）则明显促使了供试土壤中细菌和真菌数量的增加，培养至第 60 天时增加最为明显。可见，改善土壤的通气状况有利于 PCBs 污染土壤中细菌和真菌的生长，提高土著微生物的代谢活性，从而促进土壤中 PCBs 的自然降解过程。已有的研究表明，环境中 PCBs 最有效的生物降解发生在厌氧-好氧交替处理下，低氯代联苯能在好氧环境中被氧化脱氯，但在含 5 个氯以上（含 5 氯）的高氯代联苯中，好氧脱氯较困难，只有在厌氧条件下，通过厌氧微生物的还原脱氯，生成低氯代联苯，然后在好氧条件下被好氧微生物所代谢（Koller et al. , 2000；Komancova et al. , 2003）。

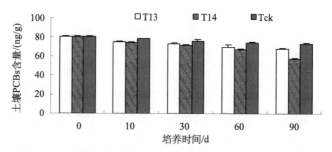

图 6-15　水分和扰动对土壤中可提取态 PCBs 含量的影响

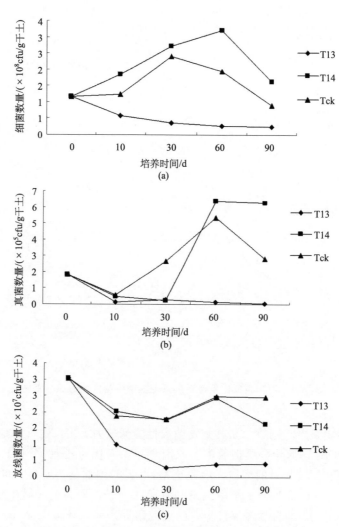

图 6-16　水分和扰动条件下供试土壤微生物区系的动态变化

参 考 文 献

徐莉. 2008. 废旧电子产品拆解区土壤复合污染特征和植物-微生物联合修复. 江苏：中国科学院南京土壤研究所博士学位论文：12-15.

徐莉，滕应，张雪莲. 2008. 多氯联苯污染土壤的植物-微生物联合田间原位修复. 中国环境科学，28 (7)：646-650.

钟文辉，蔡祖聪. 2004. 土壤微生物多样性研究. 应用生态学报，15 (5)：899-940.

Ahmad D，Mehmannavaz R，Damaj M. 1997. Isolation and characterization of symbiotic N2-fixing *Rhizobium meliloti* from soils contaminated with aromatic/chloroaromatichydrocarbons：PAHs and PCBs. International Biodeterioration and Biodegradation，39：33-43.

Ahmed M，Focht D D. 1973. Degradation of polychlorinated biphenyls by two species of achromobacter. Canadian Journal of Microbiology，19：47-52.

Beaudette L A，Davies S，Fedorak P M，et al. 1998. Comparison of gas chromatography and mineralization experiments for measuring loss of selected polychlorinated biphenyl congeners in cultures of white rot fungi. Applied and Environment Microbiology，64 (6)：2020-2025.

Bouqard C，Ouazzani J，Prome J C，et al. 1997. Dechlorination of atrazine by *Rhizobium* sp. isolate. Applied and Environment Microbiology，63 (3)：862-866.

Canali S，Trinchera A，Intrigliolo F，et al. 2004. Effect of long term addition of composts and poultry manure on soil quality of citrus orchards in Southern Italy. Biology and Fertility of Soils，40：206-210.

Cho Y C，Kwon O S，Sokol R C，et al. 2001. Microbial PCB dechlorination in dredged sediments and the effect of moisture. Chemosphere，43：1119-1126.

Damaj M，Ahmad D. 1996. Biodegradation of polychlorinated biphenyls by rhizobia：A novel finding. Biochemical and Biophysical Research Communications，218：908-915.

Frassinetti S，Setti L，Corti A，et al. 1998. Biodegradation of dibenzothiophene by a nodulation isolate of *Rhizobium meliloti*. Canadian Journal of Microbiology，44：289-297.

Hackl E，Pfeffer M，Donat C，et al. 2005. Composition of the microbial communities in the mineral soil under different types of natural forest. Soil Biology and Biochemistry，37：661-671.

Hernandez B S，Koh S C，Chial M. 1997. Terpene-utilizing isolates and their relevance to enhanced biotransformation of polychlorinated biphenyls in soil. Biodegradation，8：153-158.

Hofman J，Dusek L，Klanova J，et al. 2004. Monitoring microbial biomass and respiration in different soils from the Czech Republic-a summary of results. Environment International，30：19-30.

Jencova V，Strnad H，Chodora Z，et al. 2004. Chlorocatechol catabolic enzymes from*AchromobacterXylosoxidans* A8. IntBiodeter and Biodegr，54：175-181.

Jun D，Becquer T，Rouiller J H，et al. 2004. Heavy metal accumulation by two earthworm species and its relationship to total and DTPA — extractable metals in soils. Soil Biology Biochemistry，36：91-98.

Koller G，Moder M，Czihal K. 2000. Peroxidative degradation of selected PCB：A mechanistic study. Chemosphere，41：1827-1834.

Komancova M，Jurcova I，Kochankova L，et al. 2003. Metabolic pathways of polychlorinated biphenyls degradation by *Pseudomonas* sp. 2. Chemosphere，50：537-543.

Labidi M, Ahmad D, Halasz A, et al. 2001. Biotransformation and partial mineralization of the explosive 2, 4, 6-trinitrotoluene (TNT) by rhizobia. Canadian Journal of Microbiology, 47: 559-566.

Mehmannavaz R, Prasher S O, Markarian N, et al. 2001. Biofiltration of residual fertilizer-nitrate and atrazine in saturated and unsaturated sterile soil columns. Environmental Science and Technology, 35 (8): 1610-1615.

Miya R K, Firestone M K. 2001. Enhanced phenanthrene biodegradation in soil by slender oat root exudates and root debris. Journal of Environmental Quality, 30: 1911-1918.

Plaza C, Hernández D, García-Gil J C, et al. 2004. Microbial activity in pig slurry-amended soils under semiarid conditions. Soil Biology & Biochemistry, 36: 1577-1585.

Ponder F J, Tadros M. 2002. Phospholipid fatty acids in forest soil four yeas after organic matter removal and soil compaction. Applied Soil Ecology, 19: 173-182.

Roman T, Barbara B, Katarína D. 2001. The effect of terpenes on the biodegradation of polychlorinated biphenyls by Pseudomonas stutzeri. Chemosphere, 44 (7): 1547-1555.

Song B, Palleroni N J, Häggblom M M. 2000. Isolation and characterization of diverse halobenzoate-degrading denitrifying bacteria from soils and sediments. Applied and Environment Microbiology, 66: 3446-3453.

Tandlich R, Brezna B, Dercov K. 2001. The effects ofterpenes on the biodegradation of polychlorinated biphenyls by *Pseudomonas stutzeri*. Chemosphere, 44: 1547-1555.

Zahran H H. 1999. Rhizobium-legume symbiosis and nitrogen fixation under severe conditions and in an arid climate. Microbiology and Molecular Biology Reviews, 63: 968-989.

Zaller J G, Köpke U. 2004. Effects of traditional and biodynamic farmyard manure amendment on yields, soil chemical, biochemical and biological properties in a long-term field experiment. Biology and Fertility of Soils, 40: 222-229.

第七章 废旧电容器污染农田土壤的植物-微生物联合修复

植物-微生物联合修复是近年来污染土壤生物修复技术研究的热点和重要内容之一。植物和微生物之间的关系是互惠的，一方面植物分泌碳水化合物和氨基酸，为根际微生物提供营养来源，促进根际微生物的生长；另一方面，植物根系的巨大表面积为微生物生长活动提供居所，使得根域附近存在大量的微生物，从而促使根际微域中有毒有害有机物的降解。同时，微生物群落在植物根际区繁殖活动，不仅能促进植物根系分泌物的释放，而且增强了对土壤中有机污染物的降解，为植物创造出更优化的生长空间。研究表明，植物可能通过多种途径促进根际微生物对有机污染物的降解：①植物根系所分泌的有机化合物，如糖类、氨基酸和有机酸等可作为电子供体促进微生物对有机污染物的好氧降解或厌氧脱氯；②植物通过分泌胞外酶启动对有机污染物的转化，便于根际微生物对其代谢产物的进一步降解；③植物所分泌的酚酸类诱导物可提高有机污染物降解菌的活性，加速微生物对有机污染物的降解；④植物根可增加土壤渗透性和根际的氧含量，促进微生物氧化酶系对 PCBs 的好氧降解；⑤植物根系可分泌多种不同的微生物生长因子；⑥植物根际可释放具有表面活性剂功能的有机酸或其他分子，增加有机污染物在土壤中的可移动性，促进植物根系对有机污染物的吸收。

豆科植物，如紫花苜蓿、羽扇豆和鹰嘴豆等，生长速度快，耐受性强，是修复有机污染物的理想植物。而这些植物在生长过程中往往与土壤中的根瘤菌形成共生关系，根瘤菌能够吸收大气中氮气，并将其转化为硝酸盐和氨被植物吸收利用，同时植物也分泌糖分和养分供给根瘤菌利用。有研究表明，有根瘤菌的豆科植物，根际微生物的生物量、植物的生物量和根际分泌物都有所增加。Mehmannavaz 等（2002）研究了紫花苜蓿联合根瘤菌对土壤中 PCBs 的生物转化效应，发现紫花苜蓿联合根瘤菌的作用可以促进 PCBs 污染土壤的修复。鉴此，本章重点介绍植物-微生物联合作用对农田土壤中 PCBs 的降解效应和机理以及田间原位生态修复效果，为 PCBs 污染农田土壤的微生物修复提供科学依据。

第一节 紫花苜蓿-根瘤菌共生体对多氯联苯的降解效应

一、紫花苜蓿-根瘤菌共生体各组织的生物量及 PCBs 浓度

从表 7-1 可以看出，接种野生型根瘤菌的紫花苜蓿（AW），其茎叶和根部的生物量均显著高于不接菌（A）以及接种固氮功能突变株根瘤菌（AS）的处理。在未接根瘤菌的紫花苜蓿根部没有观察到根瘤的形成，在接种野生型根瘤菌的苜蓿根部可见数量不等、体积较大且有固氮活性的粉红色有效根瘤，而接种固氮突变株根瘤菌的苜蓿根部

仅可见体积较小且无固氮活性的白色无效根瘤。紫花苜蓿–根瘤菌共生体各组织对 PCB28 的吸收富集能力不同，具体表现为根瘤＞根＞地上部，这可能与共生体各组织中脂类物质的不均一分布有关。此外，由表 7-1 还可知，在接种野生型根瘤菌的 AW 处理中，共生体的地上部、根和根瘤组织中所富集的 PCB28 浓度均显著高于接种固氮突变株根瘤菌的 AS 处理，提示紫花苜蓿–根瘤菌共生体对 PCB28 的吸收富集能力可能与共生体的固氮能力有关。

表 7-1　不同处理下紫花苜蓿–根瘤菌共生体各组织的生物量及 PCB28 浓度

处理	部位	植物生物量 /（mg/plant）	PCB28 浓度 /（μg/kg）	固氮活性 /（C_2H_4 nmol/plant · min）
不接菌的 紫花苜蓿（A）	根	340 ± 60	366 ± 10	ND
	地上部	890 ± 80	20 ± 1	
接种野生型 根瘤菌的 紫花苜蓿（AW）	根瘤	380 ± 10	1150 ± 100	4.3
	根	1430 ± 130	1072 ± 15	
	地上部	1900 ± 60	32 ± 4	
接种固氮功能 突变株根瘤菌 的紫花苜蓿（AS）	根瘤	120 ± 10	840 ± 111	ND
	根	120 ± 20	406 ± 2	
	地上部	1000 ± 50	20 ± 3	

注：表中数值为平均值±标准误；ND：未检出。

二、紫花苜蓿–根瘤菌共生体对 PCB28 的代谢与转化

在用气相色谱法分析紫花苜蓿–根瘤菌共生体各组织对 PCB28 富集浓度的同时，在接种野生型根瘤菌的共生体根系组织样品气相色谱图中发现，除了 PCB28 的色谱峰以外，在该峰的出峰时间之前还有一个明显的新增峰出现（图 7-1 箭头处所示）。通过对 PCBs 各同系物标准样品的气相色谱保留时间比对发现，新增峰为二氯联苯 2,4'-DCB（PCB8）。

进一步对接种野生型根瘤菌的共生体（AW）根瘤、地上部样品以及接种突变株根瘤菌的共生体（AS）各组织色谱图进行分析，发现在两种共生体的各个组织中均有不同浓度的 PCB8 峰出现，对该峰进行积分定量后发现，PCB8 在共生体各组织中的富集规律与 PCB28 略有不同，富集能力为根瘤＞地上部＞根（图 7-2），并且接种野生型根瘤菌的共生体（AW）各组织中 PCB8 的浓度均显著高于接种突变株根瘤菌的共生体各组织中的相应浓度。由此推测，紫花苜蓿–根瘤菌共生体可以对其所吸收富集的三氯联苯 2,4,4'-TCB（PCB28）发生还原脱氯代谢，代谢产物为二氯联苯 2,4'-DCB（PCB8），且共生体对 PCB28 的还原脱氯可能与其固氮能力相关。

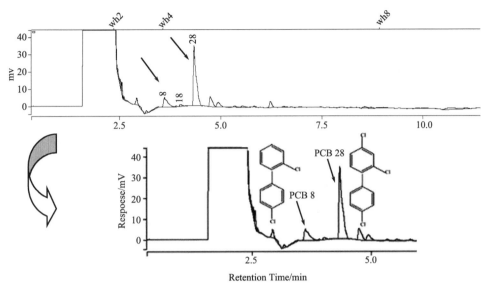

图 7-1　气相色谱图中紫花苜蓿-根瘤菌共生体对 PCB28 的脱氯代谢产物

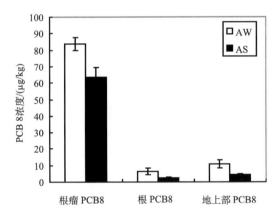

图 7-2　紫花苜蓿-根瘤菌共生体各组织中 PCB8 的浓度

AW：紫花苜蓿接种野生型 *S. meliloti*；AS：紫花苜蓿接种根瘤菌固氮突变株 SmY

三、紫花苜蓿-根瘤菌共生体根瘤中 PCB28 的还原脱氯

为了进一步明确紫花苜蓿-根瘤菌共生体是否能对其所吸收富集的 PCB28 发生还原脱氯代谢，以及还原脱氯代谢过程是否与共生体的固氮功能具有相关性等问题，采用非损伤微测技术（NMT）在活体状态下分别检测野生型（AW）和突变型（AS）共生体根瘤中 Cl^-、NH_4^+ 以及 H^+ 离子流的实时动态。选择性离子扫描检测结果显示，在野生型（AW）和突变型（AS）共生体的根瘤中均观察到 Cl^- 的外流信号［图 7-3（a）］，说明在紫花苜蓿-根瘤菌共生体中的确发生了 PCBs 的还原脱氯代谢，并导致了游离态

Cl⁻ 的释放。同时，野生型根瘤中的 Cl⁻ 外流强度（9511pmol/（cm² · s¹）比突变型根瘤中 Cl⁻ 外流强度 [2535pmol/（cm² · s¹）] 高 3 倍以上，野生型根瘤中的 NH_4^+ 以及 H^+ 外流强度也都显著高于突变型根瘤 [图 7-3（b）和 7-3（c）]。根据根瘤中生物固氮反应过程，可以得知紫花苜蓿-根瘤菌共生体对 PCBs 的代谢转化能力与其生物固氮活性显著相关，活性较强的野生型根瘤共生体对 PCB28 的吸收富集能力和还原脱氯代谢能力均显著强于固氮功能较弱的突变株共生体。

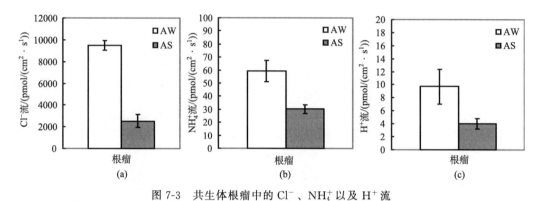

图 7-3　共生体根瘤中的 Cl⁻、NH_4^+ 以及 H^+ 流

AW：紫花苜蓿接种野生型根瘤菌；AS：紫花苜蓿接种突变株根瘤菌；误差线为 3 个重复样间的标准差

四、共生体根瘤菌类菌体对稳定性同位素¹³C-PCB28 的代谢

根瘤菌在根瘤共生体中主要以类菌体形式存在，且根瘤中又可以富集高浓度的 PCB28，为了进一步探索共生态的根瘤菌类菌体是否参与对 PCB28 的代谢转化，我们采用稳定性同位素¹³C 标记的 PCB28 作为供试污染物处理根瘤共生体。图 7-4（a）为富集¹³C-PCB28 后的根瘤菌总 DNA 提取、超速离心分离后的密度梯度分层示意图，第 1～13 层是按 DNA 的浮力密度由大到小依次排列。分别收集各层 DNA 作为 PCR 模板，采用细菌 16S rRNA f-338 和 r-518 引物对进行 PCR 扩增，图 7-4（b）为 PCR 产物的电泳图谱。图谱正中的泳道 M 为 DNA 分子量标准（DL2000），其左右两侧分别是以¹²C-DNA 和¹³C-DNA 的第 1～13 层收集液为模板 PCR 扩增得到的 16S rRNA 片段。由图 7-4 可知，在以¹²C-DNA 为模板的 PCR 产物中，仅在第 8～11 层（轻层）的 PCR 产物中可见大小为 180 bp 的目的基因片段，而在以¹³C-DNA 为模板的 PCR 产物中，除了第 8～11 层以外，在第 6 层和第 7 层中也出现了同样大小的基因片段。这一结果提示，超速离心后在第 7 层和第 8 层之间可能是重层（¹³C-DNA）与轻层（¹²C-DNA）的分界线；而在¹³C 处理组中的第 6 和第 7 泳道中出现的条带（图中箭头所示处）则代表了根瘤共生体中能够代谢¹³C-PCB 并利用¹³C 合成自身核酸的微生物。经对该条带克隆、测序，并与 GeneBank 中的核酸数据库比对后表明，共生体根瘤中代谢¹³C-PCB 的微生物正是原先接种的中华苜蓿根瘤菌（*Sinorhizobium meliloti*）。以上结果表明，共生体根瘤中的根瘤菌类菌体的确参与了对¹³C-PCB28 的降解代谢。

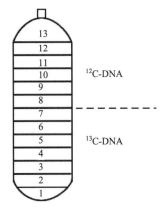

(a) 根瘤中^{13}C-DNA密度梯度分层示意图

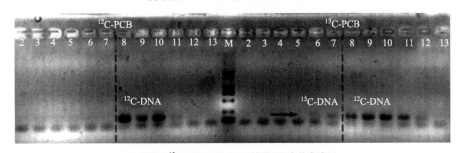

(b) 根瘤中^{13}C-DNA 16S rDNA基因PCR产物电泳图

图 7-4　根瘤菌类菌体对^{13}C-PCB 的代谢转化

　　从上可见，紫花苜蓿-根瘤菌共生体各组织均可吸收富集 PCB28，且各组织对 PCB28 的吸收富集能力不同，具体表现为根瘤＞根＞地上部；接种野生型根瘤菌的共生体其地上部、根和根瘤组织中所富集的 PCB28 浓度均显著高于接种固氮突变株的共生体，提示紫花苜蓿-根瘤菌共生体对 PCB28 的吸收富集能力可能与共生体的固氮能力有关。紫花苜蓿-根瘤菌共生体可以对其所吸收富集的三氯联苯 PCB28 发生还原脱氯代谢，代谢产物为二氯联苯 PCB8，且接种野生型根瘤菌的共生体中脱氯产物 PCB8 的浓度显著高于接种突变株的共生体；选择性离子扫描检测结果表明，接种野生型根瘤菌的共生体中的 Cl^-、NH_4^+ 以及 H^+ 外流强度都显著高于接种固氮突变株的共生体，提示紫花苜蓿-根瘤菌共生体对 PCB28 的还原脱氯代谢可能与其固氮能力有关，而且共生体根瘤中的根瘤菌类菌体能够对富集于根瘤中的^{13}C-PCB28 进行代谢，并利用^{13}C-PCB28 中的^{13}C 作为碳源合成自身核酸。

第二节　多氯联苯污染土壤的植物-微生物联合田间原位修复

一、联合修复后土壤中 PCBs 含量及组分变化

　　以长江三角洲地区某典型 PCBs 污染农田土壤为研究对象，接种苜蓿根瘤菌（*Rhizo-*

bium meliloti）或地表球囊菌（*Glomusversiforme*）于豆科植物紫花苜蓿（*Medicago sativa* L.）上，研究田间试验条件下植物-微生物联合对多氯联苯污染土壤的修复效应。研究设置了 5 个处理分别为：①对照（CK）；②种植紫花苜蓿（P）；③种植紫花苜蓿并接种菌根真菌（P＋V）；④种植紫花苜蓿并接种根瘤菌（P＋R）；⑤种植紫花苜蓿同时接种菌根真菌和根瘤菌（P＋V＋R）。由表 7-2 可见，在试验处理 90 天后，所有种植紫花苜蓿的处理，包括 P、P＋V、P＋R、P＋V＋R 四组处理，根际土壤中的 PCBs 去除率分别 36.1%、33.6%、42.6%、34.5%，均远高于对照组（CK）的 5.4%。因此，在土壤 PCBs 的植物-微生物联合修复过程中，紫花苜蓿起着重要的作用，这与 Mehmannavaz 等（2002）的研究结果类似。其中 P＋R 的处理效果显著高于其他种植植物的处理（$p <$ 0.05），这可能与接种根瘤菌促进植物体对 PCBs 的吸收积累以及根际土著微生物的降解有关，但与 Mehmannavaz 等（2002）的结果不一致，这可能与不同的根瘤菌接种浓度有关。在 Mehmannavaz 等（2002）的试验中，根瘤菌的接种浓度过高，以致影响了土壤结构性质，甚至对植物生长产生了毒害，因此根瘤菌的促进作用没有得到体现，而在本书中，降低根瘤菌的接种浓度，得到促进土壤 PCBs 去除的效果。同时 P＋V、P＋V＋R 与 P 处理效果差异不显著。所有处理下田间修复效果都高于盆栽修复效果（26.8%），这一方面可能与土壤原有污染程度有关（高军，2005），田间土壤污染程度高于盆栽土壤，从而刺激土壤降解微生物数量和活性，促进土壤 PCBs 的降解；另一方面可能与接种菌剂的质量有关，田间试验所用的根瘤菌和菌根真菌的菌剂质量都高于盆栽试验，其中根瘤菌菌剂为 1.8×10^8 cfu/g，菌量是盆栽菌剂（6×10^6 cfu/g）的 30 倍，菌根菌剂的侵染率为 80.4%，是盆栽菌剂侵染率（25%）的 3 倍多。

表 7-2　不同处理下根际土壤中 PCBs 含量　　　　　　（单位：μg/kg）

项目	CK	P	P＋V	P＋R	P＋V＋R
修复前	464.4±25.7	413.8±12.0	435.3±12.4	497.8±10.1	479.2±8.81
修复后	436.3±5.4	264.5±4.9	289.3±21.4	285.7±14.5	314.0±17.1
PCBs 去除率/%	5.4±2.0c	36.1±1.2b	33.6±5.0b	42.6±2.9a	34.5±3.6b

注：同一行中不同的字母代表在数值上存在显著差异（$p < 0.05$）。

　　根际土壤中 PCBs 同系物的变化如图 7-5 所示。土壤中 PCBs 大部分以低氯组分（少于 6 个氯原子的 PCBs 组分）为主，有研究表明，PCBs 生物降解程度与氯原子的数量有关，随氯原子的增加，PCBs 的降解率降低（Ahmed and Focht, 1973；Sayler et al., 1977），因此该地区低氯为主的 PCBs 有利于土著微生物的自然降解。与对照相比，其他四个处理中低氯成分总量不仅没有进一步的降低，反而都有不同程度的增加，特别是二氯、三氯组分。所有种植植物的处理中二氯、三氯组分的总含量均显著高于对照（$p < 0.05$），其中接种根瘤菌的处理（P＋R）增加最多。这可能一方面由于植物本身能够向根际土壤释放一些还原性酶类，如硝酸还原酶、脱氯酶等（Schnoor et al., 1995），促进土壤中高氯 PCBs 组分向低氯 PCBs 的转化；另一方面，植物的根际分泌物刺激了根际微生物的生长，而土壤微生物种群大多把氧气作为终端电子受体，联合植物根的呼吸作用，使得根际土壤氧气缺乏，形成还原环境，有利于 PCBs 的还原脱氯过

程。土壤低氯成分的增加将更有利于土壤微生物的进一步降解。

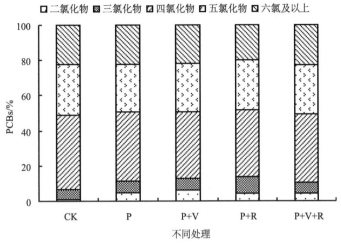

图 7-5　不同处理的土壤中 PCBs 同系物百分含量

二、紫花苜蓿的生长状况及体内 PCBs 含量

不同处理间紫花苜蓿的生物学指标见表 7-3。从表 7-3 可以看出，接种根瘤菌促进了紫花苜蓿的生长，与 P 和 P＋V 处理相比，株高、茎叶和根的干重均显著增加（$p <$ 0.05）。接种菌根真菌后，与 P 处理相比，株高、茎叶和根的干重均未出现明显变化，可见不同的菌种对紫花苜蓿的生长存在不同的效应。P＋V＋R 处理下茎叶和根的干重与 P＋R 处理无明显差异，但株高低于 P＋R 处理，并且菌根侵染受到抑制，这可能与两种共生菌对营养的摄取存在竞争有关。

表 7-3　不同处理下紫花苜蓿的生物学性状

项目	CK	P	P+V	P+R	P+V+R
株高/cm	—	40.75c	38.43c	59.63a	46.64b
茎叶/(g/株)	—	3.29b	4.92b	21.62a	21.39a
根/(g/株)	—	1.01b	1.30b	7.05a	5.91a
根瘤/(g/株)	—	—	—	0.23b	0.46a
菌根侵染率/%	—	11.11c	61.54a	23.91c	45.24b

注：同一行中不同的字母代表在数值上存在显著差异（$p < 0.05$）。

不同处理的紫花苜蓿体内 PCBs 含量见表 7-4。不同处理的植株茎叶、根都存在PCBs，说明紫花苜蓿可以直接吸收 PCBs。同时根部 PCBs 的含量远远高于茎叶，这与PCBs 为疏水性有机污染物（logkow＞3.0），易被根表面强烈吸附，而难以被植物吸收转运有关（Schnoor et al.，1995）。与单种植紫花苜蓿的处理（P）相比，菌根真菌，根瘤菌的接种均明显增加了植物体茎叶中 PCBs 的含量，此外，根瘤菌处理也显著增加植物根部的 PCBs 含量。可见，单接种菌根真菌和根瘤菌均能促进紫花苜蓿对 PCBs 的吸收，并且 P+R 的处理高于 P+V 处理（$p<0.05$）。同时在植物的根瘤中也发现了高浓度的 PCBs 积累。总体而言，P+R 处理中，植株体对 PCBs 积累显著高于其他植物处理（$p<0.05$），这与 P+R 处理下土壤 PCBs 去除率最高相一致，说明植株体的积累作用是土壤 PCBs 去除的一个因素。而 P+V+R 和 P+V 处理下植株体对 PCBs 的积累虽然显著高于 P 处理（$p<0.05$），但其土壤 PCBs 的去除效果与 P 处理无显著差异。这可能一方面由于田间试验外界环境影响因素很多，导致接种的强化修复效果并未得到体现；另一方面除了植物体对土壤 PCBs 的积累外，根际土著微生物的促进降解作用也不可忽视，土著微生物群落的变化是否影响接种效果的发挥，还需进一步研究。

表 7-4　不同处理下紫花苜蓿体内的 PCBs 含量　（单位：μg/kg）

项目	CK	P	P+V	P+R	P+V+R
茎叶	—	3.30d	19.77c	26.72b	32.98a
根	—	115.07c	120.28b	142.23a	111.15c
根瘤	—	—	—	339.30a	323.64b

注：同一行中不同的字母代表在数值上存在显著差异（$p<0.05$）。

植株体内 PCBs 同系物百分比含量变化如图 7-6 所示。不同处理下，紫花苜蓿的根部都存在不同类型的 PCBs 同系物，其中以 4 氯，5 氯组分居多，约占总量的 70%，这与该区土壤中 PCBs 的成分组成相一致。紫花苜蓿茎叶部分在单种植植物处理（P）中仅检测到 2 氯、3 氯组分，而在接种菌根真菌和根瘤菌后，紫花苜蓿茎叶部分出现了其他种类的 PCBs 组分，特别是高氯的 PCBs 组分。根据孟庆昱等（2000）研究表明，该区大气颗粒物中未检测到高氯代 PCBs 的存在。由此推测，紫花苜蓿体茎叶部分的高氯代 PCBs 是从植株根部转运而来，而微生物的存在可能促进了这种转运过程。

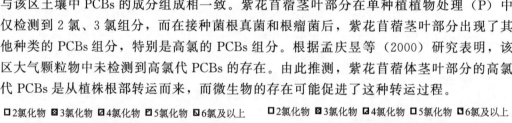
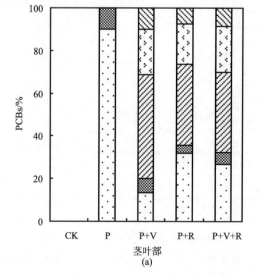
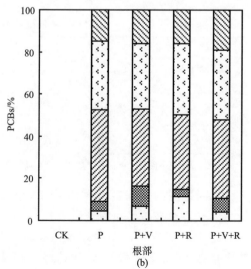

图 7-6　植株茎叶部和根部 PCBs 同系物百分含量

三、土壤生态毒性的变化

评价修复效应通常通过两个指标来阐述，一是污染物浓度的高低，二是土壤生态毒性的强弱。前面已对不同处理下土壤 PCBs 的浓度变化做了阐述，现在采用 Weibull 模型对不同处理下污染土壤提取物的生态毒性数据进行拟合，所得模型参数及 EC_{50} 计算值见表 7-6。由表 7-5 可见，采取四组不同修复措施处理后土壤的 EC_{50} 均高于对照，说明土壤的毒性得到了一定程度的降低。由于研究现场是电子产品拆解场地，PCBs 并非唯一污染物，因此 PCBs 去除率最高的 P+R 处理中土壤的生态毒性并不是最低的。但将土壤 EC_{50} 值和土壤 PCBs 浓度进行相关分析，发现呈显著负相关关系（$r = -0.920$，$p < 0.05$），这说明土壤中虽然 PCBs 并非唯一污染物，但其浓度能够影响土壤的生态毒性，因此，可以通过降低土壤中 PCBs 的含量来降低土壤的毒性风险。本试验所设置的四种不同的修复措施均在不同程度上成功地降低了土壤 PCBs 的含量，进而可以降低了土壤的生态风险。

表 7-5　PCBs 污染土壤修复前后生态毒性拟合及 EC_{50} 值

处理代号	k	τ	r^2	EC_{50}/(mg/mL)
CK	0.26	0.76	0.97	740
P	0.19	0.70	0.99	1254
P+V	0.25	0.64	0.98	984
P+R	0.24	0.61	0.99	1144
P+V+R	0.20	0.74	0.97	1048

四、土壤微生物数量的变化

土壤微生物数量变化如表 7-6 所示。结果显示，相比于对照处理，所有种植植物的处理中，除了放线菌数量变化不大或是出现减少外，细菌、真菌数量以及功能性微生物联苯降解菌的数量都明显增加。接种外源菌种后，特别是根瘤菌的接入，显著提高了土壤中细菌和联苯降解菌的数量，并在几组处理中数量达到最多，这可以一定程度上解释土壤 PCBs 在紫花苜蓿接种根瘤菌处理下降解率最高。而双接种和接种菌根真菌的处理，细菌数量和联苯降解菌的数量与单种植物来比，没有显著差异。

表 7-6　不同处理下细菌、真菌、放线菌和联苯降解菌的数量

（单位：cfu/g 干土）

不同处理	CK	P	P+V	P+R	P+V+R
细菌（$\times 10^7$）	18.0 ± 2.00c	22.0 ± 2.00bc	23.0 ± 2.65b	31.0 ± 3.61a	22.0 ± 2.00bc
真菌（$\times 10^5$）	15.7 ± 1.15e	44.3 ± 4.93c	70.3 ± 4.51a	54.9 ± 2.89b	29.7 ± 5.69d
放线菌（$\times 10^5$）	84.0 ± 6.08a	76.0 ± 12.00ab	64.3 ± 6.66b	80.0 ± 2.00a	74.7 ± 2.52ab
联苯降解菌（$\times 10^5$）	38.3 ± 3.54c	53.8 ± 6.83b	52.2 ± 4.91b	73.3 ± 10.4a	60.0 ± 5.00b

注：同一行中不同的字母代表在数值上存在显著差异（$p < 0.05$）。

　　将土壤中三大菌的数量与植株体内 PCBs 含量、土壤 PCBs 降解率进行相关性分析，结果见表 7-7。可以得到，土壤 PCBs 的降解率与土壤中细菌、真菌的数量，以及功能性微生物联苯降解菌的数量呈极显著相关，而与植株体内含量不显著相关，可见土壤 PCBs 的降解主要受到土壤微生物作用的影响。同时，土壤中联苯降解菌的数量会影响植物体内 PCBs 的含量，两者呈极显著相关。

表 7-7　三大菌数量与土壤 PCBs 降解率、植物体 PCBs 含量的相关性分析

项目	细菌	真菌	放线菌	联苯降解菌	植株体 PCBs
细菌					
真菌	0.546**				
放线菌	−0.139	−0.544*			
联苯降解菌	0.677**	0.390	−0.166		
植株体 PCBs	0.444	−0.380	0.441	0.798**	
土壤 PCBs 降解率	0.692**	0.693**	−0.307	0.742**	0.459

　　**$p < 0.01$。

五、土壤微生物群落组成的变化

　　由于在实验室培养的菌种仅占自然界中细菌种类的极小部分，应用传统的微生物分离培养方法研究土壤微生物种群构成会导致严重的微生物多样性丢失。因此，不经微生物分离培养步骤，直接从土壤中抽提总 DNA，利用 DNA 突变来检测反映微生物的种群构成的方法，即变性梯度凝胶电泳法（DGGE）。DGGE 近些年来已经被广泛应用于各种环境微生物的生态研究中，并且有效地克服传统方法的缺点，揭示的土壤微生物种群结构也更加复杂多样。图 7-7 显示了不同处理下土壤微生物群落变化。在土壤细菌群

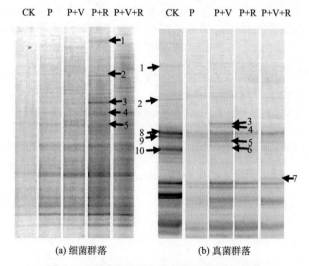

图 7-7　不同处理下土壤的微生物群落结构

落方面，可以发现所有种植植物的处理相比对照处理，凝胶上清晰可辨的条带明显增多，也就是细菌的多样性显著增加。接种外源菌种也会促进凝胶条带的增加或是条带浓度的增加，特别是接种根瘤菌的处理中，出现了5条条带（1～5）或是在其他处理中没有，或是明显浓度高于其他处理，表明根瘤菌的处理可以刺激土壤细菌数量的增加和某些新兴菌种的生长。

在土壤真菌群落方面，所有种植植物的处理相比对照处理，凝胶上清晰可辨的条带明显减少，一些条带明显丢失，如条带1、2、10；一些条带一直存在，如条带8、9；还有一些新出现的条带，如条带3、4、5、6、7。这些依然存在或是新出现的条带可能对土壤PCBs的降解存在重要作用，而丢失的条带可能作用不大。总体而言，真菌的多样性显著减少，这与细菌的结果相反。但接种外源菌种，特别是接种菌根真菌的处理中，凝胶条带出现增加或是条带浓度增加，甚至出现了一些新的条带，如条带3、4、5、6，这些都可能是促进土壤PCBs降解的功能菌群。DGGE条带聚类分析的结果见图7-8。无论是细菌群落还是真菌群落，种植植物的所有处理与对照均明显分为两个类群，并且真菌群落变异要高于细菌群落，相似度仅为0.44。此外，接种菌种的处理与单独种植植物的处理也明显分为两个类群，相似度在细菌群落中为0.76，在真菌群落中仅为0.63，因此，接种外源菌种能够引起土壤微生物群落的变化。

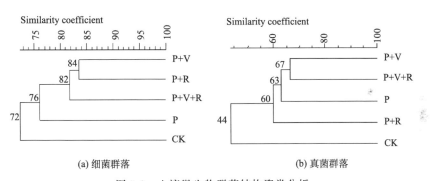

图7-8　土壤微生物群落结构聚类分析

六、DGGE条带测序结果

选取细菌DGGE电泳条带中P＋R处理下，新出现的浓度较高而在其他处理中没有或是浓度很低的5条条带，以及真菌DGGE电泳的10条条带，共15条条带进行了割胶、纯化、测序。其中有4个条带未能成功获得序列信息，其余11个条带的序列信息见表7-8，表7-9。细菌群落5条条带中，测序后，经序列比对，得到条带1与 *Flavobacterium* sp. 具有很高的相似度，达到了97%，条带4与 *Zoogloea* sp. 较为相似，而 *Flavobacterium* sp. 和 *Zoogloea* sp. 这两类菌中都被发现具有降解高浓度有机污染物的功能，包括了许多典型的降解菌，这也表明在P＋R处理下，土壤中降解性的细菌数量以及种类相比于其他处理有所增加，而这些降解性菌群的出现也有利于土壤PCBs的进一步降解。

表 7-8　细菌条带测序结果

条带	Genbank 登录号	相似度/%	Genbank 中最相似微生物（登录号）
1	EU123886	97	*Flavobacteriumanhuiense*（EU046269）
2	EU123887	82	Uncultured bacterium（AB294749）
3	EU123888	85	Uncultured bacterium（DQ884925）
4	EU123889	90	*Zoogloea* sp.（DQ512746）
5	EU123890	79	Uncultured bacterium（EF019863）

表 7-9　真菌条带测序结果

条带	Genbank 登录号	相似度/%	Genbank 中最相似微生物（登录号）
1	EU123891	97	*Choanephoracucurbitarum*（AF157181）
3	EU123892	88	*Mortierellaverticillata*（DQ273794）
4	EU123893	91	Uncultured fungus（EF434021）
5	EU123894	98	*Rhizopusoryzae*（AY213624）
6	EU123895	89	*Poitrasiacircinans*（AF157209）
10	EU123896	87	*Rhizophlyctisrosea*（DQ273787）

　　测定真菌 DGGE 的 6 条条带，得到一些来源不同的菌种类型。在新出现的条带中，条带 5 与 *Rhizopusoryzae* 相似度达到了 98%，而 *Rhizopus* 属真菌中有很多菌株拥有降解碳氢化合物的功能，因此推测得到，种植植物接种外源菌种也能促进土壤真菌群落的变化，甚至刺激某些功能真菌菌种的出现，为之后的 PCBs 降解打下基础。

　　多氯联苯复合污染土壤的植物-微生物联合田间原位修复效应结果表明，所有种植植物的处理土壤 PCBs 去除率均显著高于对照，其中种植紫花苜蓿并接种根瘤菌的处理（P+R）达到最高。根瘤菌的接种增加了根际土壤 PCBs 低氯组分的含量，这有利于 PCBs 的进一步降解和转化。此外，根瘤菌的接种还促进了植物的生长，以及植物对土壤 PCBs 的吸收和转运，同时在植物的根瘤组织中出现了高浓度 PCBs 的积累。

　　通过土壤生态毒性测定，得到土壤生态毒性与土壤 PCBs 浓度相关，种植植物以及接种微生物的处理在降低土壤 PCBs 浓度的同时，均在不同程度上有效地降低了土壤的生态毒性风险。而且对于土壤 PCBs 的去除，植物的吸收转化是一个重要原因，但相关性分析结果表明，土壤 PCBs 的降解与土壤微生物的数量显著相关，可见，土壤微生物的作用是土壤 PCBs 的降解的主要途径，植物的生长以及接种微生物有利于刺激土著微生物的数量和活性，甚至改变土壤微生物的群落组成，达到促进降解的目的。因此，紫花苜蓿与微生物，特别是根瘤菌的联合作用，在 PCBs 污染农田土壤的田间大面积修复上具有一定的应用前景。

第三节　多氯联苯污染农田土壤的原位生态调控修复

　　原位生态调控修复，是根据生态学原理，利用特异生物（如修复植物或专性降解微生物等）对环境污染物的代谢过程，并借助物理修复与化学修复以及工程技术的某些措施加以强化或条件优化，使污染环境得以修复的综合性环境污染治理技术（周启星等，2007；李培军等，2006）。对于长期受 PCBs 污染的农田土壤，原位生态调控修复技术，可以最大限度地激活土壤生态系统的自净功能，实现转移或转化、清除或消减土壤中的污染物含量，降低土壤毒性当量、恢复或部分恢复土壤服务功能，成为一种极具应用前景的修复措施。然而到目前为止，针对 PCBs 污染农田土壤的生态调控修复研究，其研究尺度多局限于室内盆栽试验或田间微域试验（徐莉等，2010；Tu et al.，2011），较少涉及中等及中等以上规模农田原位修复。当修复区面积扩大后，该修复措施是否仍具有良好的修复效应仍有待探究。因此，本节以长江三角洲某典型污染区中等规模面积 PCBs 污染农田为对象，结合当地耕作习惯，研究不同生态调控修复阶段下土壤中 PCBs 含量结构、土壤毒性、微生物数量的动态变化趋势与污染土壤修复效应，以期为进一步研发推广与扩大应用 PCBs 污染农田土壤的原位生态调控修复技术提供科学依据。

一、不同修复阶段土壤中 PCBs 含量变化

研究在长江三角洲某典型 PCBs 污染的农田中进行，供试土壤为水稻土，系统分类为铁聚水耕人为土。土壤 pH 为 4.37，有机质含量为 32.8g/kg，全氮、全磷、全钾分别为 1.79g/kg、0.44g/kg 和 24.1g/kg。试验用地面积约为 0.73hm²，按照当地传统农田耕作区域划分为 10 个小区（每个小区面积 0.05~0.10hm² 不等），编号 S1~S10，随机排列。每个小区中均放置无底的 PVC 圆筒（高度 50cm，直径 30cm，圆筒高出表层土壤 10cm，防止桶内外物质互换），保持圆筒中土壤无任何扰动影响，以作为对照处理。原位生态调控修复分为①土壤调控翻耕修复，②紫花苜蓿修复，③水稻种植修复三个阶段进行。土壤调控翻耕修复阶段：对 PCBs 污染土壤施用石灰 1800kg/hm²，钙镁磷肥 450kg/hm²，并使用农用机械对土壤进行周期性翻动，修复持续时间为 1 个月；紫花苜蓿修复阶段：采用种植紫花苜蓿并接种根瘤菌与菌根真菌方式进行修复，以条播方式进行播种，播种量为 22.5kg/hm²，菌剂接种量均为 150g/hm² 左右，修复时间持续 3 个月；水稻种植修复阶段：将紫花苜蓿翻压入土壤，并按照当地种植习惯和方式，实施种植水稻修复，修复时间持续 4 个月。经过不同处理阶段后，实验用地与对照处理土壤中 PCBs 含量与土壤 pH 变化情况见图 7-9。由图 7-9 可见，在土壤调控翻耕与紫花苜蓿修复阶段，土壤中 PCBs 的含量均较上一阶段逐步降低，土壤 pH 则有所升高。而在水稻种植修复阶段，PCBs 含量略有回升，土壤 pH 则有明显下降。有研究表明，通过对土壤进行周期性翻动，可以改善土壤的通气状况，有利于 PCBs 污染土壤中土著微生物的生长和代谢活性的提高，从而促进土壤中 PCBs 的自然降解（滕应等，2006）。而豆科植物紫花苜蓿已被广泛用于 PCBs 污染土壤的植物修复技术中（Chekol，2001），并可通过接种根瘤菌以刺激提高根际微生物活性，进而强化紫花苜蓿对 PCBs 污染土壤的修复作用（徐莉等，2008）。考虑到紫花苜蓿不宜在酸性土壤上生长（郭彦军，2006），因此通过前期添加石灰进行调控，改善当地土壤酸化现象，为土壤微生物与紫花苜蓿提

供了适宜的生长环境，进一步强化对土壤中 PCBs 的去除效果。而在种植水稻后，由于土壤处于淹水条件下，土壤处于厌氧状态，且 pH 明显降低，不利于土壤中好氧微生物的生长与繁殖，因此限制了 PCBs 的好氧降解。同时，一方面可能由于在种植水稻前需将紫花苜蓿翻压入土壤，部分被紫花苜蓿直接提取吸收的 PCBs 重新进入土壤；另一方面可能由于农田淹水而引入周边污染源中的 PCBs 并在土壤中蓄积，由此造成水稻修复阶段后土壤中 PCBs 含量略有上升。

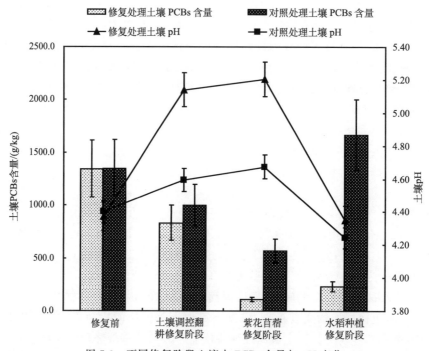

图 7-9　不同修复阶段土壤中 PCBs 含量与 pH 变化

前期工作表明，当地农田土壤中 PCBs 的来源受到一些较为分散的人为因素影响，其空间分布并不均匀（滕应等，2008）。而在本书中修复试验区总面积相对较大，因此各小区之间土壤中 PCBs 含量也存在一定差异（图 7-10），其修复前含量为 406～2560μg/kg 不等。经不同阶段生态调控修复后，各小区土壤中 PCBs 含量均有不同程度的下降，大部分变化趋势也同样在土壤调控翻耕与紫花苜蓿修复阶段持续下降，在水稻种植修复阶段有所回升。同时，在进行至紫花苜蓿修复阶段后，各小区土壤中 PCBs 含量变化基本趋于一致，均为 100μg/kg 左右。结果表明，对于中低浓度 PCBs 长期污染农田土壤，由于土壤中已存在具有一定降解 PCBs 能力的土著微生物，原位生态调控措施可刺激其活性，提高其对 PCBs 降解效果。同时，高浓度 PCBs 的降解速率要明显高于低浓度污染水平，由此推测土壤中 PCBs 污染水平也可能为降解效率的影响因子之一，但其具体影响效应仍有待进一步研究。

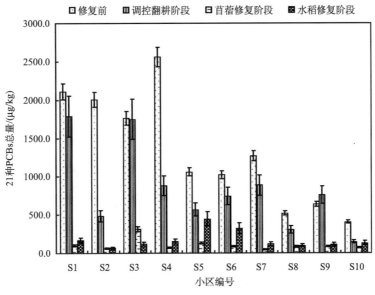

图 7-10　不同修复阶段各小区土壤中 PCBs 含量

二、不同修复阶段土壤中 PCBs 组分结构变化

由表 7-10 可见，试验农田土壤中的 PCBs 组成，主要以低氯代（氯原子数≤5）组分为主，其中，三氯联苯含量最多，其次为二氯与四氯联苯。前期研究表明，农田土壤 PCBs 主要来源于废弃电容器中的介质油，它造成土壤中二、三、四氯等低氯代 PCBs 的大量累积。而经不同阶段生态调控修复后，各组分含量均有不同程度降低，但总体上依旧以低氯代组分为主。

表 7-10　不同修复阶段土壤中 PCBs 同系物含量　　　　（单位：μg/kg）

PCBs 氯代数	修复前	调控翻耕阶段	苜蓿修复阶段	水稻修复阶段
2 氯	297.1±56.4	117.5±21.6	30.6±6.1	41.8±8.3
3 氯	714.6±128.6	467.8±86.3	49.7±11.8	109.1±16.9
4 氯	256.9±34.2	192.0±36.5	12.3±3.0	54.1±10.9
5 氯	50.2±12.9	34.5±7.1	9.3±2.1	6.9±1.3
6 氯	13.4±2.6	14.3±3.6	11.8±2.7	4.9±0.9
6 氯以上	10.7±1.9	8.5±1.6	7.2±1.6	3.2±0.6

通过对修复试验与对照处理土壤中 PCBs 组分结构动态变化分析，可以看出，在不同修复阶段，土壤中高、低氯代 PCBs 的变化规律不同（图 7-11）。在土壤调控翻耕与紫花苜蓿修复阶段，低氯代 PCBs 组分显著下降，而高氯代组分变化不明显；在水稻种植修复阶段，低氯代组分又呈现出明显的上升趋势，而高氯代组分则进一步降低。与此

相比，对照处理中，虽然在土壤调控翻耕与紫花苜蓿修复阶段后各组分均有一定降低，但不及修复处理中效果明显；而在水稻种植修复阶段，低氯与高氯组分含量均有显著上升。

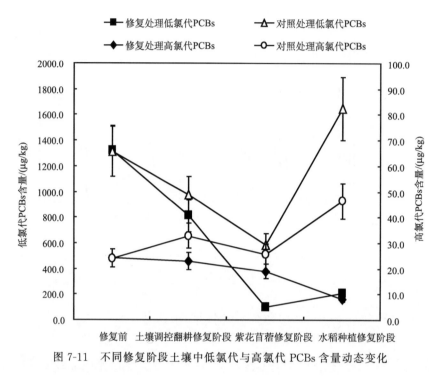

图 7-11　不同修复阶段土壤中低氯代与高氯代 PCBs 含量动态变化

一般认为，土壤微生物对 PCBs 的降解主要通过好氧与厌氧脱氯两种途径（高军，2005）。对于低氯代 PCBs 组分，主要通过微生物好氧降解进行（Komancova et al.，2003），因此，通过添加石灰与翻耕，调节土壤理化性质并改善土壤通气性，为好氧微生物提供了适宜的生长环境；同时又通过种植紫花苜蓿强化促进根际微生物活性，土壤中的低氯代组分被大量降解。对于高氯代 PCBs 组分，则主要通过厌氧脱氯途径进行，即在厌氧条件下，通过催化还原反应，把芳香族的氯代化合物从高氯转化为低氯或无氯的物质（Borjia et al.，2005），因此，在种植水稻后，由于进行淹水处理，土壤处于厌氧状态，高氯代 PCBs 脱氯转为低氯代物质，土壤中高氯代 PCBs 含量减少，而低氯代 PCBs 则因不断积累而含量有所上升。同时，废旧电容器的介质油是 PCBs 污染的主要来源，加之试验田本身为开放体系，淹水措施也有可能引入周边含 PCBs 的污水并在土壤中富集，因此使对照土壤中 PCBs 总量有所上升。

三、修复后土壤中类二噁英 PCBs 毒性当量及微生物数量的变化

PCBs 同系物数目繁多，但由于联苯氯代程度与位置不同，其毒性也存在着很大的差异（McKinney and Waller，1994）。其中，12 种具有共平面分子结构的 PCBs 同系物

被称为类二噁英 PCBs，具有较强的生物毒性（Tan et al.，2004）。本书中，可检出的类二噁英 PCB 单体主要为 PCB77、PCB105、PCB118、PCB126 这 4 种，其毒性当量计算结果见表 7-11。

表 7-11　不同修复阶段土壤中类二噁英 PCBs 毒性当量

[单位：（TEQ）/（ng/kg）]

类二噁英 PCBs	TEF	修复前	调控翻耕阶段		苜蓿修复阶段		水稻修复阶段	
			修复处理	对照处理	修复处理	对照处理	修复处理	对照处理
PCB77	0.0001	2.37	1.63	2.47	0.43	0.70	0.87	1.08
PCB105	0.00003	0.31	0.27	0.36	0.09	0.12	0.09	0.25
PCB118	0.00003	0.32	0.18	0.35	0.06	0.08	0.04	0.26
PCB126	0.1	256.52	N.C.	168.28	N.C.	108.62	61.52	240.11
TEQ		259.52	2.08	171.46	0.58	109.52	62.51	241.70

注：N.C. 表示该 PCB 单体未有检出或浓度太低无法计算。

由表 7-11 可知，至紫花苜蓿修复阶段完成后，毒性当量已从修复前的 259.52ng/kg 降至 0.58ng/kg，修复效果显著；但经水稻修复阶段后，又上升至 62.51ng/kg。由于在该试验田土壤中，PCB126 是毒性当量因子最大的单体，因此，其含量直接影响土壤毒性当量变化。土壤毒性当量变化与土壤 PCBs 含量变化趋势基本一致，说明进行土壤调控翻耕与紫花苜蓿修复有助于毒性当量的显著降低，而水稻种植修复则会产生不利影响。

由于农田原位生态调控修复主要利用土壤中的土著微生物类群，通过进行环境因子调控与种植植物强化刺激，以激发其对污染物的降解潜力，从而在不影响自身土壤微生物生态的情况下，达到降解氯代芳香族污染物的修复目的；同时，土壤微生物生态的变化情况，一定程度上可以通过土壤中各类微生物的种群数量反映。因此，对土壤中主要微生物（细菌、真菌、放线菌）数量动态变化进行分析，结果如图 7-12 所示。

从图 7-12 可知，在进行土壤调控翻耕修复时，土壤中细菌与真菌数量均有所下降，而放线菌数量则略有上升，说明添加石灰并进行土壤翻耕，有利于放线菌的生长，但对细菌与真菌生长有一定影响；在进行紫花苜蓿修复时，土壤中细菌与真菌数量均呈显著增加趋势，而放线菌数量变化不大，可见通过种植紫花苜蓿后，强化刺激了土壤微生物的生长活性，同时也改善了土壤根际微生物生态；在进行水稻种植修复时，三大菌群数量均呈现明显的下降趋势，表明淹水条件并不利于土壤微生物生长，也由此造成微生物活性降低，这可能也是导致淹水状态下供试土壤中 PCBs 降解十分缓慢的重要原因之一。结果表明，进行原位生态调控修复时，虽然各阶段不同微生物有其各自变化规律，但整体而言，在修复前后，土壤中微生物数量总体变化并不大，可见该修复措施并未对原土壤微生物生态造成剧烈影响。

可见，对于中等规模 PCBs 污染农田，通过原位生态调控措施，包括添加石灰，土地翻耕，种植紫花苜蓿等进行原位修复，可使土壤中 PCBs 含量显著降低，平均去除率达 86.9 %；同时也降低了土壤中类二噁英 PCBs 毒性当量。此外，利用该修复措施也可

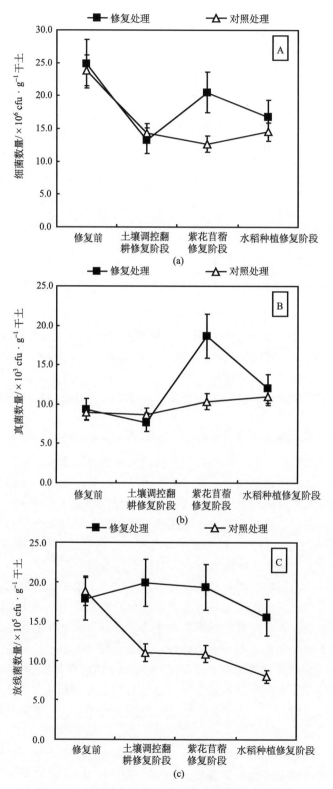

图 7-12　不同修复阶段土壤中微生物数量动态变化

改善土壤理化性质，减轻土壤酸化，且未对土壤微生物生态产生较大影响，获得较好的修复效果，具有进一步推广与扩大应用的发展前景。同时，不同的修复措施具有各自针对的污染物类型，采用调控翻耕与种植紫花苜蓿可有效去除低氯代 PCBs 组分，种植水稻可降低高氯代 PCBs 含量。而对组分 PCBs 复合污染土壤，宜通过两种或以上的修复措施合理组合，进行长期原位修复，达到对土壤中各类 PCBs 组分的修复效果。

参 考 文 献

高军，骆永明. 2005. 多氯联苯（PCBs）污染土壤生物修复的研究进展. 安徽农业科学，33（11）：2119-2121.

郭彦军，黄建国. 2006. 紫花苜蓿在酸性土壤中的生长表现. 草业学报，15（1）：84-89.

李培军，孙铁珩，巩宗强，等. 2006. 污染土壤生态修复理论内涵的初步探讨. 应用生态学报，17（4）：747-750.

孟庆昱，毕新慧，储少岗，等. 2000. 污染区大气中多氯联苯的表征与分布研究初探. 环境化学，19（6）：501-506.

滕应，骆永明，李振高，等. 2006. 多氯联苯复合污染土壤的土著微生物修复强化措施研究. 土壤，38（5）：645-651.

滕应，郑茂坤，骆永明，等. 2008. 长江三角洲典型地区农田土壤多氯联苯空间分布特征. 环境科学，29（12）：3477-3482.

徐莉，滕应，李振高，等. 2010. 不同强化调控措施对多氯联苯污染土壤的修复效应. 土壤学报，47（4）：646-651.

徐莉，滕应，张雪莲，等. 2008. 多氯联苯污染土壤的植物-微生物联合田间原位修复. 中国环境科学，28（7）：646-650.

周启星，魏树和，刁春燕. 2007. 污染土壤生态修复基本原理及研究进展. 农业环境科学学报，26（2）：419-424.

Ahmed M，Focht D D. 1973. Degradation of polychlorinated phenyls by two species of Achromobacter. Canadian Journal of microbiology，19：47-52.

Borjia J，Taleon D M，Auresenia J，et al. 2005. Polychlorinated biphenyls and their biodegradation. Process Biochem. 40：1999-2013.

Chekol T，Vough L R. 2001. A study of the use of Alfalfa（*Medicago sativa* L. ）for thephytoremediation of organic contaminants insoil. Remediation，11（4）：89-101.

Komancova M，Jurcova I，Kochankova L，et al. 2003. Metabolicpathways of polychlorinated biphenylsdegradation by *Pseudomonas* sp. 2. Chemosphere，50：537-543.

McKinney J D，Waller C. 1994. Polychlorinated biphenyls as hormonally active structural analogues. Environ Health Perspect，102（3）：290-297.

Mehmannavaz R，Prasher S O，Ahmad D. 2002. Rhizospheric effects of alfalfa on biotransformation of polychlorinated biphenyls in a contaminated soil augmented with *sinorhizobiummeliloti*. Process Biochemistry，37：955-963.

Sayler G S，Shon M，Colwell R R，et al. 1977. Growth of an Estuarine *pseudomonas* sp. on polychlorinated phenyl. Microbial Ecology，3：241-255.

Schnoor J L，Licht L A，McCutcheon S C，et al. 1995. Phytoremediation of organic and nutrient contaminants. Environmental Science & Technology, 29 (7): 318-323A.

Tan Y S, Chen C H, Lawrence D, et al. 2004. Ortho-substituted PCBs kill cells by altering membrane structure. ToxicolSci, 80: 54-59.

Tu C, Teng Y, LuoY M, et al. 2011. PCB removal, soil enzyme activities, and microbial community structures during the phytoremediation by alfalfa in field soils. Journal of Soils and Sediments, (4): 649-656.

第八章　废旧电容器拆解区农田土壤环境质量的管理策略

　　土壤环境质量是指在一定的时间和空间范围内，土壤自身性状对其持续利用以及对其他环境要素，特别是对人类或其他生物的生存、繁衍以及社会经济发展的适宜性（陈怀满，2005），具有容纳、吸收和降解各种土壤环境污染物的能力（陈怀满等，2006），与土壤的健康或清洁的状态，以及遭受污染的程度密切相关。人类活动产生的污染物进入土壤后，对生物、水体、空气或（和）人体健康产生危害或可能存在危害，会引起土壤环境质量现存的或潜在的恶化。

　　土壤环境质量管理更多的是从阻止污染的角度考虑，并关心土壤纳污能力和对其他环境介质及人体健康的影响。与其他环境介质的管理类似，土壤环境质量管理也包括了政策方法和技术方法（曾思育，2004）。目前对土壤环境质量管理策略的研究并未提出单独的方法，而是融合到土壤质量管理和环境管理中。欧盟采用 DPSIR 模型对土壤环境质量的管理策略进行了研究，并形成了沉积物的 DPSIR 管理（Sabine et al.，2007）和土壤八种威胁的政策管理策略，但在国内尚未见相关研究的报道。基于此，本书将首次采用 DPSIR 框架体系的方法，以典型的废旧电容器拆解区浙江省路桥区为例，对区域土壤环境质量的管理及调控策略进行综合探讨，为区域土壤环境质量管理及调控策略提供新的方法。

第一节　DPSIR 系统及其在土壤环境质量管理中的应用

一、DPSIR 系统

　　自 20 世纪 80 年代以来，环境污染已成为我国经济发展中面临的重要问题，使我国的环境问题错综复杂，显现兼具发达国家与发展中国家环境问题的复合体特点。中国尤其是经济高速发展地区的环境问题，可借鉴已有的经验并结合自身的特点进行解决。土壤环境质量管理是解决环境问题的重要手段，目前环境质量管理模型主要有三个（Van Gerven et al.，2007）：一是 20 世纪 80 年代末国际经济合作与发展组织（OECD）提出的压力—状态—响应框架（PSR）模型；二是联合国（UN）修改前者后提出的驱动力—状态—响应框架（DSR）；三是欧洲环境署（EEA）（Domingo，1996）综合前两种的优点提出的驱动力—压力—状态—影响—响应体系（DPSIR）（Bowen et al.，2003；Gerven，2007；于伯华等，2004a）。在 DPSIR 体系中，各参数的意义如下：D（Driving force）是指规模较大的社会经济活动和产业的发展趋势，是造成环境变化的潜在原因；P（Pressure）是指人类活动对其紧邻的环境以及自然生态的影响，是环境的直接压力因子；S（State）是描述可见的区域环境动态变化和可持续发展能力的因子；I（Impact）指人地系统所处的状态对人类健康、自然生态和经济结构的影响，它是前 3 个因子作用的必然结果；R（Response）指系统变化的响应措施，如相关法律的制定、环保条例的颁布及其配套政策的实施等。

二、DPSIR 系统及模型参数

建立 DPSIR 模型的目的有以下 3 点（Smeets，1999）：①提供环境问题的信息，以便政策制订者能够评估环境问题的严重程度；②确定环境压力关键因子，为环境政策的制定和优势因子的选择提供支持；③监测政策调控的效果。

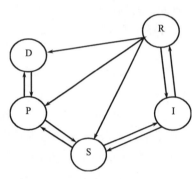

图 8-1　DPSIR 模型

DPSIR 模型中的各因子间存在着相互的因果关系（Jeunesse，2003a）。图 8-1 给出了它的这种关系。从模型的整体来看，D、P、S 和 I 是描写和叙述环境中各个因子的客观存在状态，R 则是为使环境保持和谐或更宜人而采取的措施。其本身即构成因果关系：因客观环境存在不和谐或不宜人的状况，才有必要付出代价采取措施调控环境的状态和规范人的行为，进而达到人与自然的和谐。

在 D—P—S 分析链中，D 和 P 分别为环境现有状态的间接和直接的压力。两者均是环境状态趋向恶化的驱动力，三者构成了明显的因果关系。关系链中，驱动力包括人口增长、土地开发、交通运输和旅游业的发展、农产品需求量增加、工业和能源需求膨胀、矿产资源开采、自然突发事件的发生、全球及局部环境的改变和淡水相对短缺等；压力包括"三废"排放、城市扩张、基础设施建设、修建各式建筑、砍伐森林、发生火灾和土壤中营养物质淋失等；状态包括土地功能退化（土壤污染、土壤酸化与盐碱化、营养物质过剩或缺乏、土壤的物理退化和生物退化等）和土壤流失（优质土地的封存和土壤腐殖质层的流失）等。人口增长驱动了各种建筑物和各类基础设施的建设与建修，引发了土地功能的物理性退化和优质土地的封存等一系列问题。土壤的污染和酸化来源于污染物和各类废弃物的排放，而这些污染物的排放直接与工业、能源、交通运输和旅游业的发展息息相关。各因子内部的因果关系不一而足。

在 S—I—R 对策分析链中，亦有明显的因果关系。因为环境状态的恶化和对人类健康的影响才有调控措施的实施。其中，影响包括环境对人类健康、自然生态和社会经济的影响等，响应措施包括政策、法律和工程的措施等。Fassio 等（2005）用 DPSIR 体系建立了多标准的决策支持系统（MDSS）。其工作流程如下：

首先了解目前环境的存在状态，然后求得环境对人类健康的影响或风险。若状态不和谐，再寻找造成该种状态的原因即压力和驱动力。驱动力导致了环境压力，环境压力直接作用于环境便形成了目前环境的不宜人状态，环境的不宜性对人类的生存和发展带来了负面甚至灾难性的影响。前部分的分析了解了环境对人类健康的影响，接下来就要考虑如何响应的问题。环境对健康的风险引起了人们的重视，诱发了各项调控措施的出台。这些措施既有治标也有治本的。

R—I 的调控体现了对土壤功能及其生物多样性的直接干预，该措施见效快但持续时间短，属于治标的手段。如果没有后续对其他因子进行调控，治理的效果很快就会被蚕食。治本的方式是对驱动力和压力因子进行调控，使其向着有利于环境健康的方向发展，它的措施主要体现在政策、法规的制订和人类环境道德和伦理水平的提高上。当然，环境状态的改变对环境影响有着直接的作用，它最突出的特点是见效快，但有时成本较高。在局部环境对人风险较大甚至直接导致疾病发生的区域，间接措施已经无法见效的情况下，高成本解决问题的途径还是必需的。

总之，DPSIR 系统具有分析问题简单方便，快捷地把握问题的要害，从而对症下药便捷解决问题的特点。

三、DPSIR 系统在环境质量管理中的应用与发展概况

1. DPSIR 系统在国际上的应用与发展概况

从 1998 年欧洲环境署（EEA）在 PSR（压力—状态—响应）模型的基础上开发出 DPSIR 模型开始，该模型在环境（尤其是水环境）领域的应用研究取得了较大的进展。作为基础研究者和管理方（或政策制定者）的联系和沟通纽带，它能帮助管理方更加准确的把握研究者所表述的有关环境问题的科学内涵，并促使科学研究成果尽快转化为管理者的决策。从建立伊始到今天，DPSIR 体系本身及其应用领域经历了从无到有，从淡水环境管理到海水环境管理，从交通环境管理到大气环境管理，从农业环境管理到土壤环境管理的全方位、全领域的发展。Harremoes（1998）利用 DPSIR 模型研究了水中营养物质的平衡问题，提供了水中营养物平衡管理的工具，是欧盟提出这一模型后首次在环境管理中的公开应用。其后，对模型本身的介绍逐渐增多，Luiten（1999）从环境立法的角度对模型进行了阐释。时隔 10 年后，Svarstad 等（2008）通过对生物多样性的研究，认为该模型缺乏消除不同受访个体间主观差异的有效方法，达不到其创建者所声称的架设在研究者、利益相关方和政策制订者间的桥梁效果。

一方面，DPSIR 体系的应用领域从水的富营养化管理（Giupponi et al.，2004；Harremoes，1998；Jeunesse et al.，2003b；Newton et al.，2003a；Walmsley，2002）开始，逐步应用到近海海域的危机管理（Bowen et al.，2003；Elliott，2002）、水环境的生物污染管理（Elliott，2003）、区域气候变化的影响评估（Donnelly et al.，2004）、水土流失的评估与管理（Donnelly，2004）、市区的空气质量管理（Nikolaou et al.，2004）、景区旅游业的可持续发展管理（Odermatt，2004）、交通环境管理（李智等，2004a）等。近两年，在欧洲水框架指导（European Water Framework Directive，WFD）的资助下，该模型在水环境应用领域的研究获得迅猛发展，着眼点也从水中逐渐转移到河岸进而关注农业环境的问题，而后逐步涉及到农业（Giupponi and Vladimirova，2006）、渔业（Mangi et al.，2007）、城市扩张（Haase and Nuissl，2007）、土壤肥力（Smaling et al.，2006）等领域。与研究进度从概念到实用一样，研究的尺度也从较易研究的水库（Giupponi，2004）发展到相对较难的流域（Newton et al.，2003b）、区域尺度（Gobin et al.，2004），最后再到全球问题（全球变暖）（Holman et al.，2005）。

另一方面，确定指标体系和决策支持是 DPSIR 系统的两大重要功能，除此之外，还有对环境影响的评价。如在欧洲研究项目 EUROCAT（EVK1-CT-2000-00044）资助下研究的八大流域的河水及其近海海水的富营养化通量和重金属污染问题，其中英国境内的亨伯河三角洲地区（Cave et al.，2003）是借助 DPSIR 框架完成的。Cave 等（2003）用情景分析和综合性环境评估（IEA）的方法，评估了营养物质未来流量和入海口的污染，评估步骤为：①确认污染的具体细节，②找出利益相关方，③污染治理过程的情景分析，④确定指标和污染、治理的阈值，⑤选择恰当的决策支持方法。Giupponi 和 Vladimirova（2006）建立了 Ag-PIE 模型来评估欧洲水环境质量的压力和影响。Haase 和 Nuissl（2007）利用该模型评估了城市扩张对水平衡的影响并揭示了带来这种影响的政策和城市扩张的原因。Mangi（2007）利用 DPSIR 的指标体系对肯尼亚的帆船渔业管理进行了研究，结果表明，恰当的指标能够评价过度捕鱼对渔业发展的危害。Holman 等（2005）认为历史上的压力对环境的影响归为现状（S），而将现存污染物的浓度与各污染物的部门限值进行比较，得出影响（I）的情况。Zalidis 等（2004）将状态和影响的功能区评估引入到模型中，他们将农业环境分为 4 个功能区：水体、沿海区、农业陆地区和其他自然半自然陆地生物聚居区，并分别在每个区内进行指标筛选以便对农业环境进行评价。

此外，DPSIR 系统除了应用于水环境质量外，还应用于农业、水土保持、土地利用和交通环境等领域。Smaling 等（2006）用 DPSIR 框架解决了全球农业系统中加入肥料和营养物的管理问题。Zalidis 等（2004）提出了一套方法（修正的 DPSIR 框架，验证特殊功能区和选择农业环境指标）用以评价在普通的农业政策（CAP）下的环境状态和土地利用和管理的影响。

2. DPSIR 系统在国内的应用与发展概况

在国内，DPSIR 系统在环境领域中的应用研究比国外稍晚。最先引用该体系进行研究的是复旦大学环境科学与工程系的郭红连等（2003），他们利用 DPSIR 框架建立了 SEA（战略环境评价）的指标体系。随后陈洋波等（2004）又利用该框架以深圳水资源承载能力评价为例提出了一个广义的水资源承载能力综合评价指标体系，并提出了具体确定水资源承载能力综合评价指标的 7 个原则，即符合水资源可持续利用的原则、本地化原则、预警性原则、反映评价目的原则、指标数量适度原则、适于量化原则和相对指标原则。于伯华等（2004）则利用该模型系统分析了农业系统的现状、驱动力和压力，探讨了农业对人类健康的影响和实现农业可持续发展的政策响应，认为 DPSIR 概念模型有利于分析复杂系统的因果关系，能有效整合资源开发、环境保护和经济发展。与此同时，李智等（2004）、李贞等（2006）、曹德友等（2006）和许玉等（2005）则将该模型分别引入到交通规划环境、城市土地利用规划环境、港口规划环境和普通的规划环境影响评价的指标体系的研究中。在 2007~2008 年的研究中，应用 DPSIR 系统作为工具的研究几乎全部为各对象的评价。高波等（2007b）、周丰等（2007）和王莉芳等（2007）的研究主要集中在水资源的可持续利用评价上，而姜玉梅等（2007a，b）则集中在城市生态交通系统综合评价体系的框架中。韦杰等（2007）用 DPSIR 概念框架定量评价了区域水土保持效益。Wei 等（2007）则利用该框架对自然文化遗产地的可持续发展情况进行了评估。吝涛等（2007）利用该体系对海岸带生态安全响应力评估的研究。

在土地利用方面，魏伟等（2006）以武汉市洪山区为例，采用 DPSIR 模型对大城市边缘区的工业用地、居住用地、服务设施用地、绿地等进行驱动力机制的定性分析，得出每种用地相应的驱动力、压力和状态，为大城市边缘区土地利用时空格局模拟提供了支持。环境管理是 DPSIR 模型应用的另一个重要领域。杜晓丽等（2005）利用该体系对噪声环境的管理能力进行分析时，得出了比较好的效果。

四、DPSIR 系统在土壤环境质量管理中的应用

在模型的应用研究中，Meybeck 等（2007）回顾了法国赛因河沉积物中重金属（Cd、Cr、Cu、Hg、Pb 和 Zn）含量的历史（1950～2005 年），并对其污染程度用 DPSIR 模型进行了描述。Apitz 等（2007）在欧盟尺度上研究管理沉积物污染的方法和框架。主要讨论了威尼斯湖泊沉积物回收的风险评估和管理框架，给出了斯洛文尼亚河流和湖泊沉积物的污染现状及其相关的规章，并就斯洛文尼亚的持久性有机污染物问题：环境中多氯联苯（PCBs）废物的处理技术、监控和修复技术进行了探讨。

在沉积物的风险评估和管理的框架中，应用了 DPSIR 体系。驱动力、压力和现状是通过其他几个调查和监控的研究项目完成的，监控的内容包括：已知的持久性有机污染物和新发现的污染物。发展物质归宿和生物积累模型，并设法将特殊物质的测定和标记的方法应用到研究中来。研究和监控的结果综合成环境风险评估以对影响进行详细的调查和评估。技术响应分开进行研究，包括七种单一或联合的重金属污染沉积物修复技术。最后为了支持决策制定和管理过程，定义了两种基于 GIS 的决策支持系统（DSS），综合了前面提到的工具、方法和试验技术活动。基于 GIS 的 DSS 软件为 DESYRE，用来固定威尼斯泻湖周围工业区污染土壤中的污染物。

Bouma 等（2007）以荷兰的环境保护政策为例，分析研究土壤环境质量管理的政策研究过程。研究过程如下：

①确定水管理单元；

②分析土地利用、灌溉面积和土壤的功能；

③确认土壤所面临的威胁及其相关土壤质量；

④分析土地利用方式变化的驱动因素及其对未来土壤质量的影响；

⑤提高反映土壤质量的相关指标因子；

⑥制定土壤质量提高的规章，并使其成为欧盟土壤战略保护的一部分。

第二节　基于 DPSIR 系统的区域土壤环境质量管理框架

近年来，DPSIR 管理系统的研究及应用已从水、气、生物环境拓展到土壤环境质

量评价。以水圈物质循环为对象的管理系统包括水圈与大气圈的相互作用、水圈与岩石圈的相互作用、水圈与生物圈的相互作用和水圈与土壤圈的相互作用。其研究的框架包括河水—海水—气候变暖—生物污染—土壤侵蚀子系统，系统构建从各因子计算到软件集成。

与此相似，发展土壤环境质量管理的 DPSIR 系统也应借鉴水环境质量调控的发展思路。具体如图 8-2 所示，分三个阶段：概念模型阶段、探源（污染源解析）阶段和决策支持阶段。概念模型阶段是相对比较松散的阶段，这一阶段称为 DPSIR 系统，主要通过因果关系链提出相对比较合适的对策。为了验证政策的合理性与科学性，要对污染点位（状态）进行源探析，即探源阶段。最后，通过决策分析的方法，平衡多方利益而给出最佳土壤环境质量管理及调控策略。

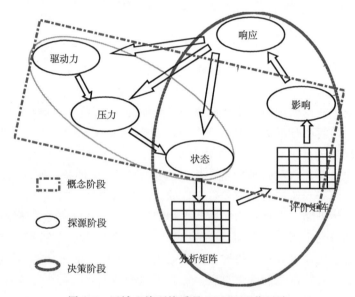

图 8-2 区域土壤环境质量 DPSIR 工作思路

概念模型阶段

1. 指标体系的构建

DPSIR 体系中各指标的来源，会因需求不同而相异。但总体构建是参照各国发布的环境公报的指标选择，在公报上未涉及的相关指标则参照社会学家、经济学家和环境学家的建议选取。

（1）构建原则

参照水环境质量管理指标体系的构建原则（高波，2007a），分为以下 9 条：①目的性原则；②科学性原则；③系统性原则；④可操作性原则；⑤时效性原则；⑥政令性原则；⑦突出性原则；⑧可比性原则；⑨定性与定量相结合的原则。

（2）指标体系

对于区域土壤环境质量管理，不论其研究尺度有多大，其所选指标均应该带有区域性。换句话说，所选指标均应是能够表征区域内该因子强度。根据这一原则，人口这一参数就采用单位面积上人口的数量，即人口密度。虽然人口素质也能通过人们生活习惯的改变而间接的影响土壤环境质量，但近期内在经济快速发展地区人们的平均素质不会迅速提高，在这种情况下，人口数量的多少就成为表征人口参数驱动土壤环境质量改变的代表性指标。但是，在中国东部的长江三角洲地区，外来人口的大量涌入加快了物质和能量的流动，直接或间接排放到土壤中的废弃物给土壤环境质量造成了很大的压力。随着户籍制度的改革，外来常住人口也将逐步的计算到每年的人口总数中。显然，在这种情况下，人口增长率更能表示人口变化对土壤环境质量变化的驱动力。

GDP 的迅速增长应该是中国任何环境问题产生的根源，传统研究 GDP 与环境变化关系时常用的指标是人均 GDP，如著名的库兹涅茨曲线（Costantini and Monni，2008），但是土壤环境相对大气环境和水环境而言，具有非移动和地域性的特点，而经济高速发展区人口的特点又具有高度的移动性，在此情况下，单位面积的 GDP 即成为了最佳指标。但是，对于长江三角洲等经济迅速发展的地区，GDP 的增长率更能反映这种驱动趋势，所以，各产业对土壤环境的驱动均采用年增长率的方式。

城市化的驱动可以用城市化率表示，但对于经济高速发展的地区而言，城市化的年变化率将是比较好的选择。技术进步是驱动土壤环境质量变好的一个重要因素，它的指标可以选用通用的技术进步指数表示。当然，对于短期研究而言，用技术进步指数的年变化率可能会比前者更实用。畜禽养殖业的驱动因素的表达，由于受市场价格波动的影响因素较大，它对土壤环境的驱动用出栏率表示，而对土壤环境质量的变化的研究而言，比较好的指标还是年变化率。群众意识对土壤环境质量的变坏起反作用，其可以制约违法排放等事件的发生概率。DPSIR 体系中因子的指标见表 8-1。

表 8-1　DPSIR 体系中因子的指标

因子	参数	序号	指标
	人口	1	人口年增长率
	GDP	2	单位面积 GDP 年增长率
	耕地	3	耕地面积的年变化率
	城市化	4	城市化的年变化率
	城市群	5	城市 GDP 总量的年增长率
	技术进步	6	技术进步的年增长率
驱动力	群众意识	7	群众反映环境问题的信件个数
	工业	8	单位面积工业产值的年增长率
	农业	9	单位面积农业产值的年增长率
	商业	10	单位面积商业产值的年增长率
	建筑业	11	单位面积建筑业产值的年增长率
	交通运输业	12	单位面积交通运输业产值的年增长率
	畜牧养殖业	13	单位面积畜禽的出栏量的年增长率

续表

因子	参数	序号	指标
压力	大气沉降	14	大气干、湿沉降量
	酸雨	15	雨水 pH 的年变化
	工业垃圾	16	工业垃圾排放量
	生活垃圾	17	生活垃圾排放量
	化肥施用	18	单位面积化肥的施用量
	农药施用	19	单位面积农药的施用量
	兽药使用	20	单位面积兽药的销售量
	污水灌溉	21	污水灌溉面积占地区耕地总面积的比值
	污泥农用	22	单位面积污泥产生量
	污染事件	23	土壤污染事件
状态	土壤重金属状况	24	土壤中重金属的含量和分布
	土壤 pH	25	土壤 pH 及其分布
	土壤有机污染物含量	26	土壤中有机污染物的含量和分布
	土壤有机质含量	27	土壤中有机质的含量和分布
影响	经济影响	28	土壤污染的经济损失
	社会影响	29	疾病发病情况
	人类健康影响	30	健康风险评估
	植物影响	31	生态风险评估
	动物影响	32	生态风险评估
	对微生物的影响	33	影响评价
响应	保护规划	34	保护规划的合理性
	宣传教育	35	宣传教育的有效性
	科研投入	36	环境项目占总资助项目的比值
	标准制订	37	地方土壤环境质量标准的制订
	监控机制	38	监控机制的运行情况
	修复技术	39	修复技术应用面积占总污染面积比

　　压力因子、状态因子和影响因子中各参数的选择均是按照区域强度进行。其中，状态的选择考虑到重金属和有机污染物在土壤中的浓度和土壤的酸度，影响因素主要从健康和生态风险评价的角度对指标进行选择。现状和影响用空间矩阵分析解决。响应指标的选取较难界定，但可以采用定性或半定量的方法加以解决。

　　（3）信度分析

　　信度分析是一种测度综合评价体系是否具有一定稳定性和可靠性的有效分析方法。它通常采用专家调查后在 SPSS 里进行信度分析。但是对于一个新的模型系统确定指标，系统性和科学性最为重要。因此，本书采用基于污染物循环的网络分析进行指标信度的检验。

如图 8-3 所示，根据物质守恒原理，污染物在土壤与其相邻的介质间进行着永无休止的物质和能量循环。单从物质循环这一点考虑，土壤与大气、水进行着无时无刻的物质交换，与动物、植物和微生物进行着周期性的物质交换，与固体废物、化肥、农药等进行着无定周期的物质交换。这是从物质交换角度进行的分析。从污染物的来源角度考虑，人们在进行工业、农业、商业、建筑业、交通运输业、畜牧养殖业和生活、科研活动时均会产生固体废物、液体废物或废气，构成了土壤环境的主要污染物来源"三废"，表现为点源污染。农业生产施用农药和化肥，畜牧养殖业所使用的兽药，构成面源污染，也对土壤环境造成了影响。由于土壤本身是一个大的缓冲体，可在一定程度上吸纳污染物，所以，在污染物排放的速度小于或等于土壤自身的降解速度时，其不称为污染而是地球上正常的物质循环。只是随着人口的增加、国民生产总值（GDP）的增加、耕地的减少、城市化的加剧和城市群的形成，污染物的排放速度日渐加速，超越了土壤自身的净化速度，污染物不断在土壤中积累，进而形成了部分地区土壤环境质量不断恶化的局面。

从以上分析可以看出，在地区、区域乃至全球尺度上，将土壤环境问题分为五个层次：Ⅰ是驱动土壤环境发生变化的 5 大因素，即人口、GDP、耕地、城市化和城市群；Ⅱ是驱动土壤环境发生变化的人类活动因素，即工业、农业、商业、建筑业、交通运输业、畜牧养殖业以及人们的生活、科研活动等；Ⅲ是直接向土壤中输入污染物的活动，如三废的排放、化肥、农药、兽药的施入等；Ⅳ是土壤自身因素，如土壤背景值、土壤重金属和土壤有机污染物状况及其土壤酸度等；Ⅴ是土壤环境对其他环境要素的影响，如因地气交换而产生的大气污染、因水土流失而产生的河湖水质的变化、由于土壤污染导致植物、动物和微生物多样性的下降和因土壤污染导致的动植物的生老病死等。

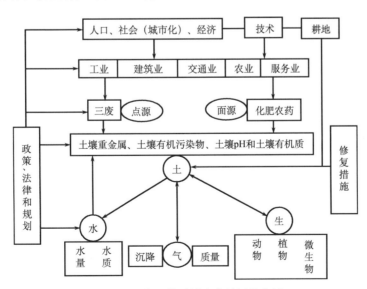

图 8-3 土壤环境质量变化的网络分析

当人们尚未认识到保护土壤环境质量的重要性时，物质循环在土壤环境质量变化的过程中起着决定性作用。但当人们认识到土壤环境质量问题的重要性后，人们自身会采取必要的措施，减少这种污染物在土壤中的交换量。这就涉及土壤环境质量管理的问题。在土壤环境质量管理的过程中，用得比较多的为风险管理和 DPSIR 管理体系。

（4）权重系数的确定

权重系数是指在一个领域中，对目标值起权衡作用的数值。常用确定权重系数的方法有 12 种，分主观权重确定法和客观权重确定法。对于土壤污染物，有其自身求权重系数的方法（周广柱等，2005）。

2. 土壤环境质量管理的 DPSIR 框架体系

（1）模型各因子的分析方法

① 土壤环境质量变化的驱动力（D）

环境质量变化驱动力的研究方法通常采用社会网络分析。用该方法建立指标体系后，借助政府部门的统计数据、社会调查数据、新闻数据等历史资料确定环境质量变化的驱动力因子。对于土壤环境质量变化驱动力的研究方法应与水环境、空气环境等的研究方法一致。例如要研究中国土壤环境质量的驱动力，可以根据国家统计局发布的国民经济和社会发展统计公报、中国统计年鉴和新闻稿找出其驱动力指标（见表 8-2）。用指标的年度变化率表示驱动力。

表 8-2　中国土壤环境质量的驱动力指标

参数	指标	年度变化率
人口	人口密度/(个/km²)	+0.5%
GDP	单位面积的 GDP/(万元/km²)	+11.4%
耕地	单位面积耕地面积减少量/(hm²/km²)	−64%
城市化	城市化率	+2.1%
城市群	十大城市群 GDP 占全国 GDP 的比重	—
技术进步	万元 GDP 的用水量/(m³/万元)	−10.8%
工业	单位面积工业产值/(万元/km²)	+13.5%
农业	单位面积粮食产量/(t/km²)	+0.7%
商业	单位面积商业产值/(万元/km²)	+17.3%
建筑业	房地产开发投资/(万元/km²)	+30.2%
交通运输业	交通运输、仓储和邮政增加值/(万元/km²)	+9.7%
畜牧养殖业	单位面积肉类产量/(t/km²)	+6.9%

注：—表示减少，+表示增加，—表示数据未统计。

② 土壤环境质量变化的压力（P）

压力的确定方法很多，一般的做法是运用空间表征工具表征压力的现状，然后再用情景分析的方法，分析压力在未来的变化，以便对环境的未来变化进行预测（Pirrone et al.，2007）。

对于 P 的求取仍然以中国的土壤环境质量的压力为例进行说明。表 8-1 显示，土壤环境质量变化的压力指标包括 10 项。这 10 项指标几乎在水环境和大气环境的研究中均有涉及。其研究方法也与后者相似，从环境年鉴、环境网站、已发表文献中找出主要的压力指标数值。主要是工业、能源、农业和其他行业压力指标。

土壤环境质量变化的压力主要包括大气干湿沉降、酸雨、工业和生活垃圾、化肥及农药的施用、兽药使用、污水灌溉和污泥农用等。

③ 土壤环境质量现状的评价与表征（S）

对于环境领域现状的研究，主要方法是：先用 GIS 表征环境因素的空间分布，然后再以理论限值评估污染现状。土壤环境质量的研究方法与此类似，即用地统计插值法预测土壤环境质量的现状，然后用 GIS 将土壤环境质量的空间变异表达出来。土壤环境质量包括五个方面：一是重金属，包括 Cu、Pb、Zn、Cd、Hg、As、Cr、Ni、Mn 和 Fe 等在土壤中的含量；二是有机污染物，包括多环芳烃（PAHs）、多氯联苯（PCBs）、六六六（HCH）和滴滴涕（DDT）等；三是土壤 pH；四是土壤有机质的含量；五是土壤微生物。这五个方面内部是相互关联的，当 pH 较低时，同样的土壤重金属浓度，其对环境的危害将更大。同样，当有机质含量较高时，有机污染物的危害性也将较大。反过来，重金属浓度越高，有机污染物含量越高，土壤微生物的数量也越少。

土壤环境质量的评价分两种思路，一种是与某个合适的标准比对，得到超标率；另一个是单物种评价法，如利用土壤动物进行土壤环境质量评价（吴化前，1997）。第一种思路是应用最为广泛的一种方法，第二种正在探索中。在已经存在的水环境和其他环境的 DPSIR 管理体系中，所用方法为第一种，尚未有发现其他评价方法。本书亦采用第一种方法对土壤环境质量进行评价。

土壤是一个复杂的巨系统，其利用方式不仅包括农业用地，还包括工业用地、商业用地和居民区用地，用简单的比较办法无法取得好的评价效果。所以，本书采用最低值为背景值和最高值治理的方法对土壤环境质量进行评估。因为对于一块土地而言，可以用作农田，也可以用作工业用地。当农业土壤受到污染时，可以改作工业用地。但是作为工业用地也存在风险时，必须采取修复措施。

对于最高值（S_{max}）与最低值（S_{min}）的选择问题，S_{min} 可以选做当地的背景值。虽然自 20 世纪 80 年代以来，全球环境发生了很大的变化，但是总体上适宜人的生存。所以，S_{min} 选用最新测定的土壤环境背景值。背景值以下属于清洁状态，土壤尚有足够的环境容量对污染物的正常输入进行自然的"消化"。土地利用中风险最小的当属工业用地。因为工业用地中只是人们待在里面 8 小时工作之所，并且土地有混凝土隔绝，同样污染物浓度的土壤该种利用方式对人体的风险是最小的。选择工业用地的标准作为土壤污染物含量的最高值（S_{max}），当土壤中污染物的浓度高于此值时，说明土壤中的污染物在土壤改做工业用地时也对人体存在风险，这就成为了污染场地，需要经过治理后才能重新应用。

参照文献（Semenzin et al.，2008），可以对土壤中污染物数据进行如下处理（见图 8-4）：首先对数据进行标准化处理，使数据均处在 0～1。标准化方法如下：第一步选择评价标准 S_{min} 和 S_{max}，第二步将低于 S_{min} 的值设为 0，高于 S_{max} 的值设为 1，第三步是将所有的数据划到 0～1，其中 Q_i 为归一化后的值。

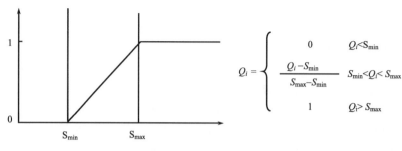

$$Q_i = \begin{cases} 0 & Q_i < S_{min} \\ \dfrac{Q_i - S_{min}}{S_{max} - S_{min}} & S_{min} < Q_i < S_{max} \\ 1 & Q_i > S_{max} \end{cases}$$

图 8-4　标准化过程图

将数据归一化后，参照文献（Semenzin et al.，2008），可将研究区土壤环境质量分为五级即清洁状态、轻度富集、中度富集、超度富集和污染状态（见表 8-3）。

表 8-3　土壤环境质量的分级标准

Ⅰ级	Ⅱ级	Ⅲ级	Ⅳ级	Ⅴ级
$Q_i = 0.0$	$0.0 < Q_i \leqslant 0.3$	$0.3 < Q_i \leqslant 0.7$	$0.7 < Q_i < 1.0$	$Q_i = 1.0$
清洁状态	轻度富集	中度富集	严重富集或轻度污染	污染状态

Ⅰ级表示土壤中污染物含量在自然背景值以下即自然状态；Ⅱ级表示土壤中污染物局部少量积累但总体尚为清洁；Ⅲ级表示局部积累严重但尚未构成对土壤的污染；Ⅳ级表示污染物大范围累计严重，特殊点位已经发生污染，但整体不严重；Ⅴ级表示土壤已经发生大面积的污染，且需要治理尚为安全。

由于在一个地区，土壤的污染出现高污染点位时，该区的土壤环境质量将受该污染点位很大的影响。所以，本书采用最大值法（王晖等，2007）求土壤环境质量的综合指数 Q。其公式为

$$Q = \sqrt{\dfrac{\left(\dfrac{1}{n}\sum_{i=1}^{n}Q_i\right)^2 + (\max(Q_i))^2}{2}}$$

式中，Q_i 为归一化的值。

土壤环境质量的表征，分空间插值预测表征和土壤复合重金属污染的表征。空间插值预测是土壤环境质量空间预测中常用的方法，它包括以反距离加权法为代表的确定性空间插值预测方法和以克里格插值法为代表的地统计空间插值法（王政权，1999）。对表层土壤的污染物分布进行空间插值预测，克里格空间插值法的预测效果最好（Robinson and Metternicht，2006）。所以本书采用该方法对土壤环境质量进行表征。土壤重金属的复合污染表征（孟昭福和薛澄泽，1999）包括锌当量法（Zinc Equivalent）、毒性污染指数法（toxic pollution index）、元素比法（elemental concentrations ratio）、离子冲量（ionic impulsion）和多元回归法等。当存在复合污染时，也可对其进行表征。

④ 土壤环境质量变化的影响（I）

目前主要应用成本效益分析、环境风险评价（Borja et al.，2006；Agyemang et al.，2007）和模型方法分析环境现状对经济、社会和生态的影响。而对于土壤环境，其分析方法也应该采用同样的路径。

⑤ 土壤环境质量调控的响应与策略（R）

响应即对策，在水环境质量管理的研究中，最后的响应对策是通过 mDSS4 软件实现的。所以，土壤环境质量变化的响应对策也可以采用软件的形式实现。但在未开发出软件前，应该是分析各个参数，然后找出对策。

（2）DPSIR 系统各因子间的关系模型

土壤环境质量管理中的 DPSIR 系统中各因子间的关系如表 8-4 所示。人口增加和 GDP 增长是土壤环境质量发生变化的根本驱动力。人口增加需要消耗更多的地球能源，为了满足人们的这种需求，需要进行矿产的开发。在矿井开采过程中会产生矿渣，开采结束后会有尾矿堆积，这些含有大量污染物的矿渣和尾矿堆积到土壤上而产生土壤污染，对矿山附近的农作物和其他生物带来危害，基于此，政府应该加大政策执行监管力度和对尾矿无害化处理科学技术的研发加大资金投入。另一方面，人口增加还促进城市化的发展，进而产生汽车尾气、商品交易市场的繁荣以及生活垃圾和污泥农用的问题。这些问题又成为土壤环境质量恶化的污染源，恶化土壤环境，危害人体及生态的健康。解决此问题的措施就是引导人们选择合适的交通工具，对市场进行规范管理，研究和应用新的垃圾转化技术和严格控制农用污泥的污染物含量。人口增加需要发展更多的工业以更好地满足人们的需求，但工业的发展不可避免地带来一些严重的土壤环境质量压力如大气沉降的增加、固体废弃物产生量的增加、污水灌溉以及酸雨等问题。这些问题使土壤中污染物增加、土壤 pH 降低，从而危害人体健康和生态安全。当然，对这些问题的响应措施就是严格控制"三废"排放的达标水平和绝对量。

GDP 增加促使耕地急剧减少，为保持足够的粮食生产，必然大量施用农药和化肥以提高产量满足人们的生活需求，这就给土壤环境造成了质量上的变化，这种变化影响了生态安全和人类健康，所以，需要对耕地的数量和质量进行保证，既要保证耕地的数量，又要保证耕地的生产力。GDP 增长还与交通的发展和畜禽养殖有关，交通和畜禽养殖的发展使土壤相关的污染物含量增加，给人类和环境造成破坏，这就需要对交通和畜禽养殖的发展给予适当的规范。同时，社会的发展也促进城市群的形成，当产业集中在一块时，在某个地域就会形成某种污染物的污染。所以，在产业分工的同时也要注意防止污染。

表 8-4　DPSIR 系统各因子间的关系

驱动力（D）		压力（P）	现状（S）	影响（I）	响应（R）
人口 GDP	矿产 开发	矿渣、尾矿 排放	土壤中相应元素增加	矿山附近农作物影响	加大政策监管力度，加强尾矿处理技术的研究和应用

续表

驱动力（D）	压力（P）		现状（S）	影响（I）	响应（R）
人口 GDP	城市化	商业区汽车尾气 和交易市场	城市土壤中 Pb 及其他 污染物质浓度	健康影响 生态影响	规范市场管理
		生活垃圾	土壤中有机质含量的 增加和污染物的浓度		垃圾要防渗深埋处理
		污泥农用			严控污泥的成分
	工业	大气沉降	土壤环境背景值提高 局部土壤污染物含量增加	健康影响 生态影响	严控烟尘排放、 固体废物排放 和废水排放
		固体废物	土壤中污染物含量增加		
		污水灌溉	土壤有机质含量增加 土壤 pH 降低 土壤污染物含量增加		
		酸雨	土壤 pH 降低		
	耕地	化肥、农药	农产品农药残留	影响出口 影响健康 影响生态	政策杜绝 难降解药物
	交通	汽车尾气	交通干线 土壤污染物含量	健康影响 生态影响	控制私家车辆 数量，研制替代燃料
	畜禽 养殖	污水灌溉	土壤中污染物含量	健康影响 生态影响	控制兽药的应用
	城市群	城市所承担的 不同功能	东部沿海大城市土壤 Pb 含量较高，中西部是 Hg、Cd 含量较高	对蔬菜基地 有潜在风险	中西部城市要接受东 部城市发展中的教训

3. 探源决策阶段与模型修正

（1）探源决策阶段

D、P 和 S 的因果关系的设计采用源解析的办法进行。对于污染源的解析，包括以背景为参考进行比较的方法（章海波，2007）、污染物富集系数法（章海波，2007）、地质累积指数法（Blaser et al.，2000；Loska et al.，2004）、累积频率法（Reimann and Garrettv，2005）和土壤磁学方法（章海波，2007）等。但在 DPSIR 分析系统中，本模型中的源解析应该用因果分析的方法进行研究。

而对于 DPSIR 模型应用于土壤环境质量的探源阶段则分为排放通量探析法和能源消费、污染排放对经济增长贡献的要因分析方法。排放通量探析法是通过界面的交换分别计算不同介质中环境污染物的量，以达到揭示主要污染源的目的。能源消费、污染排放对经济增长贡献的要因分析方法是通过分析能源消费、污染排放对经济增长的贡献倒推出环境污染源的状况。这主要应用在以能源消费排放作为主要污染源的区域。

决策分析阶段，是对前两个阶段的总结。通过概念分析阶段和探源阶段的分析，加上对空间数据的现状和影响的矩阵分析，可以给出合适的决策。方法有两种，一种通过因果关系链的因子分析，推导出决策方法；另一种通过多标准或多目标决策分析方法，借助计算机程序给出具体的决策建议。本书采用第一种方法，其方法是通过 D—P—S 和 S—I—R 从而给出决策。土壤环境质量风险，必须采取对策以降低风险，要降低风险必须解决土壤环境的污染问题，要解决污染问题必须找到污染排放的源，从而能够分析出产业的结构，从而找出最大的污染产业。具体流程见图 8-5。

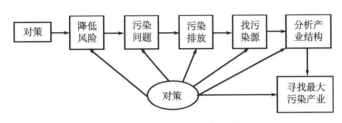

图 8-5　DPSIR 对策导出思路图

（2）修正的 DPSIR 模型

根据概念模型阶段、探源阶段和决策支持阶段的分析，可以得出修正的土壤环境质量的 DPSIR 模型。

在土壤环境质量管理的 DPSIR 系统中，其修正模型如图 8-6 所示。土壤环境质量变化的驱动力分为两部分——间接驱动力和直接驱动力。人口增加、人均 GDP 急剧上升、土地利用方式改变、城市化进一步加强、城市群的形成和科学技术的进步，其本身并未产生污染物质，也并未直接促使污染物进入土壤，但可促使直接驱动力的增加，进而造成土壤环境质量变化压力的增加。工业、农业的生产过程，商业的运作和交换过程，建筑业、交通运输业及畜牧养殖业的实施过程中均会产生污染物，所以它是驱动土壤环境质量变化的因素即直接驱动力。既然工业生产是驱动力，那么其生产过程中产生的垃圾中含有污染物质，可以直接进入土壤成为了土壤环境质量变化的压力之一。农业生产过程，大量施用的化肥和农药中含有大量的重金属和有机污染物质，其在短期内往往难以降解，对土壤环境质量构成威胁，为其主要压力之一。大气的干湿沉降、生活垃圾、兽药的使用也都是土壤环境质量变化的压力之一。由于土壤环境质量是指土壤"容纳、吸收和降解环境污染物的能力"，所以，土壤环境质量现状必然要考虑污染物的总含量即继续容纳污染物的能力、土壤有机质的含量（吸收污染物的能力）和土壤微生物（降解污染物的能力）。在土壤环境质量变化的影响方面，可从两个方面加以考虑：一是对人类自身的影响，包括经济的、社会的和人类自身的健康等几个方面；另一个是对生物的影响，即对植物生长的毒害作用和动物生命体的直接或间接毒害作用。当对 D、P、S 和 I 均做了分析后，可提供针对性的响应措施如制定系统的土壤环境质量保护措施、加强宣传提高人们对土壤环境质量重要性的认识、对土壤环境的质量进行定期监控、加强科研投入和应用土壤污染修复技术等政策和管理措施。

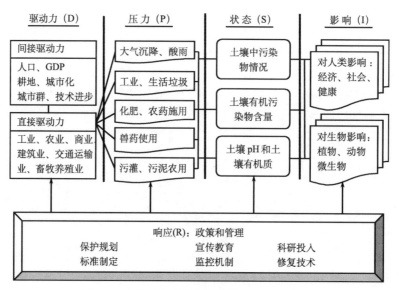

图 8-6　土壤环境质量管理的修正 DPSIR 模型

第三节　废旧电容器拆解区土壤环境质量变化的 DPSIR 分析

在 DPSIR 系统中，响应对策的提出均是驱动力、压力、状态和影响因子部分的分析结果。土壤环境质量的社会响应对策对应着驱动力的分析部分，经济响应部分对应着压力分析，而生态响应分析其本身既是对驱动力分析部分的响应，也是 DPSIR 模型决策分析相的 R 部分。污染土壤的规划响应对策是土地利用方式变化和土壤现状及其影响部分的分析。土壤环境质量变化的技术响应对策是针对压力的污染排放和土壤的污染现状而提出。

本书研究的废旧电容器拆解区位于浙江省中部沿海台州市路桥区，属中亚热带季风气候，温暖湿润，雨量充沛，四季分明，农作物可以四季常青。全区地形西高东低，由西向东南倾斜，呈狭长形，全区总面积 274 km²。该区地处温黄平原东南侧，区内河道纵横，湖塘密布，区内河流总长度达 654.57 km。因成陆时间和耕作历史不同，导致土壤脱盐脱钙程度不同，土壤类型复杂多样（根据第二次土壤普查的结果，研究区共分红壤、黄壤、潮土、水稻土、盐土五个大类），形成了不同土系。当地农业以种植水稻为主，也种植蔬菜和葡萄等经济作物。

当地具备较为完整的工业、农业和商业体系。工业以汽摩、再生金属资源、新型建材、机电和塑模等五大行业为支柱，以路桥中部工业区块、吉利汽车城和滨海工业新城路桥园区为依托，形成较为完备的工业产业链。农业发展根据当地的特色，积极推动发展都市型现代农业。当地在巩固发展粮食产业、畜牧产业、蔬菜瓜果产业、水果产业、花卉苗木产业和水产养殖业等六大产业的同时，积极发展休闲观光农业，拓展农业功能。商贸业以 15 个亿元交易市场为依托，形成活跃的经济。

环境污染是当地比较突出的问题。全国污染源调查资料显示，全区需调查的潜在污染源多达 1.5 万余家。环境污染特别是土壤环境污染来自工业、农业、商业和其他服务业。但对当地土壤环境影响最为强烈的是废旧物资拆解业和"小冶炼"。废旧物资拆解业的发展给当地提供了廉价的原材料。据统计，当地民企用于生产的 80% 的原材料来自拆解业。拆解业的崛起也使废旧电容器拆解区成为中国著名的废旧物资集散地。旧钢材市场、旧五金市场、旧橡胶市场、旧塑料市场、旧电机市场等相继产生。废旧金属经过拆解者的分割组合，分类出售，如薄板、矽钢片等，大的做家用电器的冲压件，小的做垫圈，厚的做小农具和小商品中的合页，薄的做轴承密封圈等，利用率达到 90% 以上。但是剩下的近 10% 的拆解废料，有的堆积于田间地头，有的直接倾倒至河岸，还有的露天燃烧，给土壤环境质量造成极大的压力。虽然广泛分布的"小冶炼"已经被政府取缔，但受利益的驱动，某些地方仍然"死灰复燃"，给环境和人民的健康造成很多的威胁。

一、废旧电容器拆解区土壤环境质量变化的驱动力（D）分析

土壤环境质量改变的驱动力包括五部分，即土地利用、社会发展、经济增长、气候变化和技术进步。从因果分析链的角度，当土地由松软的耕地变为建设用地之时，由于土地的压实和表层覆盖的混凝土或沥青，土壤中动物和微生物的数量急剧减小，降低了污染物在土壤中的降解速率，土壤自身的环境容量降低，进而影响土壤的相对环境质量。据估计，至 2020 年，研究区的耕地将仅相当于"十五"末优质耕地的 55%。因此，土地利用方式的改变是当地土壤环境发生变化的最主要的驱动力之一。

社会发展包括人口、城市化、公众的环境教育等。人口的增加导致需求的增长，进而刺激了消费市场的发展，给土壤环境带来了大量的生活垃圾等。但是，依据目前对经济快速发展地区的人口变动现状：自然增加的人口与流动人口相比，份额极低，可以忽略。而流动人口的增加可以反映在人均 GDP 上。在废旧电容器拆解区（路桥）目前产业中仍然以劳动密集型企业占优势，在某种程度上，人均 GDP 的增加是以流动人口的增加获取的。所以，人口的自然增长率指标在路桥这样的经济快速发展地区，可以不作为主要的驱动力考虑。城市化似乎与土壤环境质量紧密相关，但是，由于城市化的计算方法是城市人口占总人口的比例，在路桥城乡居民生活水平没有明显差距，城市化已经难以影响土壤环境质量的变化。公众意识决定公众的环境行为，所以，公众的环境教育对土壤环境质量的变化将起到促进的作用，因此，公众的环境教育水平也可作为衡量土壤环境质量未来变化的一个尺度。

经济的快速发展是土壤环境质量改变的理所应当的驱动力。但在诸多的经济指标中如何选择将成为一个问题，这里采用图 8-7 和图 8-8 中总体增长率较高的项目，即人均 GDP、工业产值和第三产业的增长。科技进步将使环境效益大为改观。工业、农业和第三产业排入土壤中的污染物较少，也就是环境压力减少了，环境现状的恶化速率也下降。土壤修复技术能直接使土壤环境质量变好。所以，技术进步也是主要的驱动力。

总之，从因果分析的角度考虑，废旧电容器拆解区土壤环境质量变化的主要驱动力

包括土地利用方式的改变、人均 GDP 的增长、工业和第三产业产值的增加及公众的环境教育和技术进步。对土壤环境质量而言，前四者为负驱动，后两者为正驱动。

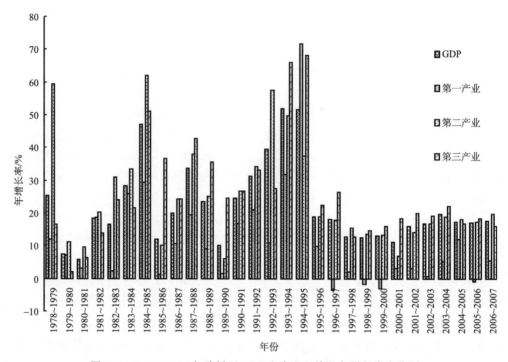

图 8-7　1978～2007 年路桥区 GDP 和产业经济的年增长率变化图

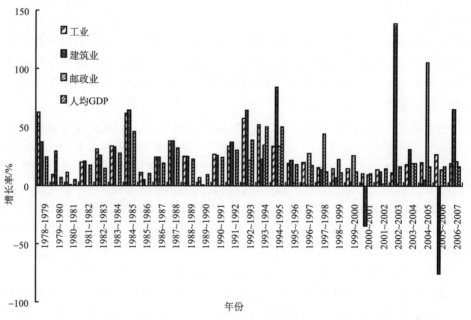

图 8-8　1978～2007 年路桥区人均 GDP、工业、建筑业和邮政业的年增长率变化图

二、废旧电容器拆解区土壤环境质量变化的压力（P）分析

土壤不仅是具有吸附、分散、中和、降解环境中污染物等功能的缓冲器和过滤器，还是其他环境污染的"源"与"汇"。土壤作为污染物"汇"的功能分析涉及历史上社会经济发展对土壤环境质量的影响，即土壤环境质量变化的历史压力。而当土壤作为其他环境污染"源"考虑的时候，土壤环境与其他环境间进行的物质和能量的交换过程是动态变化的，它将构成土壤环境质量变化的现实压力。由于废旧电容器拆解区是受人为干扰比较严重的地区之一，人类所从事的所有活动几乎都成为土壤环境质量变化的压力源，包括工业、农业、建筑业、商业和各种服务业等。

对于土壤环境质量本身而言，工业、农业、生活垃圾和灾害等均能够给土壤环境造成污染的压力。工业通过"三废"排放影响土壤环境的质量，农业生产中的污染来自化肥、农药和农用薄膜等的使用，生活垃圾则来自各种日用品的剩余物，灾害会是人为或自然事故造成的土壤环境质量的急剧破坏。就对土壤环境质量的压力程度而言，工业排放是第一位。虽然在经济快速发展的废旧电容器拆解区，其高效农业也会施用大量的化肥，但据当地农业部门的工作人员介绍，当地蔬菜地施用化肥的量仅为水稻田施用量的2倍。农药和除草剂等土壤环境质量的压力虽然存在，但是，当随着一些易降解农药的推广使用，该种压力强度将有变小的趋势。对于县域尺度上的土壤污染而言，其很大程度上，与当地的主要产业有很大的关系。当主要产业较为环保时，该地的土壤质量经常呈良好状态。但研究区的主要产业是以高污染的废旧拆解业为基础形成的产业链及其他的污染行业，如小冶炼等。

以D—P的因果链进行分析，人口的增加、国家政策的放开及利益的驱动，促使发展了废旧拆解等系列作坊式高利润、低成本和高污染的产业。随着时间推移，土壤环境所容纳的污染物逐步超过其容量，造成了土壤污染。而其他的因素，如农业、生活垃圾和灾害等也是压力之一。但由于在概念模型的分析过程中认为其强度比工业要弱，所以，在没有进一步探源分析之前，认为以废旧拆解为始端的工业产业链是最关键的压力因子。

三、废旧电容器拆解区土壤环境质量的现状（S）研究

随着中国工业化进程的加速，工业企业所排放的"三废"已成为土壤环境质量变化的主要压力之一。工业企业也就成为土壤环境质量变化的重要污染源。就当地工业产业而言，废旧垃圾拆解和"小冶炼"是其主要的污染源。2006年前，作坊式的露天拆解曾遍布峰江街道各村落，给当地土壤环境质量造成了一定的影响（杜欢政和王怡云，2000；王世纪等，2006），然而该区土壤环境质量的现状仍不清晰。本书即从废旧电容器拆解区土壤的性质、土壤重金属污染物含量和土壤有机污染物含量等方面对该区土壤环境质量的现状进行阐述。

1. 土壤环境质量评价

(1) 样品采集

考虑到土地利用类型和污染源分布，兼顾均匀性和易实施性，共布设 451 个样点，农田样品 257 个、菜地样品 75 个、园地样品 76 个、荒地样品 13 个、林灌用地 15 个和其他土壤样品 15 个，采样深度为 0～20cm。采样位置如图 8-9 所示。

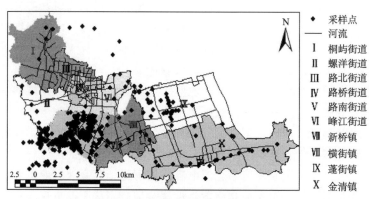

图 8-9　样品采集的空间分布

峰江街道采集的样品包括了农用地、山林地、居住用地和工业用地，所涉及土地利用类型比较全。蓬街镇的土壤样品采集点以"小冶炼"集中分布区为中心，包括了该镇的几大工业园区所在的位置。金清镇的土壤样品较为分散，西部的下梁工业园区、卷桥工业园区和沿海的黄琅均有点的分布。横街镇的土壤样品分布相对较均匀，所测数据有代表性。虽然新桥镇采集样点比较集中，但所采样点分布在工业园区周边且在几大水系沿岸几乎均有分布。

螺洋街道的土壤样品在上寺前村拆解企业周边有集中分布，夹在东西两边山脉间的平原上分布有 5 个样品点，但吉利汽车园区附近却没有相应的点分布。桐屿街道只有 4 个土壤样品点，其能够代表桐屿北部土壤环境质量的状况，但由于缺乏桐屿塑胶园区附近的土壤样品，所以其不能代表桐屿街道的土壤污染情况。路北街道和路桥街道没有土壤样品采集，而路南街道有 7 个样品，分布比较均匀，具有代表性。在样品采集的过程中，尽量采集农田土壤，但是由于该区经济发展迅速，2 年时间内，很多采样的位置已经成为居民区或工业用地。所以，所采集的样品可以满足研究除路北、路桥、桐屿和螺洋外其他地区的土壤环境质量现状和对人体健康及生态的影响的要求。

(2) 土壤污染评价方法

采用单因子污染指数法和综合因子污染指数法进行评价。单因子污染指数评价公式：$P_{ip}=C_i/S_i$。P_{ip} 为土壤中重金属 i 的单因子指数，C_i 为土壤中重金属 i 的实测浓度，S_i 为土壤中重金属 i 的评价标准。综合指数采用国内相关研究常用的内梅罗（Nemerow）指数计算，其公式如下

$$P = \sqrt{\frac{\left(\frac{1}{n}\sum_{i=1}^{n} P_{ip}\right)^2 + (\max(P_{ip}))^2}{2}}$$

土壤污染单因子指数法的评价结果分级如表 8-5 所示。

表 8-5　土壤污染单项指数评价结果分级

等级	P_{ip} 值大小	污染评价
Ⅰ	$P_{ip} \leqslant 1$	无污染（清洁）
Ⅱ	$1 < P_{ip} \leqslant 2$	轻度污染
Ⅲ	$2 < P_{ip} \leqslant 5$	中度污染
Ⅳ	$P_{ip} > 5$	重度污染

评价标准参照全国土壤污染状况评价技术规定制定。分为两种情况，一种情况是耕地、草地和未利用地，另一种情况是林地。如表 8-6 所示。

表 8-6　土壤环境评价标准　　　　　　　　　（单位：mg/kg）

污染物	温黄平原背景值	耕地、草地、未利用地			林地
		<6.5	6.5~7.5	>7.5	>6.5
镉	0.159	0.30	0.30	0.60	1.0
汞	0.107	0.30	0.50	1.0	1.5
砷	7.98	30	25	20	40
铜	33.8	50	100	100	400
铅	34.2	80	80	80	100
铬	89.1	250	300	350	400
锌	106	200	250	300	500
镍	38.3	40	50	60	200
PCBs	0.015	0.50			0.50

（3）全区土壤污染评价

变异系数反映了采样总体中各采样点之间的平均变异程度，从土壤污染物和土壤 pH 的描述性统计分析来看（表 8-7），样点之间含量差异最大的是 Hg（CV，2.84），最小的是 pH（CV，0.14）。10 种指标的总体平均变异程度由大到小排列顺序为：Hg、Cd、PCBs、Cr、Cu、Zn、Ni、Pb、As 和 pH。重金属含量的描述性统计分析只能说明其含量变化的全貌，而不能反映出局部的变化特征，即不能反映重金属含量的结构性和随机性、相关性和独立性，因此需要进一步采用地统计学方法描述重金属含量的空间变异结构。

表 8-7　废旧电容器拆解区样品全量的描述性统计

	样品个数/个	最小值/(mg/kg)	最大值/(mg/kg)	平均值/(mg/kg)	变异系数
PCBs	409	0.00	1.06	0.04	2.17
Cu	450	2.16	16850	141	1.05
Zn	450	42.6	4762	185	0.54
Pb	450	4.97	490	49.7	0.45
Cd	449	0.02	11.4	0.63	2.71
Ni	155	2.82	85.0	32.6	0.50
Cr	153	1.09	949	67.5	1.15
Hg	407	0.00	7.36	0.27	2.84
As	137	3.32	15.9	6.93	0.27
pH（无量纲）	450	3.91	8.29	5.16	0.14

采用表 8-6 的标准评价后，结果见表 8-8。土壤中 PCBs 有 406 个样品超过其标准 0.5mg/kg，占所测样品总数的 99.3%。处于 Ⅱ 级和 Ⅲ 级的比例分别为 0.49% 和 0.24%。土壤中重金属 Cu 和 Cd 的污染相对比较严重，单因子指数大于 5 的样点已分别占总样点数的 10.0% 和 6.68%。处于 Ⅰ 级状态的仅分别占 38.2% 和 77.0%。在所测的 450 个样品中，有 352（78.2%）个样点 Zn 的单因子污染指数小于 1，分别有 84（18.7%）个、13（2.89%）个和 1（0.22%）个样品的单因子污染指数分别处在 1~2、2~5 和 >5 的范围内。Pb 有 92.2% 的样点处在清洁状态的 Ⅰ 级水平，7.56% 处在轻度污染的 Ⅱ 级水平和 0.22% 处于重度污染的 Ⅳ 级状态。所有样点中 Ni 的浓度均在轻度污染以下，分别有 60.0% 和 40.0% 的样点处在 Ⅰ 级和 Ⅱ 级状态。Cr 总体状态比较好，仅有一特殊点的单因子污染指数处在 2~5 的 Ⅲ 级状态。Hg 有个别样品结果污染严重，分别有 89.2%、7.86%、0.98% 和 1.97% 的样点分别处于 Ⅰ 级、Ⅱ 级、Ⅲ 级和 Ⅳ 级状态。As 的污染较轻，尚未有超过标准的点出现。

表 8-8　废旧电容器拆解区 9 种主要污染物的超标样品比例　　　（单位：%）

	PCBs	Cu	Zn	Pb	Cd	Ni	Cr	Hg	As
Ⅰ	99.3	38.2	78.2	92.2	77.0	60.0	99.4	89.2	100
Ⅱ	0.49	32.2	18.7	7.56	6.01	40.0	0.00	7.86	0.00
Ⅲ	0.24	19.6	2.89	0.00	10.2	0.00	0.65	0.98	0.00
Ⅳ	0.00	10.0	0.22	0.22	6.68	0.00	0.00	1.97	0.00

（4）土壤环境质量现状

为了进一步说明土壤环境质量的污染现状，本书以当地土壤环境质量背景值为最小值，以工业场地的调研值为最大值，来表征当地土壤环境质量的状况。在一般情况下，低于背景值被认为是清洁的，而高于工业场地的调研值的土壤为危险区，视为已经污染。即使通过土地利用方式的转换也无法满足人们的需求。

本书选择温黄平原的背景值为标准 A（汪庆华等，2007）（见表 8-6），选择新修订土壤环境质量标准中工业用地土壤的污染物含量上限值为标准 B（表 8-9）。

表 8-9　归一化标准的选定

标准	Cu	Zn	Pb	Cd	Ni	Cr	Hg	As	PCBs
A/(mg/kg)	33.8	106	34.2	0.159	38.3	89.1	0.107	7.98	0.015
B/(mg/kg)	500	700	600	20	200	1000	20	70	1.50

研究区 6 个乡镇以及路桥全区的土壤环境质量评价结果列于表 8-10。峰江、新桥、蓬街和金清等地土壤中 8 种重金属和有机污染物多氯联苯（PCBs）均有数据并做出评价。虽然每个研究区内的样点数并不均匀，但是所采的样点均具有代表性，能够代表各自区域的土壤环境质量状况。新桥街道土壤中 As、Cr，蓬街镇和路南街道的土壤中 Cd 的综合值均为 0，说明这 3 个污染物质在新桥、蓬街和路南仍处于自然背景水平，土壤仍处于清洁的 I 级状态。横街镇的 5 种重金属和有机污染物 PCBs 经归一化后的值均在 0～0.3，属于 II 级轻度富集状态。峰江街道、金清镇以及路桥全区作为整体，其土壤环境质量水平均在 II 级之上，其中峰江街道和路桥全区的土壤中 Cu 和 Zn 已经处于严重富集或污染状态。

表 8-10　路桥区分乡镇土壤环境质量评价结果

		样品数	最小值	最大值	平均值	综合值	等级
路南街道	PCBs	5	0.0000	0.0072	0.0022	0.0053	II
	Cu	7	0.0000	0.0638	0.0114	0.0458	II
	Zn	7	0.0000	0.1055	0.0243	0.0766	II
	Pb	7	0.0000	0.0130	0.0021	0.0093	II
	Cd	7	0.0000	0.0000	0.0000	0.0000	I
	Hg	7	0.0000	0.0047	0.0016	0.0035	II
峰江街道	PCBs	278	0.0000	0.7049	0.0264	0.4988	III
	Cu	278	0.0000	1.0000	0.1935	0.7202	IV
	Zn	278	0.0000	1.0000	0.1204	0.7122	IV
	Pb	278	0.0000	0.1971	0.0268	0.1406	II
	Cd	278	0.0000	0.5660	0.0397	0.4012	III
	Ni	79	0.0000	0.2549	0.0297	0.1814	II
	Cr	78	0.0000	0.9441	0.0156	0.6677	III
	Hg	262	0.0000	0.4200	0.0082	0.2971	II
	As	78	0.0000	0.1269	0.0025	0.0897	II

续表

		样品数	最小值	最大值	平均值	综合值	等级
新桥镇	PCBs	6	0.0000	0.0111	0.0023	0.0080	II
	Cu	8	0.0003	1.2351	0.2291	0.8882	IV
	Zn	8	0.0114	0.8482	0.2148	0.6187	III
	Pb	8	0.0000	0.1407	0.0352	0.1026	II
	Cd	8	0.0000	0.0125	0.0018	0.0089	II
	Ni	4	0.0000	0.0559	0.0320	0.0455	II
	Cr	4	0.0000	0.0000	0.0000	0.0000	I
	Hg	4	0.0016	0.0036	0.0030	0.0033	II
	As	4	0.0000	0.0000	0.0000	0.0000	I
横街镇	PCBs	7	0.0000	0.0124	0.0019	0.0089	II
	Cu	8	0.0000	0.1540	0.0499	0.1144	II
	Zn	8	0.0000	0.1992	0.0941	0.1558	II
	Pb	8	0.0000	0.0404	0.0073	0.0290	II
	Cd	8	0.0000	0.0070	0.0011	0.0050	II
	Hg	8	0.0000	0.0040	0.0015	0.0030	II
蓬街镇	PCBs	23	0.0000	0.1550	0.0130	0.1100	II
	Cu	25	0.0000	0.3859	0.0448	0.2747	II
	Zn	25	0.0026	1.0000	0.1906	0.7198	IV
	Pb	25	0.0000	0.0937	0.0109	0.0667	II
	Cd	25	0.0000	0.0000	0.0000	0.0000	I
	Ni	13	0.0000	0.1381	0.0363	0.1010	II
	Cr	13	0.0000	0.0033	0.0004	0.0024	II
	Hg	23	0.0000	0.0050	0.0013	0.0037	II
	As	11	0.0153	0.0724	0.0319	0.0560	II
金清镇	PCBs	33	0.0000	0.0863	0.0122	0.0616	II
	Cu	35	0.0000	0.2841	0.0432	0.2032	II
	Zn	35	0.0000	0.4607	0.1070	0.3344	III
	Pb	35	0.0000	0.0581	0.0040	0.0412	II
	Cd	35	0.0000	0.0078	0.0002	0.0055	II
	Ni	13	0.0000	0.0464	0.0260	0.0376	II
	Cr	13	0.0000	0.0270	0.0026	0.0192	II
	Hg	33	0.0000	0.0030	0.0005	0.0022	II
	As	11	0.0034	0.0329	0.0222	0.0280	II

续表

		样品数	最小值	最大值	平均值	综合值	等级
路桥全区	PCBs	362	0.0000	0.7049	0.0235	0.4987	III
	Cu	392	0.0000	1.0000	0.1583	0.7159	IV
	Zn	392	0.0000	1.0000	0.1184	0.7120	IV
	Pb	392	0.0000	0.2173	0.0261	0.1548	II
	Cd	392	0.0000	0.5660	0.0285	0.4007	III
	Ni	121	0.0000	0.2549	0.0272	0.1812	II
	Cr	119	0.0000	0.9441	0.0106	0.6676	III
	Hg	368	0.0000	0.4200	0.0068	0.2970	II
	As	111	0.0000	0.1269	0.0071	0.0899	II

对比土壤的污染状况，可以发现，土壤污染评价和土壤现状评价所得出的结论有相似之处，Cu、Zn 和 Cd 在全区土壤中均表现出过量富集或污染的现状。

（5）关键因子的筛选

重金属、有机污染物和土壤 pH 是土壤的三大污染因素。由于国家土壤环境质量标准中并未将土壤 pH 作为单个"物质"而是作为影响因素考虑，所以，本书亦不将土壤 pH 作为土壤环境质量现状的指标因子。

在国家土壤环境质量标准（GB 15618—1995）中，考虑了 8 种重金属和 2 种有机污染物 DDT 和 HCH。所以，本书沿用这种选择模式，也选择 8 种重金属作为指标。虽然 DDT 和 HCH 在全国范围内也是土壤中重要的有机污染物，但是废旧电容器拆解区是工业经济高度发达的地区，且农业灌溉全部来自地表水网，所以土壤中污染物的来源也就与工业布局关系密切。DDT 和 HCH 在国内已经禁用多年，其在土壤中的存在量逐年减少，对人类和环境的危害也正在逐渐的弱化并逐步消失。当然，从关注土壤环境质量现状全面的角度考虑，这两种物质均应考虑。但是，在资源有限的条件下，关注正在增加的污染物应是首选，所以，本书不将 DDT 和 HCH 作为指标。

垃圾焚烧是当地的一个特殊污染源。在焚烧过程中，会产生大量的有机污染物，尤其是多氯联苯 PCBs（包括二噁英）。所以，将 PCBs 作为现状指标理所当然。

环境中的多环芳烃 PAHs 主要来自于煤和石油的燃烧，而对于东部沿海的经济高速发达的地区而言，这种来源主要来自热电厂。但是，废旧电容器拆解区并没有煤电厂，从这个角度考虑，PAHs 污染应该是不严重的。但是，环境中 PAHs 的来源除热电厂外，交通、工业过程等均有 PAHs 排出，特别是具有致癌致畸致突变的苯并[a]芘主要来自锅炉烟气、机动车辆尾气、垃圾焚烧和工业过程中。恰恰这几个过程又是该区污染类型中比较特殊的垃圾焚烧，所以，PAHs 的污染堪忧，但是限于时间和资源，未能从区域角度进行 PAHs 的调查，所以，本书中 PAHs 不作为现状的指标。

综上所述，本书选择的现状指标包括 Cu、Zn、Pb、Cd、Ni、Cr、Hg 和 As 以及 PCBs。

（6）指标权重的确定

Swaine（2000）按照重金属对环境的影响程度，将环境研究中人们都比较关注的微量元素分成了三类（表 8-11）。表中从左到右，微量元素环境重要性逐渐下降。根据周广柱等（2005）的研究，将 Ⅰ 类、Ⅱ 类、Ⅲ 类微量元素分别赋值为 3、2、1 作为权重。本书中涉及的八种重金属元素的权重分配见表 8-12。由于难以比较 PCBs 和八种重金属的重要性，所以，在土壤环境质量的综合评价时暂不考虑 PCBs。

表 8-11　按照对环境的重要性对微量元素划分的类别表

Ⅰ	Ⅱ	Ⅲ
As	Mn	Ba
Cd	Mo	Co
Cr	Ni	Ra
Hg	Cu	Sb
Pb	V	Sn
Se	Zn	

表 8-12　土壤中各重金属的权重系数

污染物	Cu	Zn	Pb	Cd	Ni	Cr	Hg	As
权重系数 w_i	2	2	3	3	2	3	3	3

（7）研究区不同乡镇土壤环境质量现状

土壤环境质量的综合指数评价法包括 7 种（周广柱，2005），即简单叠加法、算术平均法、加权平均法、均方根法和最大值法（内梅罗指数法）。其中，最大值法兼顾了最高分指数和平均分指数的影响，指数形式简单，适应污染物个数的增减，适应性较好。所以，本书采用该法进行综合评价，评价公式如下

$$S_{index} = \sqrt{\frac{(\max(A_i w_i))^2 + (\sum_{i=1}^{n} A_i w_i)^2}{2}}$$

式中，S_{index} 表示土壤环境质量的综合状态指数，A_i 表示土壤环境质量的单因子状态指数，w_i 表示相应土壤污染因子的权数（重）。

研究区各乡镇土壤环境质量的综合状态指数见图 8-10。图中可以看出，路桥全区土壤环境质量的综合现状指数为 1.6，处于 Ⅴ 级状态，说明路桥区的土壤环境质量，不论对农田还是工业用地，均应进行调查研究。峰江街道、新桥镇和蓬街镇的 S_{index} 分别为 1.6、1.3 和 1.0，也是处于 Ⅴ 级的需调研状态。金清镇的土壤环境质量综合指数处在 0.3～0.7，属于 Ⅲ 级中等富集状态。而路南街道和横街镇的 S_{index} 均处在 0～0.3，状态为 Ⅱ 级，说明其土壤环境的总体质量尚好。

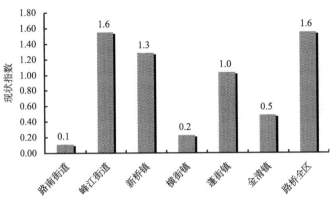

图 8-10 路桥区土壤环境质量现状综合因子指数分布图

2. 路桥区土壤环境质量现状表征

根据采样点的代表性，选择路南、峰江、新桥、横街、蓬街和金清等 6 个镇和街道作为整体进行研究。样点布局主要考虑了不同土地利用方式的土壤，全区共布设了 377 个样点（见图 8-9）。土地的主要利用类型为水稻田，其次为菜园、葡萄园、荒地和山林地。

（1）研究区土壤主要污染物含量的统计特征值

通常情况下，当偏度系数处在 −1~1 时，样本符合正态分布（樊燕等，2007）。由表 8-13 的偏度系数可知，土壤中 Ni 和有机质（OM）服从正态分布，PCBs、Cu、Cr 和 Hg 经对数转化后服从正态分布，而 Zn、Pb、Cd、As 和 pH 虽然经对数转化后仍不能呈正态分布，但偏度系数的绝对值最大仅为 1.64，可以近似做正态分布处理。

表 8-13 研究区土壤特征物质含量的描述性统计

	样品数/个	最小值/(mg/kg)	最大值/(mg/kg)	平均值/(mg/kg)	变异系数	偏度系数	峰度系数
Cu*	377	10.7	721	106	1.03	0.61	0.08
Zn*	377	53.5	840	177	0.54	1.02	2.32
Pb	377	4.97	146	45.4	0.38	1.18	4.09
Cd*	377	0.02	11.4	0.71	2.60	1.28	1.56
Ni	120	2.82	79.5	35.8	0.40	−0.23	0.25
Cr*	119	16.3	949	73.3	1.16	0.29	4.82
Hg*	350	0.004	7.09	0.27	2.80	−0.07	2.29
As	116	3.32	15.9	7.11	0.27	1.15	3.13
PCBs*	350	0.00	1.06	0.05	2.21	0.27	−0.02
pH*	378	3.71	8.09	6.81	0.12	−1.64	3.22
OM	377	13.2	79.4	46.9	0.82	−0.39	0.49

* 表示该物质含量的偏度系数和峰度系数是求对数后的结果。

　　研究区表层土壤中 Cu、Cd 的污染最为严重（表 8-13），其平均值已经超过国家土壤环境质量标准（GB 15618—1995）二级标准的下限值（Cu 50mg/kg，Cd 0.3mg/kg），其样品的超标率分别为 64.7% 和 23.6%。Zn、Ni、Cr 和 Hg 虽然其平均值并未超过国家土壤环境质量二级标准的下限值（Zn 200mg/kg，Ni 40mg/kg，Cr 150mg/kg，Hg 0.3mg/kg），但样品的超标率也已分别达 23.3%、45.8%、0.83% 和 10.3%。Pb 和 As 虽然没有超过国家土壤环境质量二级标准，但已经分别有 74.5% 和 20.7% 的样品超过当地土壤环境的背景值（汪庆华等，2007）（Pb 34.2mg/kg，As 89.1mg/kg）。说明该研究区土壤已经受到多种金属元素的复合污染。从表 8-13 还可知，研究区表层土壤中 PCBs 的总量变化范围是 0.00～1.06mg/kg，平均值是 0.05mg/kg。国外一些研究显示英国农业土壤中的 PCBs 含量水平范围为 0.002～1.200mg/kg，平均值为 0.007mg/kg（Fiedler H et al.，1993），美国南加州农业土壤中 PCBs 的含量为 4.6～8.2μg/kg（Sanger et al.，1999），爱尔兰农业区土壤中 PCBs 含量为 1.25～6.63μg/kg，瑞典规定的 PCBs 污染土壤指导值为 20μg/kg，大于 3 倍指导值即为严重污染（Agency For Toxic Substance And Disease，1993）。可见，该地区农田土壤中 PCBs 含量显著高于其他国家的农田土壤。

　　从表 8-13 中变异系数来看，土壤中 PCBs、Cd 和 Hg 的变异较大。土壤中 9 种污染物的空间变异从大到小的顺序为：Hg、Cd、PCBs、Cr、Cu、Zn、Ni、Pb、As。

　　（2）研究区土壤中主要污染物的空间结构特征

　　反映土壤中污染物空间结构特征的因素主要是块金值 C_0 与基台值 C_0+C_1 的比值及其变程。表 8-14 显示，9 种土壤中主要污染物含量的比值均小于（或等于）0.5，变程范围均在 100 m 范围以内，说明该地区土壤中主要污染物受点源（特别是工业企业源）的影响严重。为了更明确工业企业对土壤污染的影响，有必要对工业企业的空间布局与土壤污染间的关系做进一步的研究。

表 8-14　土壤中主要污染物及土壤 pH 半方差函数的拟合模型及其参数

组分	预测模型	块金值 C_0	基台值 C_0+C_1	C_0/C_0+C_1	有效变程 /m	决定系数 R^2	残差 RSS
Cu	球面	0.167	1.185	0.141	38	0.941	0.075
Zn	球面	0.255	1.267	0.201	38	0.936	0.078
Pb	球面	0.349	1.245	0.280	20	0.884	0.120
Cd	球面	0.256	1.364	0.188	82	0.905	0.150
Ni	球面	0.058	1.375	0.042	40	0.795	0.470
Cr	球面	0.001	1.098	9.11E-4	69	0.550	0.550
Hg	球面	0.261	1.291	0.202	86	0.052	0.060
As	球面	0.247	1.240	0.199	62	0.767	0.180
PCBs	球面	0.573	1.147	0.500	89	0.911	0.035
pH	指数	0.144	0.351	0.409	56	0.889	0.002

（3）研究区土壤中主要污染物含量的空间分布特征与当地企业布局的关系

利用克立格插值法对研究区土壤中 9 种主要污染物的空间分布进行插值预测，其预测结果见图 8-11。为了了解企业布局与土壤环境质量的关系，本书选择了该地现存的经皮尔森相关分析后与土壤环境污染相关性较好和虽然因企业个数较少而未表现相关性规律但污染较为严重的企业共 10 类：废旧金属资源再回收利用（废旧金属拆解），电镀企业，化学、化工产品生产企业（化工生产），电线、电缆制造企业（线缆制造）、电动机、发电机生产制造企业（机电企业），汽车、摩托车及其配件制造企业（汽配制造），容器设备制造企业（容器设备），喷雾器及其零件制造企业（喷雾器制造），金属配件制造企业和金属相关类企业（除容器设备类外，涵盖铜件加工制造企业、铝制品加工制造企业、金属配件加工制造企业、金属零件加工企业、金银饰品加工企业、模具制造企业、阀门制造企业、废旧金属回收及拆解企业、水道配件生产加工企业等）作为研究的对象。为了研究的需要，用单位面积企业的个数表示当地企业布局的状况。图 8-12 列出了 6 个乡镇单位面积土地上的企业个数的空间分布状况。对比图 8-11 和图 8-12，土壤中 Cu 的高浓度区出现在Ⅱ区，与废旧金属拆解企业、线缆制造企业、机电企业、金属配件制造企业和金属相关类企业的单位面积企业个数一致。也就是说，土壤中的 Cu 可能来自以上各类企业的排放。金属相关类企业在研究区内的空间分布几乎与土壤中 Cu 的分布完全一致，其从大到小的顺序为：Ⅱ区＞Ⅴ区＞Ⅳ区＞Ⅵ区＞Ⅲ区＞Ⅰ区。

土壤中 Zn 的空间分布也与金属相关类企业分布基本一致。它的最高浓度点集中在Ⅱ区的电镀企业周边和Ⅴ区曾经的小冶炼集散地。土壤中 Pb 的预测高浓度区主要集中在Ⅱ区的西部和南部及国道旁、Ⅲ区、Ⅳ区和Ⅴ区。根据现场的观察，Ⅱ区预测浓度的两个高值区均是废旧金属拆解地周围，可能是受进货渠道的影响，两个小区域的拆解原料中 Pb 含量比较高。Ⅲ区、Ⅳ区和Ⅴ区土壤环境中 Pb 的高浓度与喷雾器制造企业（见图 8-12）取得一致，但似乎在Ⅴ区也与小冶炼点保持基本一致。经仔细测算，Ⅴ区 Pb 的高浓度点在喷雾器园区而不在曾经小冶炼重点区。图 8-11 显示，土壤中 Cd 浓度的空间分布特征基本遵循Ⅱ区＞Ⅴ区＞Ⅳ区＞Ⅵ区＞Ⅲ区＞Ⅰ区的递减规律。由于Ⅱ区有拆解园区，拆解企业的规模较大，虽然单位面积企业个数Ⅵ区＞Ⅱ区，但实际压力确是相反的。从这个意义上讲，拆解企业的空间特征（图 8-12）也出现与土壤中 Cd 类似的规律，所以，土壤中 Cd 的来源主要是拆解企业，来自拆解企业中变压器的拆卸等过程中。土壤中 Ni 的来源是灌溉水和大气降尘等，Ni 的最高浓度区（见图 8-11）为Ⅱ区的污染灌溉地块，Ⅴ区曾经的小冶炼区浓度的高值可能是其历史大气沉降在土壤中的积淀。此外，除了Ⅱ区和Ⅴ区两地最高区域外，其他有与图 8-12 金属配件空间分布类似的特征。

研究区土壤中 Cr 的高浓度区主要在Ⅱ区和Ⅳ区电镀企业的周边区域，其污染源应该是电镀企业。土壤中 Hg 的空间分布基本呈现西高东低的趋势，可能与废旧金属拆解企业有关，但规律表现不是太明显。土壤 As 的空间分布（见图 8-11）与汽配制造企业的空间布局（见图 8-12）出现高度的一致性，这可能是汽配企业在加工汽车挡风玻璃时排出的。土壤 PCBs 的高浓度区主要集中在Ⅱ区的污水灌溉区，在Ⅴ区的部分却未与小冶炼区重合，而是在喷雾器园区呈现高浓度。

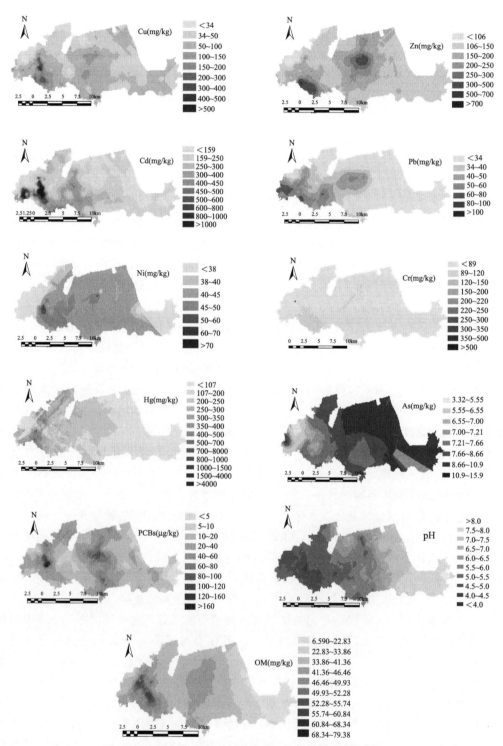

图 8-11　典型区土壤中重金属和 PCBs 含量的空间分布图

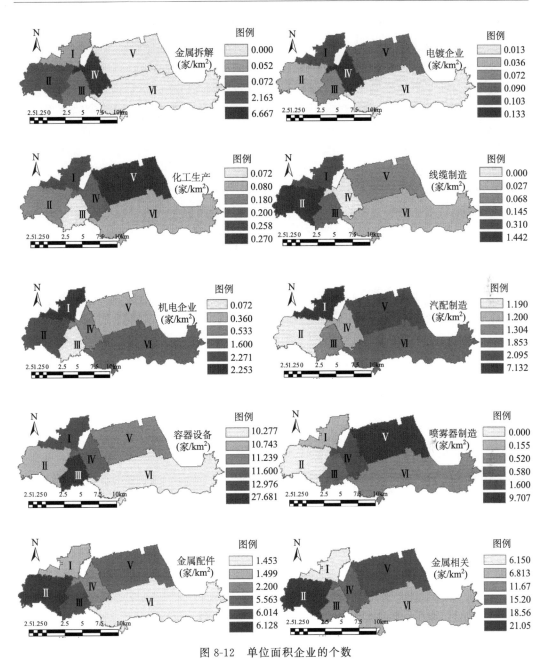

图 8-12 单位面积企业的个数

Ⅰ表示路南街道，Ⅱ表示峰江街道，Ⅲ表示新桥镇，Ⅳ表示横街镇，Ⅴ表示蓬街镇，Ⅵ表示金清镇

总之，研究区表层土壤中 Cu、Zn、Pb、Ni 和 PCBs 的较高含量区主要集中分布在两个区域（见图 8-12），一个是位于研究区西南部废旧拆解集散地，另一个是研究区北部"小冶炼"的集中分布区及喷雾器生产园区。废旧拆解集散地有一金属资源再利用园区，在此位置 Cu、Pb、Cd、Ni 和 PCBs 5 种污染物的浓度均比较高，说明废旧拆解带来了 5 种污染物的复合污染。另一个复合污染较为严重的土壤样点位于研究区西南部分

几个行政村，Cu、Zn、Pb、Cd、Ni、Cr、As 和 PCBs 的浓度均相对周边地区为高，这与该区的电镀厂和多达 115 家生产阀门等金属类产品的企业排放有关。

（4）基于企业布局的土壤污染物积累预测性初步探讨

为了进一步了解研究区土壤中污染物与企业布局间的关系，探索由企业布局预测土壤中污染物浓度的方法，在研究区选取 65 个行政村，对村内不同企业的个数与土壤中污染物的浓度做皮尔森相关（Pearson Correlation）分析后发现（见表 8-15），土壤中 Cu 的浓度与金属相关类企业和线缆制造企业呈极显著相关，与机电企业显著相关。这就说明当有以上 3 类企业存在时，Cu 在土壤中的积累将较为严重。土壤 Zn 的浓度与金属相关企业、电机生产企业和线缆生产企业存在显著的相关关系。当有金属相关类、线缆制造类和机电类生产企业存在时，要关注土壤中 Cu 的积累。

表 8-15　各主要污染物与企业个数间的相关系数表

		金属相关企业	汽摩配生产企业	金属配件生产企业	电机生产企业	线缆生产企业	喷雾器生产企业
Cu	皮尔森相关	0.3969**	0.1823	0.5260**	0.4471*	0.7903**	0.1003
	双尾检验	0.0013	0.2363	0.0000	0.0103	0.0000	0.6827
	样本个数	63	44	58	32	20	19
Zn	皮尔森相关	0.2715*	0.1957	0.3400**	0.3963*	0.4640*	0.4119
	双尾检验	0.0314	0.2031	0.0090	0.0247	0.0393	0.0797
	样本个数	63	44	58	32	20	19
Pb	皮尔森相关	0.2040	0.1850	0.2240	0.3856*	0.6440**	0.5470*
	双尾检验	0.1089	0.2294	0.0910	0.0293	0.0022	0.0154
	样本个数	63	44	58	32	20	19
Cd	皮尔森相关	0.2896*	0.0797	0.3048*	0.2141	0.4223	(0.1506)
	双尾检验	0.0213	0.6072	0.0200	0.2393	0.0636	0.5383
	样本个数	63	44	58	32	20	19
Ni	皮尔森相关	0.5919**	0.1815	0.6416**	(0.0633)	0.4994	(1.0000)
	双尾检验	0.0097	0.5724	0.0055	0.9051	0.2538	—
	样本个数	18	12	17	6	7	2
Cr	皮尔森相关	0.4830*	0.1587	0.3383	(0.0471)	0.6590	(1.0000)
	双尾检验	0.0423	0.6222	0.1841	0.9294	0.1074	—
	样本个数	18	12	17	6	7	2
Hg	皮尔森相关	0.0694	(0.1212)	0.0554	0.2704	0.1107	(0.0603)
	双尾检验	0.5981	0.4388	0.6851	0.1413	0.6519	0.8062
	样本个数	60	43	56	31	19	19

		金属相 关企业	汽摩配 生产企业	金属配件 生产企业	电机生 产企业	线缆 生产企业	喷雾器 生产企业
As	皮尔森相关	0.1242	0.5973*	0.0310	(0.0519)	0.5950	(1.0000)
	双尾检验	0.6350	0.0403	0.9060	0.9223	0.1588	—
	样本个数	17	12	17	6	7	2
PCBs	皮尔森相关	0.1763	0.1194	0.2920*	(0.1095)	0.2674	0.3315
	双尾检验	0.1855	0.4514	0.0322	0.5645	0.2833	0.2097
	样本个数	58	42	54	30	18	16

注：—表示无数据。

＊表示显著相关，＊＊表示极显著相关。

土壤中 Pb 的浓度与线缆制造企业极显著相关，与机电和喷雾器制造企业相关性显著。这就说明，若在方圆 1 km² 内存在线缆制造企业、机电制造企业和喷雾器制造企业，则需关注 Pb 在土壤中的积累。土壤 Cd 和 Ni 分别与金属相关企业呈显著和极显著的相关关系，所以，在有金属类生产企业存在时，要对 Cd 和 Ni 在土壤中的积累进行关注。

土壤中 Cu、Zn、Pb、Cd 和 Ni 的浓度不仅与金属相关企业相关性良好，而且与金属配件制造企业具有显著的相关性。但土壤中重金属 Cr 的浓度虽然与金属相关类企业相关性良好，但却与金属配件制造企业没有较好的相关性，说明金属配件生产企业在一般情况下不会带来 Cr 在土壤中的积累。土壤中 PCBs 的浓度与金属配件类企业的个数显著相关却与金属类企业个数相关性不显著，显示出周边有金属配件类企业存在的企业时，可能存在 PCBs 的累积。As 在土壤中的含量，与汽配制造企业的个数显著相关，这一结果表明在汽配制造企业较为集中的区域土壤中可能存在 As 的积累。

以上分析只是仅从企业布局（包括企业类型和数量）来初步探讨土壤中主要污染物的累积趋势，而有关各类企业的污染物排放量与当地土壤污染类型和程度的关系仍在进一步的研究中。

在所研究的城乡民营企业密集区内，存在多种污染物在土壤中的复合污染。特别是废旧拆解园区和"小冶炼"集中分布区，多污染物的复合污染尤为突出。

当在约 1km² 的范围内存在金属类生产企业、机电制造企业或/和电线电缆制造企业时，可在一定程度上得出该区土壤存在 Cu 和 Pb 积累的结论。当电机、电线电缆和/或自动喷雾器制造企业分布比较集中时，可能会带来土壤中 Pb 的累积。金属制造企业会带来土壤中 Cd、Ni 和 Cr 的积累，而汽配制造企业和金属配件制造企业可能分别会带来土壤中 As 和 PCBs 的积累。

综上所述，从空间分布看，土壤中 PCBs 的高浓度区除了新桥镇和横街镇外，其他乡镇均有分布，且以峰江街道和蓬街镇相对为多。土壤中重金属污染物 Cu、Pb、Cd、Cr 和 Hg 的高浓度区主要集中在峰江街道，而 Zn、Ni 和 As 则在峰江和蓬街两个乡镇均存在高浓度的范围。

　　废旧电容器拆解区的土壤存在复合污染的特点。在峰江街道存在 8 种重金属污染物和 PCBs 复合污染，而蓬街镇的复合污染点处在"小冶炼"分布区，主要污染物是 Cu、Zn、Pb、Ni、As 和 PCBs。

　　对峰江街道而言，其 Cu、Cd 的最高含量区主要为占地 106.7hm² 的污染灌溉区。土壤中 Pb 的高浓度区集中在安溶村占地 6.7hm² 的园区附近，而土壤中 Zn 的高浓度区分布在与温岭交界和路南交接处。

四、废旧电容器拆解区土壤环境质量的影响（I）分析

1. 土壤环境质量的生态风险评估

　　土壤环境质量的生态风险，包括对动物、植物和微生物的风险。本书不涉及对微生物的风险，对动物和植物的风险可用生态风险评价的方法解决。

　　动物包括哺乳动物、鸟类和无脊椎动物。在美国 EPA 所采取的土壤环境生态风险评估中，哺乳动物选择食草动物、食虫动物和食肉动物，鸟类选择食谷鸟、食虫鸟和食肉鸟。本书也采取了同样的选择。各种哺乳动物和鸟类的选择与美国选取一样的物种，即食草动物、食虫动物和食肉动物分别选择草原野鼠、短尾鼩和黄鼠狼，食谷鸟、食虫鸟和食肉鸟分别选择和平鸽、山鹬和红尾鹰。

　　对于生物的生态风险，美国 ECO-SSL 采取的方法是求风险商，即暴露剂量与毒性参考值的比，其计算公式为

$$HQ = \frac{ED(mg/kg\ bw/day)}{TRV(mg/kg\ bw/day)}$$

式中，HQ 指污染物的风险商；ED 指暴露剂量；TRV 指毒性参考值。

　　（1）毒性参考剂量的选择

　　对于风险商的计算，最为关键的一环是确定毒性参考剂量。在参考剂量的选择上，本书选择文献筛选和国家间比对两个途径进行。

　　植物的毒性参考值，由于没有相应的毒性数据库，所以采用了文献综合法。考虑到文献数据的获得以及数据与实际情况的接近性，Cu 对植物的毒性参考值选择大田调查的数值即 16mg/kg。Zn、Pb 和 Cd 选择土培毒性试验获得值，其值分别为 177mg/kg、125mg/kg 和 35mg/kg。Ni 和 As 的毒性试验选用盆栽数据，其值分别为 40mg/kg 和 30mg/kg。Cr 选择水培试验数据即 5mg/kg。由于缺乏 Hg、PCBs、PAHs、DDT 和 HCH 的植物毒性试验数据，所以暂时没有给出其毒性参考值。

　　动物的毒性参考值来自美国环保局（USEPA）、美国加利福尼亚州（California）和欧洲农村发展文件（ERD）。土壤中 Cu 的毒性参考值在 USEPA、California 和 ERD 中均有值的选取，测试的物种包括鼠类和红狐狸，由于风险偏向维护脆弱物种的生存，所以取已知值中的最小值，即 0.13mg/(kg·d)。其他污染物对土壤动物毒性参考值的选择与 Cu 的毒性参考值类似，也是以保护最脆弱物种作为首要考虑的因素。

　　土壤中污染物对蚯蚓的毒性参考值借用欧盟的文献整理值。鸟类的毒性参考值的选

择依据与动物的毒性参考值的选取规则完全一致，也是以保护脆弱物种为原则。Cu、Pb、Zn、Cd、Hg、Ni、As、Cr、PCBs 和 DDT 的毒性参考值分别为 2.30、0.014、14.50、0.08、0.039、1.38、5.14、0.10、0.090 和 0.028mg/(kg·d)。

（2）暴露剂量的计算

由于植物和蚯蚓与土壤通过根或身体与土壤直接接触，所以两者暴露量的计算即为土壤中的生物有效浓度。由于当地土壤酸化比较严重，土壤中重金属的生物有效性大为提高，所以，可以近似用全量浓度代替有效浓度进行计算而求得风险。

对于哺乳动物和鸟类，暴露剂量考虑的因素主要是饮食，计算公式如下

$$ED = (\left[Soil_j * P_s * FIR * AF_{js}\right] + \left[\sum_{i=1}^{N} B_{ij} * P_j * FIR * AF_{ij}\right]) * AUF$$

式中，ED 为暴露剂量（mg/kg day）；$Soil_j$ 指土壤中污染物 j 的浓度（mg/kg 干重）；P_s 指饮食中土壤所占的比例；FIR 指食物的吸收率（kg 食物（干重）/kg bw（湿重）day）；AF_{js} 指所食土壤 s 中污染物 j 的吸收因子；N 指饮食中食物的种类数；B_{ij} 指食物 i 中污染物 j 的浓度（mg/kg 干重）；P_j 指饮食中食物 i 所占的比重；AF_{ij} 指食物 i 中污染物 j 的吸收因子；AUF 指因子的应用面积。

为了计算问题的方便，AF_{js}、AF_{ij} 和 AUF 取值为 1。FIR 和 P_s 的取值参照 EPA 的选择如表 8-16 所示，假设食草动物、食虫动物、食肉动物的食物分别是 100%植物叶子、100%蚯蚓和 100%小动物。假设食谷鸟、食虫鸟和食肉鸟的饮食成分分别为 100%种子、100%蚯蚓和 100%小动物，且小动物的食物是 100%的蚯蚓。

表 8-16 野生动物和鸟类的暴露模型参数

接收器	FIR(kg dw/kg bw day)	P_s	饮食假定
食草动物	0.0875	0.032	100%植物叶子
食虫动物	0.209	0.030	100%蚯蚓
食肉动物	0.130	0.043	100%小动物
食谷鸟	0.190	0.139	100%种子
食虫鸟	0.214	0.164	100%蚯蚓
食肉鸟	0.0353	0.057	100%小动物并且小动物的饮食是 100%蚯蚓

食物中污染物的浓度可用表 8-17 所示的计算公式推导出来。C_s 表示土壤中污染物的浓度（mg/kg），C_p 为植物组织中污染物的浓度（mg/kg 干重），C_e 为蚯蚓体内污染物的浓度（mg/kg 干重），C_m 表示小动物组织内污染物的浓度（mg/kg 干重）。

表 8-17 无机污染物质的吸收等式

	土壤到植物	土壤到蚯蚓	土壤到小动物
Cu	$\ln(C_P) = 0.394 * \ln(C_S) + 0.668$	$C_e = 0.515 * C_s$	$\ln(C_m) = 0.1444 * \ln(C_S) + 2.042$
Zn	$\ln(C_P) = 0.554 * \ln(C_S) + 1.575$	$\ln(C_e) = 0.328 * \ln(C_S) + 4.449$	$\ln(C_m) = 0.0706 * \ln(C_S) + 4.3632$
Pb	$\ln(C_P) = 0.561 * \ln(C_S) - 1.328$	$\ln(C_e) = 0.807 * \ln(C_S) - 0.218$	$\ln(C_m) = 0.4422 * \ln(C_S) + 0.0761$
Cd	$\ln(C_P) = 0.546 * \ln(C_S) - 0.475$	$\ln(C_e) = 0.795 * \ln(C_S) + 2.114$	$\ln(C_m) = 0.4723 * \ln(C_S) - 1.2571$

	土壤到植物	土壤到蚯蚓	土壤到小动物
Hg	ND	ND	ND
As	$C_P=0.03752*C_S$	$\ln(C_e)=0.706*\ln(C_S)-1.421$	$\ln(C_m)=0.8188*\ln(C_S)-4.8471$
Ni	$\ln(C_P)=0.748*\ln(C_S)-2.223$	ND	$\ln(C_m)=0.8188*\ln(C_S)-4.8471$
Cr	$C_P=0.041*C_S$	$C_e=0.306*C_s$	$\ln(C_m)=0.7338*\ln(C_S)-1.4599$

（3）生态风险商

根据上述计算方法得到污染物对植物、蚯蚓、哺乳动物和鸟类的综合生态风险商见表 8-18。

表 8-18　路桥区污染物的综合生态风险商

	污染物	样品个数/个	综合生态风险商			HQ>1 的样品比例/%	综合值
			最小值	最大值	平均值		
植物	Cu	449	0.135	45.08	6.473	98.44	32.20
	Zn	449	0.241	4.747	0.987	33.85	3.429
	Pb	449	0.040	1.257	0.390	0.890	0.931
	Cd	449	0.000	0.325	0.018	0.000	0.230
	Ni	155	0.071	2.126	0.815	40.65	1.610
	Cr	152	0.217	27.10	12.35	98.68	21.06
	As	136	0.111	0.528	0.232	0.000	0.408
蚯蚓	Cu	449	0.043	14.42	2.071	63.47	10.30
	Zn	449	0.213	4.201	0.874	22.49	3.034
	Pb	449	0.010	0.314	0.097	0.000	0.233
	Cd	449	0.001	0.570	0.031	0.000	0.403
	Ni	155	0.014	0.425	0.163	0.000	0.322
	Cr	152	0.034	4.235	1.929	79.61	3.291
	PCBs	409	0.000	0.053	0.002	0.000	0.038
	Hg	406	0.001	1.417	0.051	0.990	1.003
	As	136	0.055	0.264	0.116	0.000	0.204
哺乳动物　食草动物	Cu	449	0.089	1.611	0.472	6.240	1.187
	Zn	449	0.364	2.081	0.801	10.02	1.577
	Pb	449	0.071	0.836	0.337	0.000	0.637
	Cd	449	0.111	3.955	0.526	7.570	2.821
	Ni	155	0.219	3.854	1.660	76.77	2.967
	Cr	153	0.000	0.0003	0.0001	0.000	0.0002
	As	136	0.160	0.765	0.336	0.000	0.591

续表

	污染物	样品个数/个	综合生态风险商			HQ>1 的样品比例/%	综合值
			最小值	最大值	平均值		
哺乳动物	食虫动物	Cu	449	0.063	21.12	3.032	85.97	15.08
		Zn	449	6.403	17.50	10.02	100.0	14.26
		Pb	449	0.644	10.94	4.118	99.33	8.264
		Cd	449	1.345	200.7	15.84	100.0	142.4
		Cr	152	0.000	0.004	0.002	0.000	0.003
		As	135	1.099	3.606	1.913	100.0	2.886
	食肉动物	Cu	449	0.465	16.07	2.869	97.33	11.54
		Zn	449	1.634	6.603	2.539	100.0	5.002
		Pb	449	0.563	10.10	3.488	99.11	7.555
		Cd	449	0.119	12.56	0.935	17.37	8.903
		Ni	155	2.479	42.75	17.81	100.0	32.75
		Cr	152	0.000	0.003	0.002	0.000	0.003
		As	136	1.493	7.110	3.123	100.0	5.491
鸟类	食谷鸟	Cu	449	0.243	10.44	2.105	87.97	7.528
		Zn	449	0.598	4.273	1.431	92.87	3.186
		Pb	449	0.226	4.434	1.524	83.96	3.315
		Cd	449	0.187	9.335	1.015	20.49	6.639
		Ni	155	0.086	2.041	0.820	40.65	1.555
		Cr	152	0.372	46.34	21.11	99.34	36.01
		As	136	0.022	0.103	0.045	0.000	0.080
	食虫鸟	Cu	449	0.137	45.56	6.543	98.44	32.55
		Zn	449	4.534	13.86	7.317	100.0	11.08
		Pb	449	0.710	13.90	4.968	99.78	10.44
		Cd	449	1.040	158.2	12.39	100.0	112.2
		Cr	153	0.000	136.3	61.69	99.35	105.8
		As	136	0.033	0.120	0.059	0.000	0.095
	食肉鸟	Cu	449	0.134	0.937	0.311	0.00%	0.698
		Zn	449	0.261	0.435	0.305	0.00%	0.375
		Pb	449	0.077	0.595	0.271	0.00%	0.462
		Cd	449	0.021	0.683	0.087	0.00%	0.487
		Ni	155	0.037	0.282	0.145	0.00%	0.224
		Cr	152	0.109	5.734	2.891	94.08%	4.541
		As	136	0.001	0.007	0.003	0.00%	0.005

注：HQ 为综合生态风险商。

从表 8-18 可知，土壤中 Cu、Zn、Ni 和 Cr 对植物的综合风险商超过 1。其中，研究区有 98.4%、98.7%、40.7% 和 33.9% 的土壤样品中 Cu、Cr、Ni 和 Zn 对植物存在风险。对植物而言，Pb、Cd 和 As 的风险要小得多，不存在 Cd 和 As 的风险商超过 1 的样点，而超过 Pb 的毒性参考值的点也不足 1%。

对蚯蚓而言，土壤中 Cu、Zn、Cr 和 Hg 的风险商分别有 63.5%、22.5%、79.6% 和 0.99% 已经超过 1，存在某种程度的生态风险。这说明，研究区的土壤中 4 种污染物已经对蚯蚓构成了风险。而 Pb、Cd、Ni、As 和 PCBs 对蚯蚓的风险尚未有风险商超过 1 的点存在。对哺乳动物而言，土壤中 Cu、Zn、Cd 和 Ni 的风险最大。4 种重金属对食草、食虫和食肉三种哺乳动物的综合风险商均超过 1，且 Zn、Cd 和 Zn、Ni 分别对食虫动物和食肉动物的风险达到 100%。Pb 对食虫动物和食肉动物的风险比较大，分别有 99.3% 和 99.1% 的样点的风险商大于 1。而其对食草动物的风险较小，综合风险商仅为 0.637。Cr 对哺乳动物的风险是最低的，其综合风险商仅为 10^{-2} 数量级。As 对食虫动物和食肉动物的风险最大，风险商大于 1 的样点均为 100%，而对食草动物而言却没有一个样点的暴露剂量超过毒性参考剂量值。

对于鸟类，土壤中多种污染物的风险与哺乳动物存在差别。除 As 外，土壤中 7 种污染物均对食谷鸟和食虫鸟存在不同程度的风险，其综合风险商值均大于 1。最高的为 Zn 对食虫鸟的风险商，其采样点的风险商有 100% 超过 1。对于食肉鸟而言，除 Cr 外，各污染物对其均有较小的风险，综合风险商均小于 1。然而 94.1% 的点位土壤中 Cr 的风险商大于 1，其最大风险商更是高达 5.734。

（4）生态风险评价标准的确立

根据表 8-18 的综合风险商值求出若风险商为 1 时对应的土壤污染物的浓度，其值列于表 8-19，其最大值，作为风险评价的上限值，最小值作为下限值。生态风险评价分类标准参照文献（Semenzin et al.，2008）分为 5 级，如下：

Ⅰ 级　　$HQ=0$　　　　　　表示对现有已试验物种无影响
Ⅱ 级　　$0<HQ\leqslant0.3$　　　表示仅对已试验物种中较为敏感个体有影响
Ⅲ 级　　$0.3<HQ\leqslant0.7$　　表示对已试验物种中较多个体产生影响
Ⅳ 级　　$0.7<HQ<1$　　　表示对已试验物种中大多数个体产生影响
Ⅴ 级　　$HQ\geqslant1$　　　　　表示对已试验物种中全部个体均有影响

表 8-19　生态风险上限值和下限值的确定

	植物	蚯蚓	哺乳动物			鸟类			最小值	最大值
			食草	食虫	食肉	食谷鸟	食虫鸟	食肉鸟		
Cu	16	50	349	34	20	33	16	1466	16	1466
Zn	177	200	251	29	14	98	10	1513	10	1513
Pb	125	500	7.48	1.22	0.32	4.52	1.59	37	0.32	500
Cd	35	20	1.17	2.59	0.59	390	21	278	0.59	390
Ni	40	200	19	—	8.46	40	—	997	8.46	997
Cr	5.00	32	428963	39018	3819	2.92	1.09	18	1.09	428963
As	30	60	21	3.32	69	153	1807	6749	3.32	6749
Hg	—	5.00	—	—	—	—	—	—	5.00	5.00

2. 分乡镇土壤环境的生态风险评价

对于生物的生态风险，美国 ECO-SSL 采取的方法是求风险商（具体公式同上），各镇土壤环境质量的生态风险评价结果见表 8-20。研究区的土壤环境质量对植物、动物的生态风险评价结果表明，对废旧电容器拆解区总体而言，土壤中 Cu 和 Zn 对生物的风险处于Ⅲ级的中等风险水平。而 Pb、Cd、Ni、Cr 和 As 的风险处于Ⅱ级的轻微风险水平，土壤仅对个别物种有风险。

表 8-20　分乡镇土壤环境质量的生态风险评价结果

| | | 样品数/个 | 生态风险商 | | | 综合值 | 级数 |
			最小值	最大值	平均值		
路南街道	Cu	7	1.08E-03	3.28E-02	1.22E-02	2.47E-02	Ⅱ
	Zn	7	5.41E-02	1.06E-01	7.15E-02	9.02E-02	Ⅱ
	Pb	7	3.47E-02	8.25E-02	5.47E-02	7.00E-02	Ⅱ
	Cd	7	0.00E+00	0.00E+00	0.00E+00	0.00E+00	Ⅰ
峰江街道	Cu	279	0.00E+00	4.86E-01	7.49E-02	3.48E-01	Ⅲ
	Zn	279	2.89E-02	5.52E-01	1.11E-01	3.98E-01	Ⅲ
	Pb	279	9.30E-03	2.91E-01	9.67E-02	2.17E-01	Ⅱ
	Cd	279	0.00E+00	2.77E-02	1.66E-03	1.96E-02	Ⅱ
	Ni	80	0.00E+00	7.19E-02	2.58E-02	5.40E-02	Ⅱ
	Cr	79	3.55E-05	2.21E-03	1.73E-04	1.57E-03	Ⅱ
	As	78	0.00E+00	1.86E-03	4.80E-04	1.36E-03	Ⅱ
新桥镇	Cu	8	1.24E-02	4.09E-01	8.59E-02	2.96E-01	Ⅱ
	Zn	8	6.84E-02	3.99E-01	1.49E-01	3.01E-01	Ⅲ
	Pb	8	4.49E-02	2.27E-01	1.02E-01	1.76E-01	Ⅱ
	Cd	8	0.00E+00	0.00E+00	0.00E+00	0.00E+00	Ⅰ
	Ni	4	2.98E-02	3.93E-02	3.53E-02	3.74E-02	Ⅱ
	Cr	4	1.43E-04	2.25E-04	1.74E-04	2.01E-04	Ⅱ
	As	4	3.85E-04	5.71E-04	4.93E-04	5.33E-04	Ⅱ
横街镇	Cu	8	2.38E-03	6.18E-02	2.61E-02	4.74E-02	Ⅱ
	Zn	8	6.03E-02	1.43E-01	1.00E-01	1.23E-01	Ⅱ
	Pb	8	4.57E-02	1.14E-01	7.11E-02	9.47E-02	Ⅱ
	Cd	8	0.00E+00	0.00E+00	0.00E+00	0.00E+00	Ⅰ

	样品数/个	生态风险商			综合值	级数
		最小值	最大值	平均值		
蓬街镇	Cu	25	3.72E-03	1.36E-01	2.49E-02	9.80E-02	Ⅱ
	Zn	25	6.49E-02	4.98E-01	1.41E-01	3.66E-01	Ⅲ
	Pb	25	4.48E-02	1.74E-01	7.12E-02	1.33E-01	Ⅱ
	Cd	25	0.00E+00	0.00E+00	0.00E+00	0.00E+00	Ⅰ
	Ni	13	2.40E-02	5.28E-02	3.54E-02	4.49E-02	Ⅱ
	Cr	13	1.16E-04	2.12E-04	1.70E-04	1.92E-04	Ⅱ
	As	12	2.08E-04	1.36E-03	9.20E-04	1.16E-03	Ⅱ
金清镇	Cu	35	7.60E-03	1.04E-01	2.58E-02	7.55E-02	Ⅱ
	Zn	35	5.90E-02	2.46E-01	1.06E-01	1.89E-01	Ⅱ
	Pb	35	1.52E-02	1.34E-01	5.35E-02	1.02E-01	Ⅱ
	Cd	35	0.00E+00	0.00E+00	0.00E+00	0.00E+00	Ⅰ
	Ni	13	2.87E-02	3.78E-02	3.42E-02	3.61E-02	Ⅱ
	Cr	13	1.00E-04	2.62E-04	1.65E-04	2.19E-04	Ⅱ
	As	11	7.22E-04	9.93E-04	8.95E-04	9.45E-04	Ⅱ
路桥全区	Cu	393	0.00E+00	4.86E-01	6.33E-02	3.47E-01	Ⅲ
	Zn	393	2.17E-02	5.52E-01	1.10E-01	3.98E-01	Ⅲ
	Pb	393	9.30E-03	3.14E-01	9.33E-02	2.32E-01	Ⅱ
	Cd	393	0.00E+00	2.77E-02	1.18E-03	1.96E-02	Ⅱ
	Ni	122	0.00E+00	7.19E-02	2.57E-02	5.40E-02	Ⅱ
	Cr	120	8.60E-06	2.21E-03	1.61E-04	1.57E-03	Ⅱ
	As	111	0.00E+00	1.86E-03	5.55E-04	1.37E-03	Ⅱ

路南街道的土壤环境对生物的风险较轻，该街道土壤中 Cd 对生物没有风险。Cu、Zn 和 Pb 三种污染物对生物的风险为轻微状态。峰江街道土壤中污染物对生物的生态风险比路南要严重，Cu 和 Zn 已经达到中等风险的Ⅲ级水平，而 Pb、Cd、Ni、Cr 和 As 则为轻微风险的Ⅱ级。新桥镇的不同种土壤污染物的风险差异较大，风险最大的是 Zn，已经达到中等风险水平，最小的是 Cd，仍处于安全状态，其他则处于轻微风险的Ⅱ级。横街镇土壤中污染物的生态风险总体比较小，Cd 处于无风险状态，其他 5 种污染物 Cu、Zn 和 Pb 则为轻微风险。蓬街镇土壤中 Zn 的生态风险为Ⅲ级，Cd 为Ⅰ，其他均为Ⅱ级。金清镇除 Cd 为Ⅰ级外，其他均为Ⅱ级。

3. 土壤环境质量的综合生态风险

生态风险的综合评价结果（图 8-13）显示，路桥全区的综合风险商为 0.61，处于Ⅲ级风险，表明研究区内土壤对多数试验物种存在风险。峰江街道、蓬街镇和新桥镇同全区的风险商类似，均处于 0.3～0.7，存在中等程度的风险。路南街道、金清镇和横街镇 3 乡镇其综合风险商处在 0～0.3，属于轻度风险。

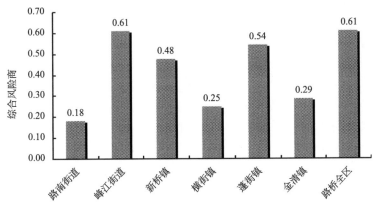

图 8-13　路桥区土壤环境生态风险商综合值

五、废旧电容器拆解区土壤环境质量变化的响应（R）分析

基于增长率的废旧电容器拆解区土壤环境质量变化的驱动力分析，给人们提供了该区土地利用、社会经济的发展情况。基于污染排放的压力分析，使人们认识到工业废物的排放、农业化肥农药和塑料薄膜的使用以及自然灾害等均给当地的土壤环境质量带来了不小的压力。基于背景值和国家标准的土壤环境质量的现状分析则提示我们，研究区有些地方已经出现了污染。对研究区的土壤环境质量进行健康风险评估和生态风险评估后，发现个别地区的健康风险和生态风险已达严重状态。为了保护和保持土壤环境质量处于健康状态，应该采取适当的响应措施，下面分别从社会、经济、生态、规划和技术等 5 个方面分析该区对土壤环境质量响应的对策。

1. 土壤环境质量的社会响应对策

（1）提高认识水平和教育水平

认识决定行动。与全国其他地方的普通老百姓一样，生活在废旧电容器拆解区的人们对土壤存在一种传统的意识，认为土壤是农民的事情，普遍地对土壤保护的公众意识淡薄，没有保护土壤的自觉性和积极性。政府决策部门虽然对土壤环境问题有所认识，但对土壤资源、土壤质量、土壤功能及其重要社会价值认识不够，也不重视组织土壤保护科普知识的宣传和教育，没有积极向民众倡导土壤保护意识。

土壤环境教育相对于水和大气环境的教育显得很薄弱，没有相应的宣传机构，也没有明确职权部门具体组织宣传材料的出版发行，以及召集组织各种研讨会、专题调研等，也没有形成土壤保护的相关民间组织。在此种情况下，应加强领导和政府决策，针对不同土壤问题、不同土壤类型、不同土壤功能等知识进行行之有效的科普教育，让全民都参与土壤保护活动。

（2）加强土壤环境质量管理的领导和组织工作

各级政府及其部门要加强责任意识，将土壤环境的保护和治理列入各级党委政府的议事日程，制定扶持政策，分清轻重缓急，统一规划，分步实施。把土壤环境的保护和治理作为政府的重要职能对待，增强紧迫感，牢固树立土壤环境的保护和治理是功在当代、利在今人及后代的观念，切实加强领导。

（3）制订和落实相应的政策法律

对于土壤环境质量的管理工作，要加强地方政策的制订和落实工作。强化各级政府有关水、土壤、大气和生物等环境政策的执行力度。在土壤污染防治法颁布后，参照该法制订废旧电容器拆解区的土壤污染防治的规范性文件。明确各个执法部门的权力、责任和义务，并做好宣传贯彻和执法检查，形成依法保护土壤环境质量的监管机制。

（4）调动社会智力改善土壤环境的质量

一切的知识来自于人民。对土壤环境质量变化规律的认识可通过召开科学研究者、公众、污染源所有者和环境保护职能部门的多方会议讨论，并给出有效的解决途径。对老百姓反应发病率高的村落展开调查，排查污染源，评价土壤环境的质量状况。对有风险的地块，采取改变土地利用方式或污染修复的措施对土壤进行处理。

2. 土壤环境质量的经济响应对策

路桥自建区以来，经济始终保持两位数的增长速度。经济赖以增长的产业是废旧拆解、小冶炼等，由于不规范的拆解和工艺，致使该区土壤局部污染严重，个别点位风险较大，给土壤环境质量造成了很大威胁。不规范的废旧拆解等行业污染大但经济效益很高，高污染高收益企业带来的污染成本转嫁给当地的全体人民，从社会公平的角度考虑，不是太合理。从保护土壤环境的角度讲，这也不利于提高企业节能减排的积极性。针对这种情况政府采取的办法就是收取排污费，这样的管理机制在正常情况下是可以运行的，但当遭遇严重污染而污染主体又不明晰时，资金的筹集就变得困难重重。

美国建立了超级基金，日本颁布法律强制土地所有者清理，英国采用分担治理费用的办法（赵沁娜等，2005）。废旧电容器拆解区则应该明确政府、污染者、新地块开发商以及当地社区和居民的经济责任，建立污染治理基金管理模式以及完善土壤污染治理资金筹措与管理机制。

3. 土壤环境质量的生态响应对策

生态环境的各项指标是对土壤环境质量压力的重要响应。从政府公布的生态环境达标率来看，该地的生态环境已经逐步走上优化的轨道。然而，环境综合指数的计量以空气质量良好以上的天数比例、集中式饮用水源地水质达标率、水域功能区水质达标率和噪声达标区覆盖率等4个分项指标的比例乘以各自的权重再相加，得出环境综合指数的最终分值。它求算时没有考虑土壤因素，该指数即使达到100%，也没有反映土壤环境状况，因此，为了更好的监控土壤环境的质量，应在环境综合指数的计算时加入土壤环境的质量指标。

4. 土壤环境质量的规划响应对策

根据路桥区都市型农业发展的规划，蓬街镇和金清镇是重要的蔬菜生产基地。然而，根据企业的布局计划，在蓬街镇要建立沿海工业园，将拆解园区全部搬进去，这必然会对当地的蔬菜基地构成威胁。所以，在蓬街镇种植蔬菜时要注意选择品种和注意废旧拆解企业的影响。

5. 土壤环境质量的技术响应对策

（1）生态工业技术的应用

工业技术创新与进步不仅是实现工业可持续发展的源动力，也是土壤环境保护的必要步骤。然而传统的工业生产技术却过分的强调经济效益而忽略环境效益。即使考虑到环境污染，大部分的思路仍然停留在末端治理阶段。但从技术角度看，末端治理不能从根本上解决工业污染问题，清洁生产虽然通过持续改进生产工艺、设备及产品设计、原材料，从源头预防污染和减少废物产生，但由于仅限于单个企业内部，因此不能解决区域性的工业污染问题。

为了较好的解决问题，应该大力发展生态工业技术（傅泽强等，2006）。所谓生态工业技术，广义上讲，是指在工业系统中使用的能够使系统内部的物能效率最大化和污染排放最小化的所有对环境友好的技术，例如无废工艺、清洁生产、绿色化学、绿色制造、生态工程等。狭义上讲，是指依据工业生态学原理和生态设计原则建构的一套新的工艺流程、新的工艺方法，以及新能源、新材料、新技术的使用方法。

具体到路桥区，该区的工业体系是以废旧拆解为主而形成的金属元件或容器制造、加工的产业链。从企业经济效益最大化角度考虑，这种布局相对比较合理。既节约了运输成本，又壮大了本地工业的规模，形成了原料和末端产品循环的区域运行机制。然而，从生态工业的角度考虑，该地企业尚缺少一环，即拆解废物的再利用。在当地，当金属线被人工抽取金属丝后，剩余的部分将露天焚烧掉，是一种环境不友好的处理方式。然而，在现有的产业布局和技术条件下，尚没有更好的处理方式。然而，若引入生态工业技术，在当地引入废旧橡胶、塑料的再合成厂家，将塑料在高温高压下，经过多个过程的反应，最终转变为对人类有用，环境友好的产品。

或许，当地的生态工业技术并不容易得到，但是，如果政府能够拿出足够的资金扶持当地规模较大的塑料生产企业进行研发，假以时日，这种技术应该是可以获得的。

（2）农业技术的应用

农业技术是人类在农业生产领域开发利用自然资源的重要手段，包括各种生产程序、操作技能及相应的生产工具和物资设备（徐志刚，1994）。根据农业资源不同，有农（林、牧）业栽培（饲养）技术、水产捕捞、养殖技术以及农副产品保鲜、贮藏和加工技术。对于避免土壤环境质量恶化的农业技术应该包括化肥配施技术、农药喷洒技术、养殖饵料选用技术等。

六、污染土壤的修复对策

在废旧电容器拆解区，特别是峰江街道，农田土壤中重金属 Cd 等污染物已经影响农业生产的安全要求。虽然从长期规划看，这些高污染的地块将被用作商业用地，但在未改变利用方式前，需要对污染土壤进行修复。

通常情况下，污染土壤包括三种，即重金属污染土壤、有机污染物污染土壤和复合污染土壤。但这三种类别的污染均可以植物修复（郭彦威等，2007）、微生物修复（张贵龙等，2007）、化学修复及（巩宗强等，2002；冀志国等，2006）联合修复（庄绪亮，2007）等。废旧电容器拆解区的污染土壤修复，可以选用合适的修复技术加以研究和修复应用。

参 考 文 献

曹德友，郭强，程海静. 2006. 港口规划环境影响评价指标体系的初步研究. 环境科学与管理，31（4）：185-188.

陈怀满，郑春荣，周东美，等. 2006. 土壤环境质量研究回顾与讨论. 农业环境科学学报，25（4）：821-827.

陈怀满. 2005. 环境土壤学，北京：科学出版社.

陈洋波，陈俊合，李长兴，等. 2004. 基于 DPSIR 模型的深圳市水资源承载能力评价指标体系. 水利学报，（7）：98-103.

杜欢政，王怡云. 2000. 废旧金属拆解业与环境保护：对浙江路桥废旧金属市场的调查. 中国资源综合利用，（6）：11-13.

杜晓丽，邵春福，孙志超. 2005. 基于 DPSIR 框架理论的环境管理能力分析. 交通环保，26（3）：50-52.

樊燕，武伟，刘洪斌. 2007. 土壤重金属与土壤理化性质的空间变异及研究. 西南师范大学学报：自然科学版，32（4）：58-63.

傅泽强，杨明，段宁，等. 2006. 生态工业技术的概念、特征及比较研究. 环境科学研究，19（4）：154-158.

高波. 2007b. 基于 DPSIR 模型的陕西水资源可持续利用评价研究. 西安：西北工业大学，硕士学位论文。

高波，王莉芳，庄宇. 2007a. DPSIR 模型在西北水资源可持续利用评价中的应用. 四川环境，26（1）：33-35.

巩宗强，李培军，等. 2002. 污染土壤的淋洗法修复研究进展. 环境污染治理技术与设备，3（7）：45-50.

郭红连，黄懿瑜，马蔚纯，等. 2003. 战略环境评价（SEA）的指标体系研究. 复旦学报：自然科学版，42（3）：468-475.

郭彦威，王立新，林瑞华. 2007. 污染土壤的植物修复技术研究进展. 安全与环境工程，14（3）：25-28.

姜玉梅，郭怀成，郁亚娟，等. 2007a. 城市生态交通系统综合评价方法框架浅析. 城市问题，（4）：27-30.

姜玉梅，郭怀成，黄凯，等. 2007b. 城市生态交通系统综合评价方法及应用. 环境科学研究，20（6）：158-163.

冀志国. 2006. 污染土壤化学修复技术介绍. 河北环境保护，（1）：36-37.

李贞，冷飞，刘艳菊. 2006. 城市土地利用规划环境影响评价指标与方法研究. 环境保护，（02B）：70-74.

李智，鞠美庭，史聆聆，等. 2004. 交通规划环境影响评价的指标体系探讨. 交通环保，25（6）：16-19.

吝涛, 薛雄志, 卢昌义. 2007. 海岸带生态安全响应力评估方法初探. 海洋环境科学, 26 (4): 325-328.

孟昭福, 薛澄泽. 1999. 土壤中重金属复合污染的表征. 农业环境保护, 18 (2): 87-91.

汪庆华, 董岩翔, 周国华, 等. 2007. 浙江省土壤地球化学基准值与环境背景值. 生态与农村环境学报, 23 (2): 81-88.

王莉芳, 高波, 庄宇. 2007. 西北水资源可持续利用评估体系建立研究. 武汉科技大学学报: 自然科学版, 30 (5): 514-517.

王世纪, 简中华, 罗杰. 2006. 浙江省台州市路桥区土壤重金属污染特征及防治对策. 地球与环境, 34 (1): 35-43.

王政权. 1999. 地统计学及在生态学中的应用. 北京: 科学出版社: 1-101.

韦杰, 贺秀斌, 汪涌, 等. 2007. 基于 DPSIR 概念框架的区域水土保持效益评价新思路. 中国水土保持科学, 5 (4): 66-69.

魏伟, 周婕, 许峰. 2006. 大城市边缘区土地利用时空格局模拟——以武汉市洪山区为例. 长江流域资源与环境, 15 (2): 174-179.

吴化前. 1997. 土壤环境质量生物评价方法探讨. 环境导报, (1): 1-3.

徐志刚. 1994. 农业技术开发的概念和内涵. 农业科技管理, (10): 21-22.

许玉, 钱翌, 王秀珍, 等. 2005. 规划环境影响评价 (PEIA) 技术框架与指标体系构建初探. 新疆环境保护, 27 (3): 36-39.

于伯华, 吕昌河. 2004. 基于 DPSIR 概念模型的农业可持续发展宏观分析. 中国人口. 资源与环境, 14 (5): 68-72.

曾思育. 2004. 环境管理与环境社会科学研究方法. 北京: 清华大学出版社.

张贵龙, 任天志, 郝桂娟, 等. 2007. 生物修复重金属污染土壤的研究进展. 化工环保, 27 (4): 328-333.

章海波. 2007. 长江、珠江三角洲及香港地区土壤环境地球化学特征与管理对策研究. 南京: 中国科学院南京土壤研究所博士学位论文.

赵沁娜, 杨凯, 张勇. 2005. 土壤污染治理与开发的环境经济调控对策研究. 环境科学与技术, 28 (5): 49-50.

周广柱, 杨锋杰, 程建光, 等. 2005. 土壤环境质量综合评价方法探讨. 山东科技大学学报: 自然科学版, 24 (4): 113-115.

周丰, 郭怀成, 刘永, 等. 2007. 湿润区湖泊流域水资源可持续发展评价方法. 自然资源学报, 22 (2): 290-301.

庄绪亮. 2007. 土壤复合污染的联合修复技术研究进展. 生态学报, 27 (11): 4871-4876.

Agyemang I, Mcdonald A, Carver S. 2007. Application of the DPSIR framework to environmental degradation assessment in northern Ghana. Natural Resources Forum, 31 (3): 212-225.

Apitz S, Brils J, Marcomini A, et al. 2007. Approaches and frameworks formanaging contaminated sediments-a european perspective: assessment and remediation of contaminated sediments proceedings of the NATO advanced research workshop on assessment and remediation of contaminated Sediments. Bratislava: Springer Netherlands, 73, 5-82.

Blaser P, Zimmermanna S, Luster J, et al. 2000. Critical examination of trace element enrichments and depletions in soils: As, Cr, Cu, Ni, Pb, and Zn in Swiss forest soils. Science of the Total Environment, 249.

Borja A, Galparsoro I, Solaun O, et al. 2006. The european water framework directive and the DPSIR, a methodological approach to assess the risk of failing to achieve good ecological status. Coastal and

Shelf Science, 66 (1-2): 84-96.

Bowen R E, Riley C. 2003. Socio-economic indicators and integrated coastal management1. Ocean & Coastal Management, 46 (3-4): 299-312.

Cave R R, Ledoux L, Turner K, et al. 2003. The Humber catchment and its coastal area: from UK to European perspectives. Science of The Total Environment, 314-316: 31-52.

Costantini V, Monni S. 2008. Environment, human development and economic growth. Ecological Economics, 64 (4): 867-880.

Domingo D P. 1996. The EEA and its role in encouraging better wate: Copenhage:

Donnelly A, Jones M B, Sweeney J. 2004. A review of indicators of climate change for use in Ireland. International Journal of Biometeorology, 49 (1): 1-12.

Elliott M. 2002. The role of the DPSIR approach and conceptual models in marine environmental management: an example for offshore wind power. Mar Pollut Bull, 44, Iii-Vii.

Elliott M. 2003. Biological pollutants and biological pollution- an increasing cause for concern. Mar Pollut Bull, 46, 275-280.

Fassio A, Giupponi C, Hiederer R, et al. 2005. A decision support tool for simulating the effects of alternative policies affecting water resources: An application at the European scale. Hydrol Journal of Hydrology, 304 (1-4): 462-476.

Giupponi C, Mysiak J, Fassio A, et al. 2004. MULINO-DSS: a computer tool for sustainable use of water resources at the catchment scale. Mathematics and Computers in Simulation, 64 (1): 13-24.

Giupponi C, Vladimirova I. 2006. Ag-PIE: A GIS-based screening model for assessing agricultural pressures and impacts on water quality on a European scale. Science of The Total Environment, 359 (1-3): 57-75.

Gobin A, Jones R, Kirkby M, et al. 2004. Indicators for pan-European assessment and monitoring of soil erosion by water. Environmental Science & Policy, 7 (1): 25-38.

Haase D, Nuissl H. 2007. Does urban sprawl drive changes in the water balance and policy? The case of Leipzig (Germany) 1870-2003. Landscape and Urban Planning, 80 (1-2): 1-13.

Harremoes P. 1998. The challenge of managing water and material balances in relation to eutrophication. Water Science and Technology, 37 (3): 9-17.

Holman I P, Rounsevell M D A, Shackley S, et al. 2005. A regional, multi-sectoral and integrated assessment of the impacts of climate and socio-economic change in the Uk. Climatic Change, 71 (1-2): 9-14.

La Jeunesse I, Rounsevell M, Vanclooster M. 2003. Delivering a decision support system tool to a river contract: a way to implement the participatory approach principle at the catchment scale? Physics and Chemistry of the Earth, Parts A/B/C, 28 (12-13): 547-554.

Loska K, Wiechula D, Korus I. 2004. Metal contamination of farming soils affected by industry. Environment International, 30: 159-165.

Luiten H. 1999. A legislative view on science and predictive models. Environmental Pollution, 100 (1-3): 5-11.

Mangi S C, Roberts C M, Rodwell L D. 2007. Reef fisheries management in Kenya: Preliminary approach using the driver-pressure-state-impacts-response (DPSIR) scheme of indicators. Ocean & Coastal Management, 50 (5-6): 463-480.

Meybeck M, Lestel L, Bonte P, et al. 2007. Historical perspective of heavy metals contamination (Cd,

Cr, Cu, Hg, Pb, Zn) in the Seine River basin (France) following a DPSIR approach (1950-2005). Science of the Tatal Environment, 375 (1-3): 204-231.

Newton A, Icely J D, Falcao M, et al. 2003a. Evaluation of eutrophication in the Ria Formosa coastal lagoon, Portugal. Continental Shelf Research, 23 (17-19): 1945-1961.

Nikolaou K, Basbas S, Taxiltaris C. 2004. Assessment of air pollution indicators in an urban area using the DPSIR model. Fresenius Environmental Bulletin, 13 (9): 820-830.

Odermatt S. 2004. Evaluation of mountain case studies by means of sustainability variables-a DPSIR model as an evaluation tool in the context of the North-South discussion. Mountain Research and Devlopoment, 24 (4): 336-341.

Pirrone N, Trombino G, Cinnirella S, et al. 2007 (In press). The Driver Pressure State Impact Response (DPSIR) approach for integrated catchment-coastal zone management preliminary application to the Po catchment-Adriatic Sea coastal zone system.

Reimann C, Garrett R. 2005. Geochemical background-concept and reality. Science of the Total Environment, 350 (1-3): 12-27.

Robinson T P, Metternicht G. 2006. Testing the performance of spatial interpolation techniques for mapping soil properties. Computers and Electronics in Agriculture, 50: 97-108.

Sabine A, Brils J, Marcomini A, et al. 2007. Approaches and frameworks formanaging contaminated sediments-a european perspective: Assessment and remediation of contaminated sediments proceedings of the NATO advanced research workshop on assessment and remediation of contaminated sediments. Bratislava: Springer Netherlands, 73, 5-82.

Sanger D M, Holland A F, Scott G I. 1999. Tidal creek and salt marsh sediments in south Carolina coastal estuaries: II. distribution of organic contaminants. Archives of Environmental Contamination and Toxicology, 37 (4): 458-471.

Semenzin E, Critto A, Rutgers M, et al. 2008. Integration of bioavailability, ecology and ecotoxicology by three lines of evidence into ecological risk indexes for contaminated soil assessment. Science of the Total Environment, 389 (1): 71-86.

Smaling E M, Dixon J. 2006. Adding a soil fertility dimension to the global farming systems approach, with casesfrom Africa. Agriculture, Ecosystems & Environment, 116 (1-2): 15-26.

Smeets R E. 1999. Environmental indicators typology and overview: Copenhage: European Environment Agency.

Svarstad H, Petersen L K, Rothman D, et al. 2008. Discursive biases of the environmental research framework DPSIR. Land Use Policy, 25 (1): 116-125.

Swaine D J. 2000. Why trace elements are important. Fuel Processing Technology, 65-66: 21-33.

Van G T, Block C, Geens J, et al. 2007. Environmental response indicators for the industrial and energy sector in Flanders. Journal of Cleaner Production, 15 (10): 886-894.

Walmsley J J. 2002. Framework for measuring sustainable development in catchment systems. Environ Manage, 29: 195-206.

Wei J, Zhao Y, Xu H, et al. 2007. A Framework for Selecting Indicators to Assess the Sustainable Development of the Natural Heritage Site. Journal of Mountain Science, 4 (4): 321-330.

Zalidis G C, Tsiafouli M A, Takavakoglou V, et al. 2004. Selecting agri-environmental indicators to facilitate monitoring and assessment of EU agri-environmental measures effectiveness. Journal of Environmental Management, 70 (4): 315-321.